KB176952

생물학 명강 2

경암바이오 시리즈

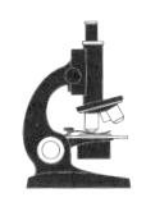

생명의 탁월성,
그 원리를 찾아서

생물학 명강 2

한국분자·세포생물학회 기획

강봉균
고규영
김빛내리
김영준
배윤수
손영숙
이영숙
이원재
이지오
이한웅
전창덕
조병관
조은경
하상준
지음

신인철
카툰

해나무

머리말

역동적이어서 더 신비한 생명 현상

정헌택 제22대 한국분자·세포생물학회 회장

인류는 오랫동안 자연을 향해 끊임없는 질문을 던지며 살았습니다. 밤하늘의 별을 보며 경외감을 느끼는 한편으로 이들 천체를 아우르는 우주의 법칙에 대해 궁금해했습니다. 주변의 꽃과 나무, 그리고 호흡하는 인간 자신을 보며 생명이란 과연 무엇인지에 대해서도 몹시 알고 싶어했습니다. 지난 수십 년간 크게 발전한 분자·세포생물학적 방법과 지식은 시시각각 베일에 싸인 생명의 신비를 한 꺼풀씩 벗겨내고 있으며, 우리가 그토록 궁금해하던 질문들에 대해 하나씩 대답해주고 있습니다.

지금 이 순간에도 생명 현상의 비밀을 밝히고자 수많은 국내외 과학자들이 도전하고 있습니다. '생명과학이 이 정도로 발전했단 말인가' 하는 탄성이 나올 정도로, 놀랄 만한 지적 성취들이 쌓여가고 있습니다. 지난 2005년부터 한국분자·세포생물학회는 청소년들에게 이런 지적 성취를 소개하고자 매년 국내 저명 과학자들을 강연자로 모셔 경암바이오유스캠프를 진행하고 있습니다. 생명 연구의 역사, 연구의 즐거움과 어려움,

국내외 연구 동향, 최신 연구 성과 등 강연자들은 어렵게만 느껴지던 생명과학의 지식을 청소년에게 최대한 쉽게 설명하고자 애썼으며, 다양하고 현장감 넘치는 내용들은 교과서와 참고서에 꾹 눌려 있는 청소년들의 지적 갈증을 해소해주었을 것이라 자부합니다.

한국분자·세포생물학회는 자칫 일회성으로 끝날 수 있는 우리나라 최고 과학자들의 강연을 책으로 묶어 펴내기로 했습니다. 지난해 경암바이오시리즈의 첫 번째 책인 『생물학 명강 1』이 발간되었고, 이제 시리즈의 두 번째 책인 『생물학 명강 2』를 세상에 내놓게 되었습니다. 이 책은 『생물학 명강 1』과 마찬가지로 생명 연구의 최전선에서 뛰고 있는 연구자들의 생생한 연구 이야기들을 담고 있습니다. 모든 생명체는 다이내믹하면서도 독특한 생존 시스템을 갖추고 있습니다. 이들 시스템은 아주 효율적인 시스템입니다. 1부에서는 이러한 생명의 역동성, 독창성, 효율성을 흥미롭게 접할 수 있을 것입니다. 2부에서는 생명체가 다양하고 복잡하면서도 아주 실용적인 존재라는 사실을 배울 수 있을 것입니다.

생명 현상은 한 단어로 정의될 수 없을 것입니다. 이 책을 통해 다양하고 역동적인 생명의 여러 측면과 다양한 시각을 배움으로써, 많은 독자들이 생명이란 무엇인지 조금씩 이해할 수 있게 되기를 바랍니다. 경암바이오유스캠프 강연을 적극 지원해주시는 경암교육문화재단 송금조 이사장님과 한국분자·세포생물학회 회원이자 이 책의 발간을 위해 애쓰신 교수님들, 그리고 출판사 관계자 분들께 감사의 말씀을 전합니다.

감사의 말

미래 생명과학자들의 꿈을 지원합니다

송금조 경암교육문화재단 이사장

인류의 미래는 생명과학의 발전에 달려 있다고 합니다. 어느 인터뷰에서 저는 이런 말을 한 적이 있습니다. "저에게 남는 것이 있다면 후학들에게 던져주고 가겠습니다. 미련 없이." 우리나라가 미래로 쭉 뻗어나갈 수 있는 유일한 길은 우수한 인재를 키우는 일밖에 없으므로, 미약하더라도 제가 그 밑거름이 되고 싶었습니다. 2009년부터 한국분자·세포생물학회의 경암바이오유스캠프를 지원하게 된 것도 작은 힘이나마 우리나라 생명과학의 발전을 돕기 위해서였습니다.

경암바이오유스캠프 강연장은 최고의 과학자들이 후학들에게 미래의 꿈을 심어주는 용광로와 같았습니다. 강연에 참여한 과학자들과 학생들이 보여준 뜨거운 열의에 제 심장도 함께 뛰었고, 고등학생들의 초롱초롱한 눈빛에서 우리나라와 인류의 밝은 미래를 읽을 수 있었습니다. 경암바이오유스캠프를 거쳐간 학생들 가운데 우리나라와 세계를 이끌어갈 미래의 선도 과학자가 나올 수 있으리라는 생각에 크나큰 보람을 느꼈습니다. 강연을 들은 학생들 가운데 노벨상 수상자뿐 아니라 신기술 개발로 난치성 질환을 고치거나 환경·식량 문제를 해결하는 인류의 위대한 과학자가 나오리라 기대합니다.

경암바이오유스캠프 강연을 책으로 엮어 후학들에게 전달하겠다는 한국분자·세포생물학회의 출간 의지를 처음 들었을 때, 저는 무척 반갑고 고마웠습니다. 지난해 발간한 『생물학 명강 1』이 미래창조과학부 인증 우수과학도서로 선정된 것은 강연에 참여한 과학자들과 한국분자·세포생물학회, 그리고 여러 선생님들의 노력이 만들어낸 귀중한 결과라고 생각합니다. 이번 『생물학 명강 2』도 많은 학생들에게 꿈을 심어주는 귀한 책이 되기를 기원합니다.

저는 힘닿는 데까지 대한민국의 희망, 생명과학을 열심히 응원할 것입니다. 경암바이오유스캠프를 주관하는 한국분자·세포생물학회에 다시 한 번 감사드리며, 학회의 무궁한 발전을 기원합니다.

차례

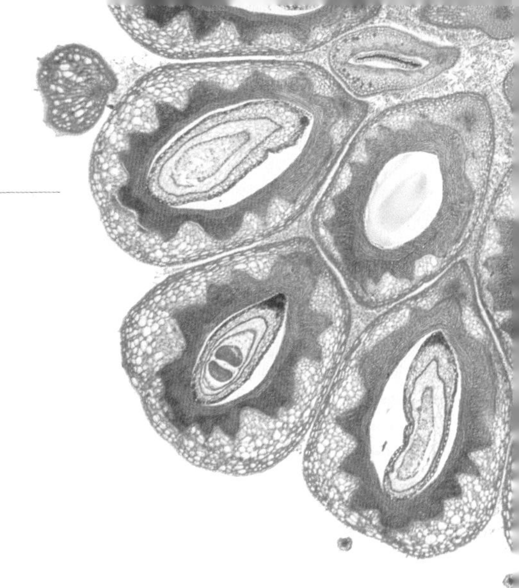

2부 복잡성, 다양성, 실용성

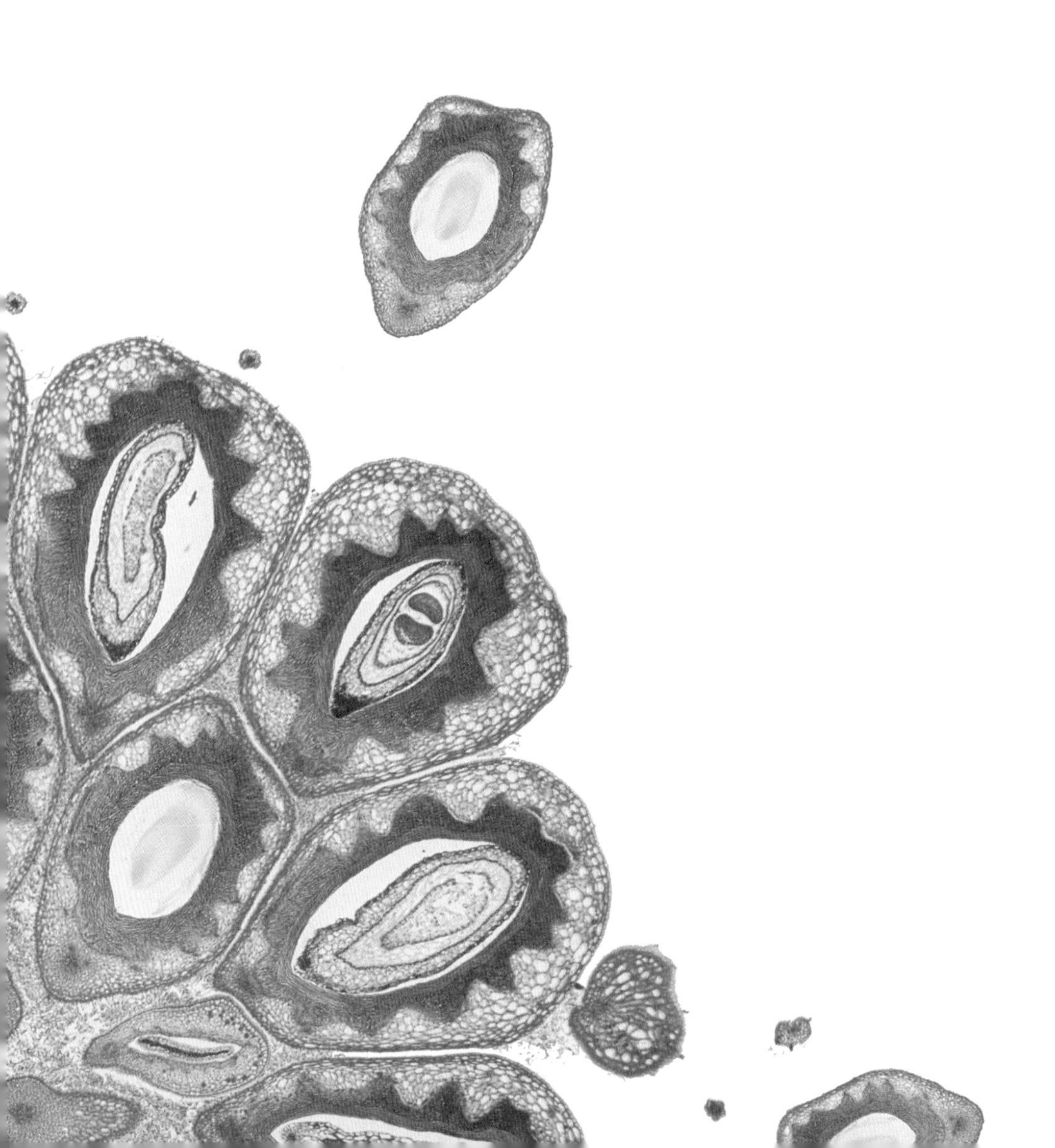

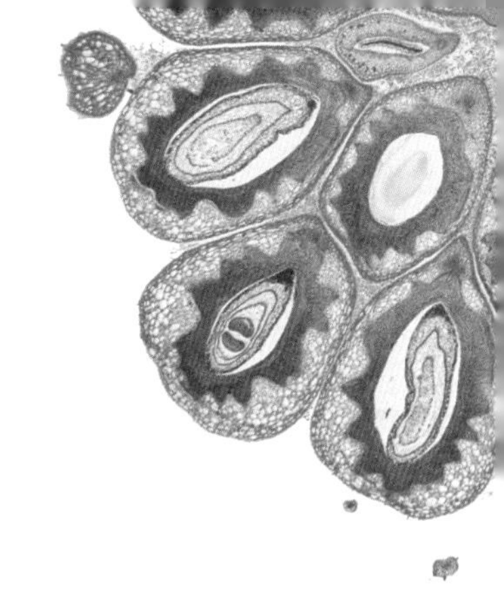

역동성, 독창성, 효율성

자연은 늘 독창적인 답을 내놓는다. DNA가 이중나선 구조를 지니고 있으며, 뇌 속의 신호는 시냅스를 통해 전달된다는 사실이 처음 밝혀졌을 때 과학자들은 그저 놀랄 뿐이었다. 30억 쌍의 DNA 염기 서열을 전부 해독한 결과 인간의 유전자가 2만여 개에 불과하다는 사실이 알려졌을 때에는 학계가 들썩였다. 다 자란 어른의 뇌는 변하지 않는다는 통념이 깨진 지도 오래다. 지금 뇌 신경과학자들이 주목하는 것은 이 순간에도 끊임없이 변화하는 뇌의 역동적인 모습이다. 더 많은 에너지를 얻기 위해 유해 물질조차도 활용하는 우리 몸의 효율성은 인체가 얼마나 정교한 방식으로 생명을 유지하는지를 새삼 깨닫게 만든다. 1부에서는 뇌 신경세포의 가소성에서부터 미세혈관의 비밀, RNA의 기능, 활성산소의 양면성, 줄기세포와 자가치유 기전, 바이오연료 등 자그마한 세포가 구현해내는 독창적이고 흥미로운 생존 원리를 엿볼 수 있을 것이다.

뇌는 나를 나로 만드는가

강봉균 서울대학교 생명과학부 명예교수, 기초과학연구원 인지 및 사회성 연구단 연구단장

서울대학교를 졸업하고, 미국 컬럼비아대학교에서 박사학위를 받았다. 한국과학기술원 연구원, 미국 컬럼비아대학교 신경생물학및행동연구소 박사후 연구원을 거쳤다. 서울대학교 생명과학부 명예교수이다. 기초과학연구원 인지 및 사회성 연구단 연구단장을 맡고 있다. 서울대학교 자연과학대학 연구대상(2007), 과학기술부 우수과학자상(2007), 한국분자·세포생물학회 학술상 생명과학상(2008), 서울대학교 우수연구상(2011), 생화학분자생물학회 동헌생화학상(2012)을 수상했다. 저서로는 『인간과 우주에 대해 아주 조금밖에 모르는 것들』(공저) 『뇌약구체』(공저) 등이 있으며, 역서로는 『시냅스와 자아』 『신경과학』(공역) 『신경과학의 원리』(공역) 등이 있다.

뇌는 신비롭습니다. 우리는 뇌에 대해 아는 것이 많지 않습니다. 뇌의 실제 모습을 보면 좀 징그러워 보입니다. 주름져 있는데다 혈관이 많이 발달되어 있어서 더 그렇습니다. 뇌의 무게는 약 1.4~1.5kg 정도로, 몸 중량의 약 3%에 불과합니다. 그렇지만 심장에서 나오는 혈액의 4분의 1이 경동맥을 통해 뇌로 흘러들어갑니다. 25% 이상의 에너지가 뇌에서 소모된다고 여겨지고 있습니다. 그러니까 우리 몸의 3%밖에 안 되는 기관이 전체 에너지의 25% 이상(즉, 다른 기관보다 10배 가까이)을 쓴다는 얘기입니다. 왜 뇌는 많은 에너지를 필요로 할까요? 뇌가 우리 몸을 조절하는 중추기관에 해당하기 때문에 그런 것이 아닐까요?

두개골 속의 주름진 뇌

인간이 뇌에 대해서 잘 모르고 있기는 하지만, 지금까지 알려진 지식들을 잠깐 짚고 넘어가보겠습니다. 뇌의 옆 모습을 보면 주름이 가장 먼저 눈에 띕니다. 인간이 지닌 뇌의 가장 독특한 특징 가운데 하나는 이 주름입니다. 쥐나 고양이의 뇌를 보면 주름 하나 없이 아주 매끈합니다.

인간의 뇌를 보면, 주름 중에서도 크고 굵은 두 개의 주름이 있습니다. 하나는 외측구(외측고랑)라고 하고, 다른 하나는 중심구(중심고랑)라고 합니다. 이 두 개의 주름을 경계로 하여 4개의 영역으로 뇌를 나눌 수 있습니다. 앞 부분을 전두엽, 옆 부분을 측두엽, 뒷 부분을 후두엽, 윗 부분을 두정엽이라고 합니다. 대체로 중심구를 경계로 해서 앞 부분은 무엇인가 행동하고 만들어내는 쪽을 담당하고, 뒷 부분은 주로 세상에 대한 정보를 지각하고 받아들이는 쪽을 담당합니다. 인간의 뇌에서 다른 동물의 뇌와 가장 다른 부분은 전두엽 부분입니다. 고매하고 추상적인 생각을

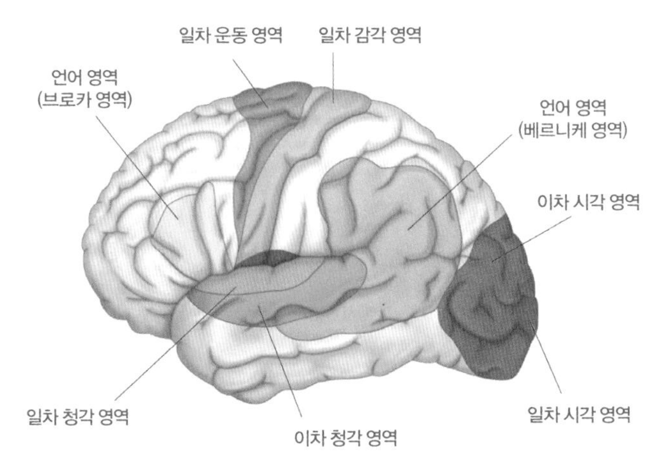

인간은 다른 동물과 다르게 뇌에 주름이 많다. 뇌는 크게 전두엽, 측두엽, 후두엽, 두정엽으로 나뉠 수 있다.

하고, 계산하고, 상상하고, 수학 문제를 풀고, 계획을 세우거나 여러 가지 복잡한 연산 작용을 하는 곳이 전두엽입니다. 인간의 뇌에서 전두엽은 뇌 전체의 3분의 1 정도를 차지하는 등 가장 큰 영역을 차지하고 있습니다. 인간이 다른 동물에 비해 월등히 뛰어난 인지 기능을 지닌 이유는 전두엽의 역할 때문이라고 생각해볼 수 있습니다. 두정엽은 공간 지각과 관련된 기능을 합니다. 측두엽은 청각 정보, 언어 이해, 학습 및 기억 작용과 관련이 있습니다. 이 부분이 잘못되면 아무리 공부해도 다음날 모두 잊어버리게 됩니다. 후두엽에는 시각중추가 있어서 우리가 바라보는 여러 가지 시각 정보를 처리합니다.

뇌는 좌뇌와 우뇌로 나뉘어져 있습니다. 대략적으로 좌뇌는 논리적이고, 계산·연산·수학·언어적 기능을 수행하고, 우뇌는 공간적이고, 추상적이고, 예술적인 것을 관장합니다. 예술가들은 우뇌가 잘 발달되어 있으며, 추상적이고 때로는 즉흥적이기도 합니다. 좌뇌가 발달된 경우에는 논

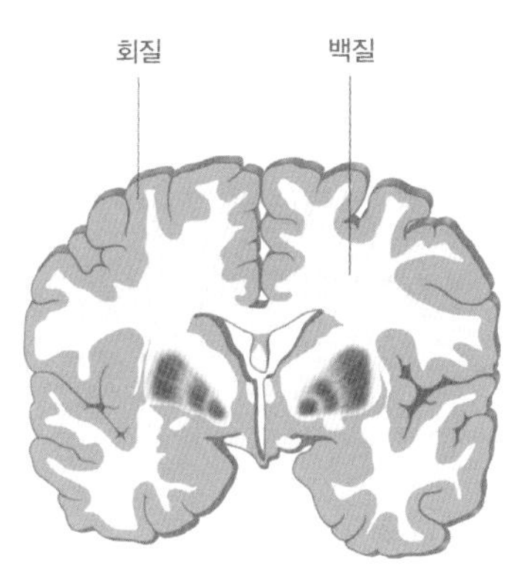

앞뒤로 뇌를 반으로 자른 절단면을 보면, 바깥 부분의 회질과 안쪽의 백질을 볼 수 있다.

리적이고 계산에 밝은 경우가 많습니다. 좌뇌와 우뇌는 뇌량이라는 신경섬유다발을 통해 연결되어 있습니다. 좌뇌와 우뇌 간의 시냅스를 통해 이루어지는 상호연결과 정보 교류로 뇌 전체는 풍성한 정보를 창출해낼 수 있습니다.

이제 뇌 속을 한번 들여다보겠습니다. 앞뒤로 뇌를 반으로 잘라 그 절단면을 살펴보면, 바깥 부분에는 얇은 층의 누리끼리한 회질(gray matter)이 있고, 그 안쪽에는 하얀 신경 섬유들이 빽빽하게 지나가고 있는 백질(white matter)이 있습니다. 회질은 뇌의 겉 부위에 있으므로 피질이라고도 합니다. 뇌 기능의 가장 중추적인 역할을 하는 것은 뉴런(신경세포)인데, 이 뉴런은 피질에 몰려 있습니다. 글을 쓴다든지, 생각한다든지, 계획한다든지, 음악을 작곡한다든지 하는 정보처리는 피질에 있는 신경세포들에 의해 이루어집니다. 신경섬유는 뇌에서 내려와서 우리의 척수를 따라 말초신경, 운동신경을 자극할 수 있습니다. 인간의 뇌에는 약 1000억 개의 뉴런이 들어 있다고 알려져 있습니다. 흔히 뇌를 '작은 우주'라고 부르기도 하는데, 우주에 있는 은하의 수도 약 1000억 개입니다.

뉴런의 모습은 굉장히 독특합니다. 쭉 뻗어나오는 돌기가 있습니다. 많은 세포 중에서 이렇게 독특하게 생긴 세포는 찾기 어렵습니다. 뉴런은 다른 뉴런들과 교통하기 위해, 즉 정보를 받아들이기 위해 위로도 뻗어 나가고 아래로도 뻗어나갑니다. 마치 나무가 빛을 향해 점점 위로 뻗어나가는 것처럼 말입니다.

과학자들은 뉴런 하나에 전극을 꽂아서 이 뉴런이 말하는 언어를 들을 수 있습니다. 이것을 활동전위(action potential 혹은 신경 충격이라고 함)라고 합니다. 신경에서 만들어지는 어떤 에너지 형태입니다. 드라마에 곧잘 나오는 심전도 영상과 비슷합니다. 심전도 영상도 심장에서 만들어 내는 전기신호를 포착한 것인데, 이런 전기 맥박과 활동전위 원리는 똑같습니다. 이온이 세포막을 통해 들어오고 나갈 때 전위차가 일어납니다. 다만 심장에 있는 심근세포들은 이런 신호를 동시에 만들어낸다는 것이 조금 다릅니다. 그래야지만 심장을 일사분란하게 수축하고 이완시킬 수 있습니다. 이와 달리 뇌의 뉴런들은 제각각 따로 놉니다. 그렇지만 조화롭습니다. 각 연주자들이 각기 다른 부분을 맡아 연주하는데도 전체가 어우러지는 교향곡처럼 말입니다. 각기 따로 노는 신호들이 어울려서 뇌의 온전한 기능을 만들어냅니다. 이런 뉴런들은 독립적인 것이 아니라 서로 전부 연결되어 있습니다. 전자현미경을 이용해 들여다보면, 뉴런들이 연결되어 있는 모습을 볼 수 있습니다.

역동적으로 변화하는 시냅스

뉴런들은 서로 연결되어 있습니다. 축삭돌기의 신경말단이 수상돌기와 만나는 접합부를 통해 정보를 전달합니다. 만나는 접합부가 시냅스입

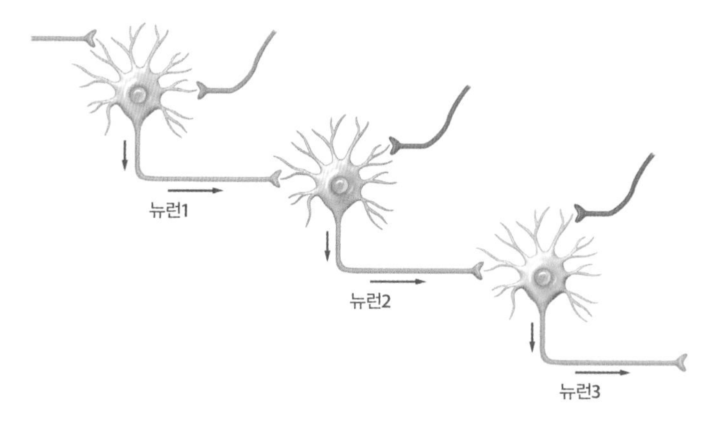

뉴런은 축삭돌기의 신경말단과 수상돌기가 만나는 시냅스를 통해 정보를 전달한다.

니다. 이런 정보 전달은 양 방향이 아니라 일방통행입니다. 축삭돌기에서 수상돌기로, 즉 한쪽 방향으로만 전달됩니다. 축삭돌기의 신경섬유를 따라 활동전위가 전달되면서 전기가 만들어지고 이것이 시냅스를 건너 수상돌기를 거쳐 다시 축삭으로 전달됩니다. 그래서 정보 전달을 중간에 사단하거나 연결해주는 고리, 즉 시냅스가 매우 중요합니다. 시냅스는 시냅스전 말단과 시냅스후 가시가 만나 형성되며 그 사이에는 시냅스 틈이 자리를 잡습니다. 정보가 전달되는 방향을 기준으로 시냅스전 말단에서 시냅스후 가시로 전기가 전달됩니다. 이렇게 전기가 전달되기 위해서는 중간에 화학 물질이 매개해줘야 하는데, 그 화학 물질을 신경전달물질이라고 부릅니다. 시냅스 말단에는 아주 작은 비눗방울 같은 게 들어 있습니다. 이들을 시냅스 소포라고 합니다. 지름이 50nm 정도 되는 이 작은 공간에는 아주 미세한 화학 물질들이 들어 있습니다. 글루탐산, 가바, 세로토닌, 도파민, 아세틸콜린 등 여러 종류의 신경전달물질이 있습니다. 글루탐산은 아미노산이며 우리 몸에 가장 많이 들어 있는 흥분성 신경전달물질입니다. 이런 신경전달물질이 시냅스 틈으로 분비되면 시냅스후 가시의 세포막에 돌출되어 있는 신경전달물질 수용체에 결합합니다. 글루탐산 수용체, 도파민 수용체 등 각 신경전달물질마다 각각의 수용체가 있습니다. 글루탐산 수용체가 도파민과 결합할 수 없습니다. 글루탐산 수용체는 글루탐산과만 결합할 수 있습니다. 마치 내 집 열쇠는 내 집 문만 열 수 있는 것과 같습니다. 이 같은 성질을 두고 '특정성(specificity)'이 있다고 얘기합니다. 수용체는 전지와 같은데, 신경전달물질이 전지를 켜는 스위치 역할을 합니다. 신경전달물질에 의해 수용체가 자극되면 미세한 전류가 발생하여 전기신호가 만들어집니다. 이 신호를 전기 충격이라고 하며 축삭을 따라 시냅스 말단까지 이동하는데, 시속 300km로 달리는 KTX 열차의 속도만큼 신속히 이동합니다.

하나의 뉴런은 보통 1만 개 정도의 다른 뉴런들과 시냅스를 형성할 수 있습니다. 그러니까 뉴런은 정보를 교환하는 친구 수가 대략 1만 명 정도 된다고 생각하면 됩니다. 우리 뇌에 뉴런이 1000억 개가 있으니, 시냅스 수는 1000조 개가 되는 것입니다. 이렇게 엄청난 수의 시냅스가 우리 뇌에 존재하기 때문에 우리는 다양한 회로를 만들 수가 있고, 뇌가 다양한 기능을 할 수 있습니다.

수상돌기를 보면, 오징어 다리 빨판처럼 나와 있는 것을 볼 수 있는데 이것을 '시냅스 가시'라고 합니다. 뉴런을 자세히 들여다보면 뿌리가 있고 잎이 없는 줄기처럼 보입니다. 이 오징어 다리 빨판에 해당하는 시냅스 가시는 길쭉한 것도 있고, 짧은 것도 있고, 버섯 모양처럼 생긴 것도 있습니다. 이런 시냅스 가시들이 고정된 것은 결코 아닙니다. 항상 변하고 있습니다. 지금 여러분의 뇌도 계속 변하고 있습니다.

뇌는 왜 변할까요? 새로운 정보를 우리 뇌가 받아들이기 때문에 뇌가 변합니다. 컴퓨터가 정보를 저장하고 기억하는 방식과 우리 뇌가 정보를 저장하고 기억하는 방식은 많이 다릅니다. 뇌는 시냅스 가시의 구조를 통해 정보를 저장합니다. 길쭉했던 시냅스 가시가 더 두툼해질 수가 있고, 좋은 기능을 하던 버섯 모양의 시냅스 가시도 언젠가는 짧은 시냅스 가시로 퇴화할 수가 있습니다. 예를 들어 정보를 사용하다가 사용하지 않게 되면, 시험 볼 때 기억이 나지 않습니다. 그렇게 정보가 지워질 때에는 시냅스 가시가 버섯 모양에서 짧거나 길쭉한 모양으로 변했을 수 있습니다.

시냅스는 역동적으로 변화합니다. 대표적인 현상이 '시냅스 장기강화'라는 현상입니다. 장기강화(long-term potentiation, LTP)는 시냅스의 기능이 튼튼해진다는 얘기입니다. 그래서 많은 신경과학자들이 우리가 새로운 정보를 뇌에 저장할 수 있다고 생각하고 있습니다.

분자 수준에서 정보는 어떻게 전달되는가?

구체적으로 정보가 어떻게 전달되는지 분자 수준에서 한번 여행을 떠나보겠습니다. 시냅스전 말단에서 시냅스후 가시로 정보가 전달되는 시냅스에서는 어떤 일이 벌어질까요? 글루탐산이라는 신경전달물질이 시냅스전 말단에서 시냅스후 가시로 이동하고 있다고 해봅시다. 시냅스 소포의 글루탐산은 소포막과 세포막이 융합되면서 글루탐산은 시냅스전 말단을 빠져나옵니다. 이 글루탐산이 시냅스후 가시의 글루탐산 수용체와 결합하면, 이 수용체의 이온채널 구멍이 열리면서 양이온인 나트륨 이온(Na^{+})이 시냅스후 가시로 들어옵니다. 탈분극이 일어나서 전기를 만들어내는 것입니다. 시냅스후 가시에는 2종류의 글루탐산 수용체가 있습니다. 하나는 AMPA 수용체이고, 다른 하나는 NMDA 수용체입니다. 이

NMDA 수용체는 흥미로운 수용체입니다. 보통 NMDA 수용체는 마그네슘 이온(Mg^{2+})이 딱 붙어 있어서 구멍이 닫혀 있습니다. 그러나 탈분극이 되어서 세포 안에 양(+) 전하가 많아지게 되면 마그네슘 이온이 펑 하고 튀어나옵니다. 마치 사이다 병뚜껑을 열 때처럼 말입니다. 이렇게 되면 양이온이 들어옵니다. 나트륨 이온도 들어오고 칼슘 이온(Ca^{2+})도 들어옵니다. 이 칼슘 이온이 굉장히 중요한 역할을 합니다. 시냅스후 가시 안에서 칼슘 이온이 여기저기 막 돌아다니면서 많은 화학적인 대사 작용을 일으킵니다. 예컨대 칼슘 이온이 흥분시키는 효소가 있습니다. 이 효소는 복잡한 구조를 띠는 CaMK Ⅱ(Calcium-calmodulin kinase Ⅱ)입니다. 칼슘 이온이 결합하면 이 효소는 AMPA 수용체를 인산화시킵니다. 그러면 AMPA 수용체가 더욱 강력해져서는 양이온인 나트륨 이온을 더 많이 빨아들일 수가 있습니다. 그러면 더 큰 전위차를 만들어낼 수 있습니다. 또한 CaMK Ⅱ가 작용하면 AMPA 수용체가 세포막으로 운반됩니다. 그래서 AMPA 수용체가 시냅스후 가시 옆에 가서 포진하게 됩니다. 그 다음에 AMPA 수용체가 시냅스 안쪽으로 전진합니다. 시냅스 틈으로 가서 이미 존재하고 있는 시냅스후 가시의 수용체와 만납니다. 이런 과정을 통해서 장기강화 현상이 일어나는 것입니다. 장기강화가 일어나면 수용체가 더 많아집니다. 같은 글루탐산이 분비되더라도 신호가 더 세게 가는 겁니다. 시냅스 가시 모양도 버섯 모양으로 두툼해집니다.

앞서 언급했듯이, 우리 뇌는 어떤 정보를 받아들이느냐에 따라 굉장히 역동적으로 변화합니다. 쥐의 뇌의 일부를 여러 날 동안 촬영한 영상을 몇 초 안으로 빠르게 돌리면, 시냅스 가시들이 튀어나오기도 하고 들어가기도 하는 등 역동적으로 움직이는 것을 확인할 수 있습니다. 우리 뇌도 마찬가지입니다. 지금 뇌 속의 1000억 개나 되는 뉴런들이 살아가면서 끊임없이 변화하고 있습니다. 이 순간에도. 무작위하게 변화하는 것이 아니라 정보의 출입에 따라 튀어나왔다 들어갔다 합니다. 뉴런들의 이런 무수한 변화는 뇌의 구조에 미세하기는 하지만 변화를 일으킬 수 있습니다.

학습에 의해 뇌의 모습이 변한다

과연 학습에 의해 뇌의 모습이 변할까요? 원숭이 실험 사례가 있습니다. 시냅스가 자꾸 변한다고 하는데, 그런 작은 변화들이 모여 뇌의 모습을 변화시키는지를 실험한 것입니다. 원숭이에게 원판 돌리기 훈련을 시켰습니다. 우선 원숭이 앞에 원판 돌리기 장치를 갖다놓습니다. 원숭이 입에 주스가 흘러들어갈 수 있는 튜브를 부착시킵니다. 원숭이가 호기심에 가운뎃손가락으로 원판을 돌리면 그 순간 스위치가 작동해 주스가 흘러나와 원숭이 입으로 들어갑니다. 엄지나 새끼손가락을 돌리면 주스가 흘러나오는 것이 중단됩니다. 훈련이 반복되면 원숭이는 이 원리를 깨닫습니다. 이 실험을 6개월 동안 계속합니다. 손가락을 통해 자극을 주면 얼마나 뇌가 반응하는지 조사하는 것입니다. 6개월 후에 뇌를 관찰해보니 이렇게 훈련받은 원숭이의 경우 손가락 부분의 감각 영역이 커진 것을 확인할 수 있었습니다. 사람에게도 비슷한 훈련을 시킬 수 있습니다. 물론 원숭이와 달리 사람은 두개골을 열어 관찰할 수 없기 때문에, 기능성자기공명영상(fMRI) 사진을 찍습니다. 이 fMRI 사진으로 뇌의 영역을 조사할 수 있습니다. 훈련 전과 훈련 후를 비교해보면, 손을 조절하는 영역이 현저하게 증가된 것을 볼 수가 있었습니다. 또 다른 연구 결과에 의하면 피아노 연주자나 바이올린 연주자들의 손가락 부분의 감각 영역은 일반 사람에 비해 굉장히 큽니다.

인간 복제는 가능할까?

많은 사람들이 인간 복제에 대해 우려하고 있습니다. 그렇지만 인간 복제에 대해 걱정할 필요가 없습니다. 인간을 똑같이 복제하기 위해서는 유전자를 똑같이 복제해야 하지만, 그것만 가지고는 되지 않습니다. 뇌를 복제해야 하기 때문입니다. 뇌를 복제한다는 것은 뇌에 있는 시냅스들을 똑같은 패턴으로 만들어야 한다는 뜻입니다. 그런데 학습과 기억에 의해, 그리고 경험에 의해 시냅스가 만들어지고 변화하기 때문에 이는 불가능합니다. 동일한 공간에서 같은 유전자를 갖고 태어난 쌍둥이만 보더라도 같은 인간이 아닙니다. 다른 인간입니다. 왜 다를까요? 같이 태어나고 똑같은 유전자를 갖더라도 커가면서 다른 경험을 하게 되기 때문에 다른 인격을 가지게 되는 겁니다. 즉 1000조 개 되는 시냅스의 패턴을 똑같이 복제하는 기술을 가지지 않는 한 인간 복제는 불가능한 일입니다. 그래서 인간 복제는 이루어질 수 없다고 보면 됩니다.

우리는 뇌로 본다

우리는 눈이 아니라 뇌로 봅니다. 다음 페이지의 두 그림을 보면, 왼쪽의 원들은 오목하게 들어가 보이고, 오른쪽의 원들은 볼록하게 도드라져 보입니다. 이 그림을 180도로 빙그르르 돌리면, 똑같이 왼쪽의 원들이 오목하게 보이고, 오른쪽의 원들은 볼록하게 보입니다. 이것은 왜 그럴까요? 우리가 볼록하다고 하는 것은 뇌에서 판단하는 것입니다. 눈이 아닙니다. 뇌는 위가 하얗고 아래가 검으면 볼록하다고 판단합니다. 우리는 머리 위에 떠 있는 태양 밑에서 살아왔기 때문에 아래가 그늘이 지고 위가 반짝이면 볼록하다고 이해하는 겁니다. 학습을 통해 뇌의 시냅스가

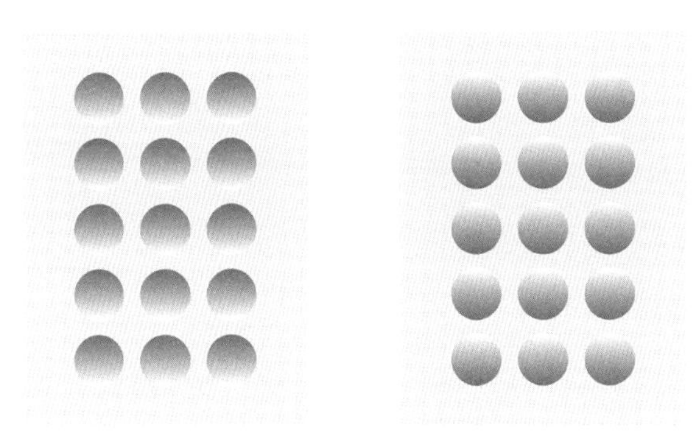

뇌는 위가 밝고 아래가 어두우면 볼록하다고 판단한다.

그런 패턴으로 만들어졌기 때문입니다. 영어에서 "I see."가 안다는 뜻인 것처럼, 본다는 것은 '이해한다'는 뜻인 것입니다.

시냅스 패턴에 의해서 우리의 인격, 개성, 자아정체성을 규정할 수 있습니다. 뇌과학이 발달하기 전에 '자아'라는 개념은 주로 철학적이거나 사회과학적인 관점에서 다뤄져 왔습니다. 그러나 우리가 마음의 기반이 되는 뇌를 이해하면서부터 자연과학적으로 '자아'라는 개념을 다룰 수 있게 되었습니다. 뇌과학은 이 자아에 대한 이해를 조금씩 넓혀가고 있는 중입니다.

서두에서 말씀드렸다시피, 우리가 아직 이해하지 못하는 부분들이 많이 있습니다. 의식이란 무엇인가, 나는 왜 내 자신을 의식할 수 있는 것인가, 의식하는 그런 과정은 뇌에서 어떻게 이루어지는가 등 아직 답을 찾지 못했습니다. 마음을 이해하기 위해서는 마음을 구성하는 뇌를 알아야 할 것이고, 뇌 속의 여러 가지 뉴런들이 만들어내고 있는 네트워크와 그 패턴을 알아야 할 것입니다. 시냅스로 연결되어 있는 그런 네트워크를 신경회로(neural circuits)라고 합니다. 뉴런 속 여러 가지 분자들의 움직임들, 예를 들면 DNA, RNA, 단백질과 같은 분자들의 작용 현상과 시냅스의 조절을 우리가 충분히 이해했을 때에야 비로소 뇌에 대해 올바르게 이해한다고 얘기할 수 있을 겁니다.

신경생물학 연구 사례

최근의 신경생물학(신경과학, 뇌과학)에서 이뤄지고 있는 몇 가지 재미있는 연구 사례를 소개해보겠습니다.

유전공학으로 똑똑한 쥐를 만들 수가 있습니다. 건전지 중 오래가는 건전지가 있고 그렇지 않은 건전지가 있듯이, 글루탐산이라는 신경전달물질과 결합할 때 더 큰 전류를 만들어낼 수 있는 수용체가 있습니다. 연구 결과, 그런 수용체 유전자를 쥐에 넣어줬더니 기억력이 좋아졌습니다.

뇌의 정보 전달은 전기에 의해 이루어집니다. 컴퓨터도 전기에너지에 의해 작동됩니다. 그러나 같은 에너지라도 언어가 다릅니다. 만약 이 둘의 언어를 번역해줄 수 있는 장치가 있다면 뇌와 컴퓨터를 연결할 수 있지 않을까요? 즉 뇌와 컴퓨터를 상호연결하는 장치를 고안한다면 뇌가 하는 것을 컴퓨터가 모방할 수 있고, 컴퓨터가 지령하는 것을 뇌가 따를 수 있게 될 것입니다. 대개 뇌의 운동 영역과 외부 운동 기계 장치를 연결하는 기술이 주를 이루고 있습니다. 이것을 뇌-기계 상호연결(Brain-Machine Interface, BMI)이라고 합니다. 그럼 뇌에서 일어나는 전기신호를 어떻게 받아들일 수 있을까요? 두피에 전극을 부착하면 미세한 전류이지만 뇌에서 만들어지는 전류의 전위차를 검출할 수 있습니다. 아니면 전극을 직접 꽂기도 합니다.

원숭이 실험을 예로 들면, 원숭이의 팔과 발을 묶습니다. 원숭이 옆에는 컴퓨터에 연결된 인공 로봇팔이 있습니다. 원숭이 뇌에는 전극이 꽂

Bio
Tip

시냅스 가소성이란?

시냅스 말단에서는 활동전위(신경 충격)로 인해 신경전달물질이 분비되고 시냅스후 세포는 이를 받아 전기신호가 다시 만들어진다. 이 과정을 통해 시냅스를 건너 뉴런과 뉴런으로 전기가 계속 흐르게 된다. 시냅스후 세포의 수상돌기에는 수많은 시냅스 가시들이 존재한다. 왜냐하면 하나의 뉴런이 1만여 개의 다른 뉴런과 시냅스를 만들고 있기 때문이다.

일부 미성숙한 가시들은 다른 뉴런들과 연결해서 시냅스를 다시 만들 수 있다. 이 과정을 통해 새로운 정보가 저장되는 것이다.

친구를 오래 사귀면, 친구의 전화와 얼굴이 모두 쉽게 저장된다. 그러면 그것은 어떻게 저장되는 것일까? 카메라로 찍는 것처럼 저장되는 것일까? 아니면 USB 메모리 스틱처럼 저장되는 것일까? 그렇지 않다. 뇌에서 정보가 저장되는 방식은 책을 읽거나 운동 기술을 익히는 과정과 기본적으로 비슷한데, 시냅스 연결의 변화를 통해 정보가 저장된다. 저장된 정보가 없어질 수도 있고 새로 생길 수도 있는 것은 시냅스가 굉장히 유연성 있게, 탄력성 있게 변하기 때문이다. 시냅스의 전달 효율이 변하는 것을 시냅스 가소성이라고 한다. 이러한 가소성이 있기 때문에 새로운 기술, 새로운 정보, 새로 들은 것, 새로 본 것이 우리 뇌에 다 저장되는 것이다. 안 쓰는 정보는 사라질 수도 있고 새로운 정보가 들어오면서 새로운 시냅스 연결이 만들어진다. 우리 뇌에 있는 1000억 개나 되는 무수히 많은 뉴런들은 역동적으로 시냅스 연결에 변화를 주고 있다. 컴퓨터 파일의 저장 용량을 말할 때, 메가, 기가, 테라바이트 등의 단위를 사용하지만, 우리 뇌에 있는 시냅스의 조합은 무한하므로 장기기억의 저장 용량은 무한하다.

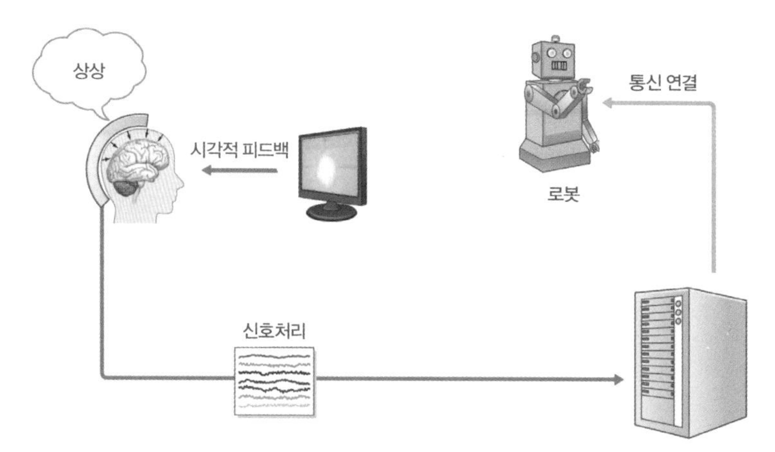

뇌의 운동 영역과 외부 운동 기계 장치를 연결하는 기술을 뇌-기계 상호연결(BMI)이라고 한다. 예를 들어 두피에 전극을 부착한 후 머릿속으로 팔을 움직인다고 생각하면, 사람과 통신으로 연결되어 있는 로봇의 팔이 움직인다.

혀 있고 컴퓨터는 이 전극과 연결되어 있습니다. 배고픈 원숭이에게 딸기, 바나나와 같이 원숭이가 좋아하는 음식을 눈앞에 둡니다. 굉장히 먹고 싶겠죠? 그러면 손가락과 팔을 움직이는 운동 영역 부분에서 특수한 패턴의 전기신호가 만들어집니다. 원숭이의 뇌와 연결된 전극으로 그 전기신호를 도청해내는 것입니다. 그러면 컴퓨터는 이 신호를 분석하고 번역해서 인공 팔의 모터를 작동시켜 음식물을 잡습니다. 이 실험은 실제 이루어진 실험입니다. 원숭이의 운동 영역에 있는 전극과 컴퓨터를 연결해 인공 로봇팔을 작동시켰습니다.

이 실험은 인간을 통해서도 시현된 적 있습니다. 실험 대상자였던 사람은 불의의 사고로 목이 부러졌고 팔다리를 전혀 움직일 수 없는 상태였습니다. 이 사람은 숨 쉬고, 밥 먹고, 웃고, 감각을 느낄 수는 있었습니다. 이 사람의 소원은 인공 손이라도 한번 움직여보는 것이었습니다. 운동 영역이 있는 전두엽 부근에 전극을 꽂고 이를 컴퓨터에 연결했습니다.

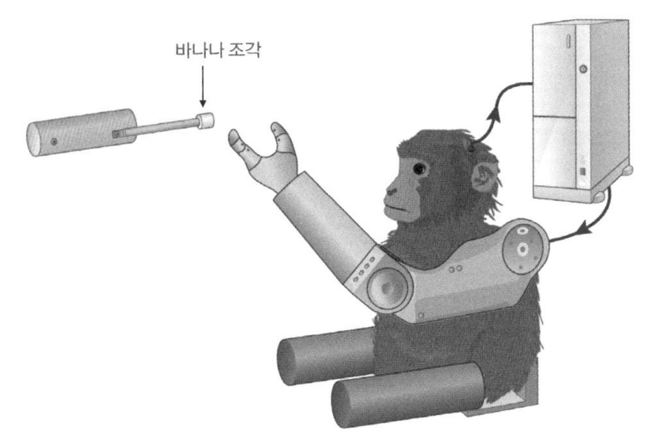

원숭이 뇌에 전극을 꽂은 다음 컴퓨터와 연결해 인공 로봇팔을 작동시키는 실험

이 실험으로 이 사람은 자기의 의지만으로, 즉 생각만으로 인공 손가락을 움직였습니다. 뇌에서 일어나는 여러 가지 전기적인 정보를 해석하는 기술과 컴퓨터의 신호 분석 방법이 발달하게 되면, 좀더 정교하게 팔다리를 움직일 수 있는 시대가 오지 않을까 생각합니다.

수용체에 대한 유전 정보를 많이 연구하다 보면, 우리가 할 수 있는 일이 더 많아집니다. 대표적으로 빛으로 신경세포 조절을 연구하는 광유전학(Optogenetics)이 있습니다. 우리 뇌의 수용체들은 반드시 신경전달물질이 가서 붙어야만 전기를 만들어냅니다. 미생물 중에 빛에 반응해서 전기를 만들어내는 독특한 수용체를 지닌 것이 있는데, 분자생물학적인 방법으로 그 유전자를 찾을 수 있습니다. 그러면 그 유전자를 생쥐의 뇌에 형질전환 방법으로 넣어줄 수 있습니다. 그렇게 되면 미생물의 유전자를 가진 쥐가 태어나는 겁니다. 채널로돕신(channelrhodopsin)과 같이 빛에 반응하는 단백질을 이용하면 뉴런의 전위를 1000분의 1초 수준에서 조절할 수 있습니다. 레이저를 쏠 수 있는 광섬유를 이용해 쥐에게 빛을 주면, 쥐의 뇌 속에 있는 빛에 반응하는 수용체의 유전자가 발현됩니다. 실제로 우리 연구실에서도 실험한 적 있습니다. 한쪽 다리를 움직이는 쥐의 근육 영역에 빛을 쪼여주었습니다. 그랬더니 한 방향으로 쥐가 계속 돌았습니다. 물론 실험동물을 연구 목적 아래에서만 조작해야겠지만, 과학적으로는 광유전학 기술을 통해 리모트컨트롤처럼 동물의 행동을 조절하는 게 가능할 것으로 보입니다.

점점 더 공상과학적인 방향으로 이야기가 흘러가고 있나요? 그러면 기억을 우리가 과연 조절할 수 있을까요? 이론적으로, 기억은 조작할 수 있습니다. 기억 정보는 시냅스를 통해 저장되고, 그 시냅스를 컨트롤하는 것은 뉴런입니다. 특정 신경 회로망을 구성하는 뉴런을 찾아서, 그 뉴런만 레이저로 쏴서 죽이면 저장된 기억의 전부를 제거할 수 있습니다. 현재 이론적으로 가능하기는 하지만 하지 못하는 이유는 윤리적인 문제를 떠나, 아직 정확한 좌표를 찾을 수 없기 때문입니다. 특정 기억 정보가 어디 있는지 그 대략적인 위치는 알지만, 정확한 곳은 아직 모릅니다.

우리가 뇌에 대해 아는 것은 많이 부족합니다. 뇌는 아직도 미스터리이며, DNA, 단백질, 시냅스, 뉴런, 네트워크, 뇌의 여러 시스템, 마음과 정신의 수준에서 다양한 연구가 필요합니다. 뇌의 여러 가지 구조와 기능적인 측면들을 단계별로 정확하게 분석해서 과학적인 지식을 축적했을 때, 이것들을 바탕으로 해서 왜 그런 병이 생기는지, 그것을 치료하기 위해서는 어떤 약을 개발해야 하는지 등 많은 노력들이 앞으로 진행되어야 합니다. 바로 이런 연구 분야를 신경과학 또는 뇌과학이라고 합니다.

ㅠ.ㅠ
ㅠㅠ
마치 오징어처럼 생긴
뉴런은 서로서로 수만능은
시냅스로 연결되어 있다.
10,000개의
시냅스를 다
그릴수 없어
두세개씩만
그렸다.
오징어 다리 서로 꼬이는것은
약과다.. 하나의 뉴런은
10,000개의 다른 뉴런과
시냅스를 이룬다...
© 신인철

미세혈관은 우리에게 무엇을 말해주는가

고규영 한국과학기술원(카이스트) 의과학대학원 특훈교수

전북대학교 의과대학을 졸업하고, 동 대학원에서 박사학위를 받았다. 미국 코넬대학교 생리학교실 박사후 연구원, 미국 인디애나대학교 심장연구소 선임연구원, 전북대학교 의과대학 교수, 과학기술부 창의적진흥사업 연구단장, 포항공과대학교 생명과학과 교수를 거쳤다. 현재 한국과학기술원 의과학대학원 특훈교수로 재직 중이다. 대한의학회 화이자의학연구상 본상(2002), 대한의학회 분쉬의학상 본상(2007), 올해의 카이스트인상(2010), 이달의 과학자상(2011), 경암학술상(2011), 아산의학상(2012) 등을 수상했다.

제가 여기서 보여드리는 사진 대부분은 생쥐의 미세혈관 사진입니다. 생쥐는 인간과 혈관 구조가 거의 흡사하기 때문에, 생쥐의 몸에서 일어나는 미세혈관의 기능은 우리 몸에서 일어나는 미세혈관의 기능과 거의 동일하다고 생각하면 됩니다. 동맥과 정맥 같은 큰 혈관들은 혈액의 이동통로로만 기능을 하지만, 미세혈관은 각 장기에서 산소, 영양분, 노폐물의 교환을 이루어내는 기능을 담당하며 우리 몸에서 총혈관내부면적의 대부분을 차지하고 있습니다.

미세혈관을 볼 수 있는 현미경들

미세혈관의 구조를 정확히 관찰하기 위해서는 여러 가지 첨단 현미경이 필요합니다. 그림 1a 현미경은 제가 15년 전에 구입한 독일제 형광현

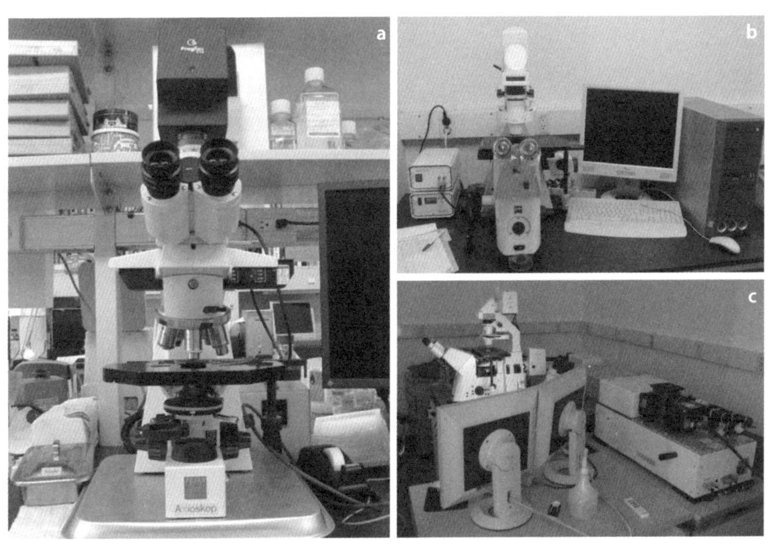

그림 1. 미세혈관 구조를 정확히 관찰하는 데 이용하는 여러 가지 첨단 현미경. a) 형광현미경, b) 형광역전사현미경, c) 다광원공초점현미경

미경입니다. 형광 물질을 확대해서 볼 수 있는 현미경입니다. 그림 1b는 형광역전사현미경으로, 살아 있는 세포와 조직을 볼 수 있는 현미경입니다. 그림 1c는 미세한 에너지의 다양한 형광을 동시에 시각화할 수 있는 최첨단 현미경, 다광원공초점현미경입니다. 영어로는 multiphoton confocal microscope라고 합니다. 이런 현미경을 통해서 얻은 미세혈관(이하 '혈관'이라고도 칭함) 사진들은 많은 정보를 담고 있습니다.

혈관 연구를 위한 실험동물 생쥐의 장점

생쥐는 실험동물로 여러 가지 장점을 지니고 있습니다. 번식력이 좋고 다른 포유류 동물에 비해 성장속도가 빠릅니다. 유전자 조작 생쥐를 최근 발전된 생명과학 첨단기술을 이용하여 비교적 쉽게 만들 수 있습니다. 물론 상당한 경비와 시간이 들지만 한 번 유전자 조작 동물을 만들어 놓으면, 장기간 여러 세대에 걸쳐 분석을 하는 동안 용이하게 쓸 수도 있고 다른 유전자 조작 생쥐와 교미하여 유전자들의 복합 기능도 분석할 수 있습니다.

우리 실험실에는 약 5000여 마리의 생쥐가 엄격한 관리를 받고 있습니다. 이 중 3분의 2는 혈관의 생성, 재구축 그리고 시각화에 특별하게 작용하는 유전자들을 조작한 생쥐들입니다. 우리 실험실은 이러한 생쥐들을 이용하여 정상적인 발달·유지 과정 동안의 생쥐들과 각종 질환모델 생쥐들의 혈관 생성, 성장, 재구축 등을 시각화하여 각각 유전자들의 기능과 발현 조절들을 알아보는 연구를 하고 있습니다.

이렇게 생쥐의 혈관에서 관찰되는 현상은 인간의 정상적인 발달·성장·유지 과정과 각종 주요 질환에 걸렸을 때 혈관에 일어나는 현상과 거의 흡사하므로, 근본적인 기초연구를 넘어 곧바로 임상 의학에 응용이 가능한 중계 연구가 되기도 하고 신약 개발에 중추적인 역할을 하기도 합니다.

혈관 형성은 어떻게 일어나는가?

혈관 사진을 들여다보기 전에 먼저 개념 정리를 해보겠습니다. 정상적인 성인의 경우 혈관 생성은 거의 일어나지 않습니다. 그러나 상처가 나면 그것이 낫는 동안 혈관 생성이 일어납니다. 성인 여성의 배란기에 자궁 내벽이 성숙되어 가는 동안에도 상당한 혈관 생성이 일어납니다. 물론 수정란이 태아로 발달되는 과정 동안 각 장기별로 왕성한 혈관 생성이 일어납니다. 이는 혈관을 통해 새롭게 생겨나는 조직에 산소와 영양분을 공급하기 위해서입니다. 엄밀하게 말씀드리면 새롭게 조직이 만들어지는 경우 그 조직을 이루는 세포들이 혈관 생성에 필요한 성장인자들을 분비하여 혈관 생성을 이루는 것입니다.

우리 몸의 혈관 중 대부분을 구성하는 모세혈관의 형성은 혈관 형성(vasculogenesis)과 혈관 신생(angiogenesis), 이 두 가지 과정으로 이루어집니다. 발생 초기에 장기와 조직이 형성될 때에는 혈관줄기세포가 증식하고 분화해서 그물 모양의 혈관을 만듭니다. 이 과정을 혈관 형성이라고 합니다. 정상 형태의 분화된 혈관이 자극을 받아 활성화되어 콩나물 가지처럼 발아하는 과정을 혈관 신생이라 하는데, 이는 혈관 생성 과정의 대부분을 차지합니다(그림 2). 이때 혈관내피세포는 활발히 증식해서 주변으로 이동하고, 주변 조직을 느슨하게 하기 위해 필요한 효소를 많이 분비합니다. 이러한 혈관 생성은 몇 가지 특수임무를 가진 성장인자와

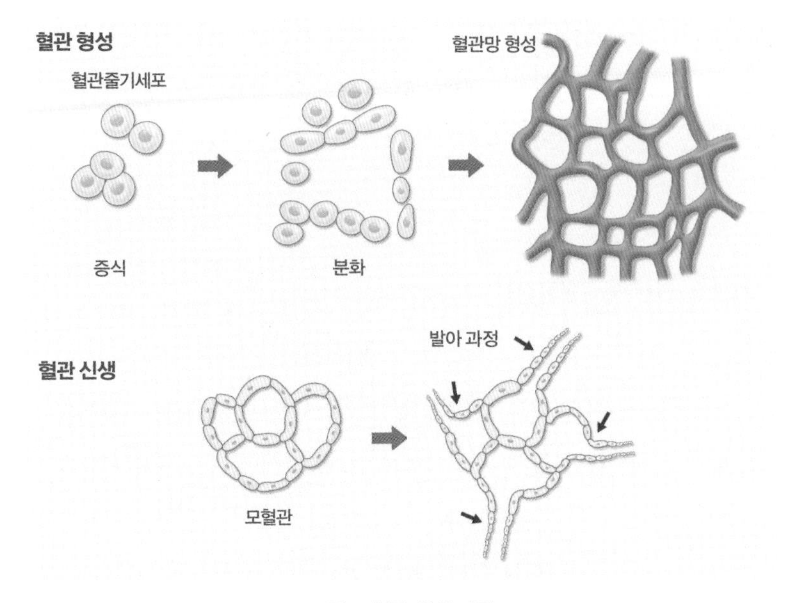

그림 2. 혈관 생성 과정

그 수용체의 강력하고 정확한 작용을 통해 엄격하게 조절됩니다.

혈관 생성을 조절하는 대표적인 물질로는 두 가지가 있습니다. 하나는 혈관내피세포 성장인자(vascular endothelial growth factor, 약자는 VEGF)이고, 다른 하나는 안지오포이에틴(angiopoietin, 약자는 Ang)입니다. 각각의 성장인자는 A, B, C, D와 1, 2, 3, 4라는 네 가지 종류가 있습니다(그림 3).

그림 4는 생쥐의 발생 과정을 보여줍니다. 자궁 속의 생쥐는 수정이 된 이후 21일 동안 발생 과정을 거친 후 태어나게 됩니다. 배아 7.5~12.5일 사이에 심장과 혈관의 형성이 활발합니다. 배아 11.5일의 전체 혈관 분포는 CD31(혹은 PECAM-1이라고도 함)이라는 혈관 표지 단백질을 형광으로 볼 수 있게 해보면 알 수 있습니다(그림 5). 굵은 혈관, 가는 혈관, 혈관

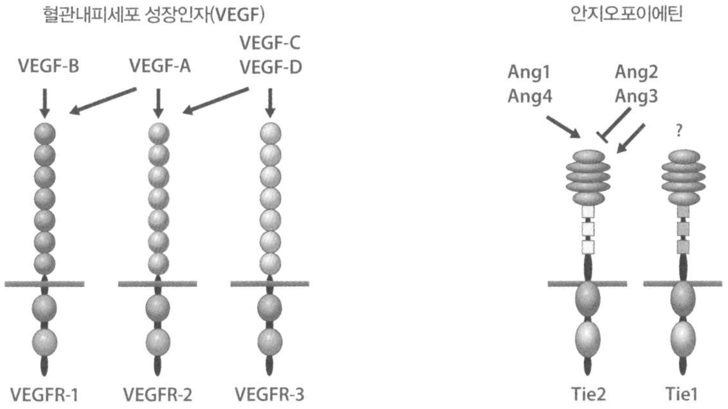

혈관내피세포 성장인자(VEGF)

VEGF-B
VEGF-A
VEGF-C
VEGF-D
VEGFR-1
VEGFR-2
VEGFR-3

안지오포이에틴

Ang1
Ang4
Ang2
Ang3
?
Tie2
Tie1

그림 3. 혈관 생성을 조절하는 대표적인 물질과 그 수용체

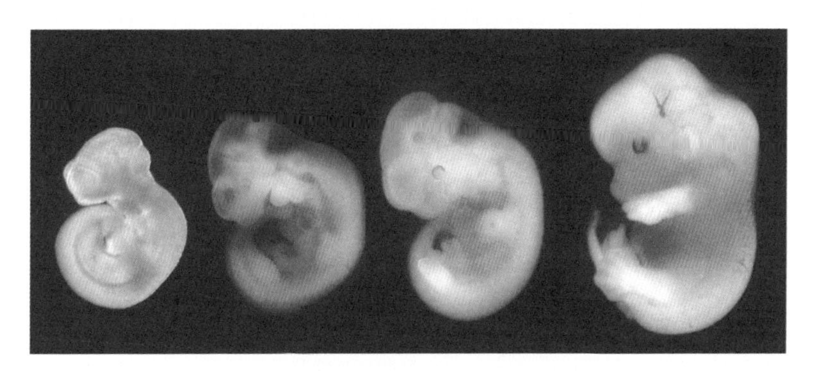

그림 4. 생쥐의 발생 과정. 뱃속의 생쥐는 수정된 지 21일이 되면 성체가 되어 태어난다.

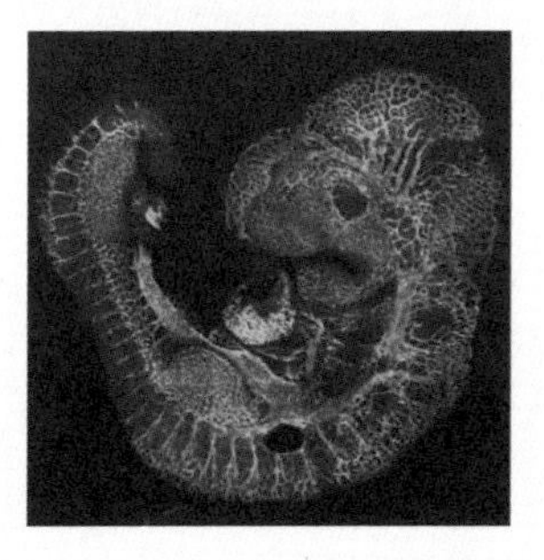

그림 5. 수정 후 11.5일째가 된 생쥐 배아의 혈관

간의 네트워크 등을 상세히 관찰할 수 있습니다. 이들 혈관들은 조직 곳곳으로 다 퍼져 산소와 영양분을 공급하는 중요한 통로 역할을 하고 있습니다. 이 생쥐 배아의 발생 과정 동안에 혈관 형성에 주요하게 작용하는 유전자를 인위적으로 결핍시키거나 억제 조절 물질들을 투여하면 혈관 형성에서의 현격한 변화와 더불어 나타나는 발생 이상들을 볼 수 있습니다. 이런 과정을 이해하는 것은 발생 과정에서 혈관 형성이 얼마나 중요한 현상인지 알 수 있게 할 뿐만 아니라 각종 유전자가 어떻게 혈관을 형성하는지도 알 수 있게 합니다.

태어난 아기 생쥐는 처음 1~2주일은 눈을 뜨지 못합니다. 그러나 외부의 빛 자극이 망막으로 도달하지 못하는 출생 후 며칠 동안에도 망막신경세포의 성장과 발달은 계속됩니다. 망막의 혈관도 마찬가지입니다. 출생 직후부터 망막의 중심부에서 혈관이 자라나기 시작하고 시간이 지나면서 점점 주변부 망막을 향하여 혈관이 성장하며 네트워크가 형성됩니다. 그래서 망막의 혈관 신생 과정은 특정 유전자나 약물이 혈관 신생에 어떠한 영향을 미치는지 파악할 수 있게 해주는 좋은 모델이 되고 있습

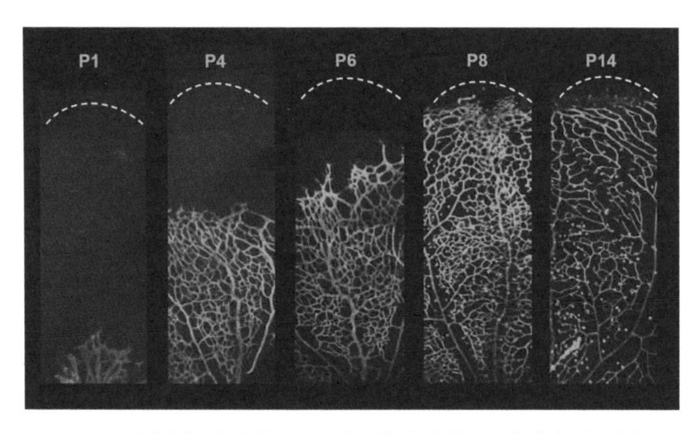

그림 6. 태어난 후 망막에서 나타나는 혈관 성장. P4, 태어난 지 4일째

니다(그림 6).

미세혈관의 기능과 시각화

그림 7은 기관지 점막에 존재하는 미세혈관입니다. 저는 주로 미세혈관을 보는데, 이는 혈관 신생이 일어나는 곳이 미세혈관이기 때문입니다. 혈관은 그림 7에서 볼 수 있는 것처럼 서로 간에 폐쇄적으로 다 연결되어 있습니다. 마치 석류알을 찍은 듯한 그림 8은 지방 조직 내의 지방세포와 이들을 연결하는 혈관을 보여줍니다. 지방세포 하나하나가 석류알처럼 보입니다. 이 세포 하나하나마다 녹색형광 빛으로 보이는 혈관이 연결되어 있습니다. 지방세포에 지방 물질을 이동시키고 방출하는 통로 역할을 하는 이 혈관은 엄격하게 조절됩니다. 이것은 우리가 혈관 기능과 성장을 조절하게 된다면 지방세포 하나하나의 크기도 조절할 수 있게 된다는 것을 뜻합니다. 새로운 비만 치료 방법을 갖게 되는 것입니다. 지방세포 사이와 혈관 주위에는 성체줄기세포가 존재합니다. 이러한 줄기세포의 기능을 유지하고 이동하는 데에도 당연히 혈관의 역할이 큽니다. 이처럼 한 장기에서 혈관과 주변 조직들과의 상호관계와 기능을 알기 위하여 혈관들을 시각화하는 기술들은 필수적입니다. 혈관을 이루는 혈관내피세포(혈관 내부의 단층세포)에 선택적으로 발현하는 CD31, CD144, 엔도글린(endoglin) 같은 분자들을 형광면역염색법을 통하여 시각화한다면 혈관의 동태를 면밀하게 측정할 수 있습니다.

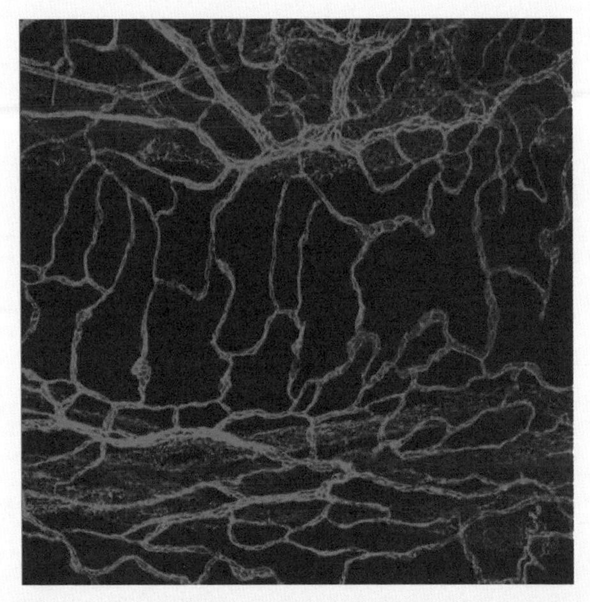

그림 7. 기관지 점막의 미세혈관. 혈관 신생이 일어나는 곳이 바로 미세혈관이다.

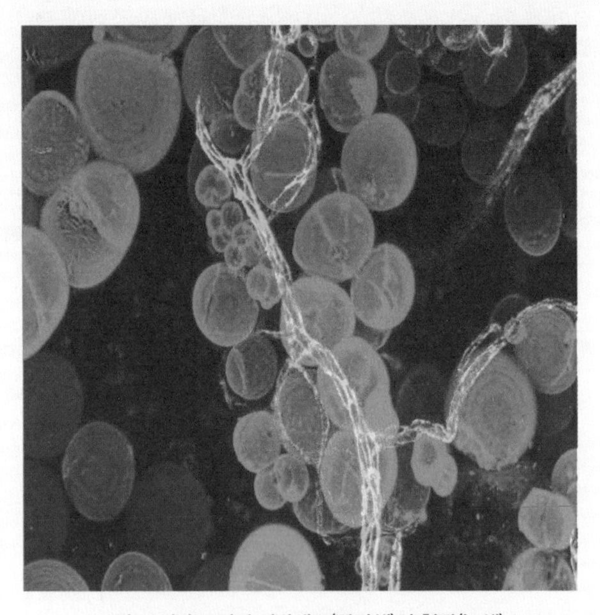

그림 8. 지방 조직의 지방세포(빨간색)와 혈관(녹색)

혈관 신생 조절 이상 : 암과 망막 질환

왜 많은 연구자들이 이렇게 혈관 신생에 관심을 쏟고 있는 것일까요? 혈관은 온몸에 퍼져 있습니다. 피부 각질, 각막, 망막의 형상이 모이는 장소(황반), 손톱, 발톱, 머리카락, 연골과 같은 곳에는 없지만 말입니다. 이들 부위 일부는 혈관 신생을 억제하는 물질이 강하게 발현하여 혈관이 새로 생기지 않도록 작용하는 곳들입니다. 혈관 신생의 과다나 부족은 암이나 당뇨망막병증, 심장병, 만성궤양 등과 같은 질병과 연관되어 있습니다(그림 9).

현대인이 앓고 있는 만성 질환의 30%가 혈관 신생의 제어와 관련되어 있다고 합니다. 그래서 의학과 생물학 분야에서 혈관 신생 조절은 매우 중요한 관심사일 수밖에 없습니다. 우리가 과연 비정상적인 혈관 신생을 고전하여 정상으로 되돌려놓을 수 있을까요? 저는 가능하다고 믿습니다. 왜 혈관 신생이 비정상적으로 일어났는지 그 작용 기전을 밝히고 그에 맞는 조절 방법들을 실험을 통해 확인하고 검증한다면 말입니다. 현재까지

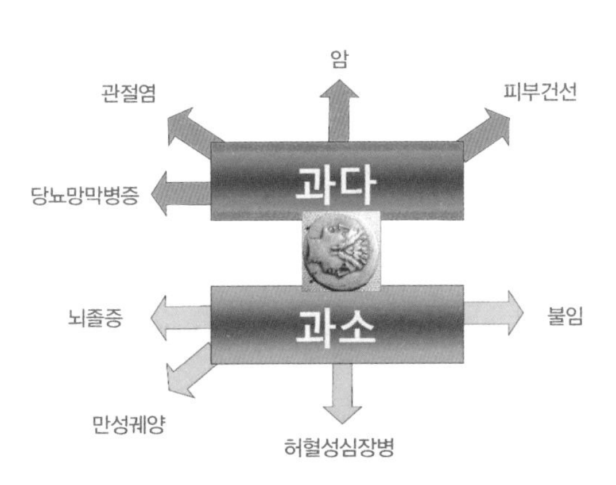

그림 9. 혈관 신생의 부족이나 과다는 암 진행과 전이, 당뇨망막병증, 심장병 등과 같은 주요 만성 질병과 연관된다.

몇 가지 방법들이 가능해졌고, 또 다른 가능한 방법을 찾기 위해 활발한 연구를 하고 있습니다. 즉 혈관의 잘못된 부분을 정상으로 바꿔놓으면 많은 질병을 고칠 수 있을 것입니다.

암을 예로 들어보겠습니다. 암이 진행되는 동안 암세포는 VEGF-A를 다량 분비하여 혈관 신생을 촉진합니다. 이러한 혈관은 정상 혈관과는 다르지만 암 조직을 먹여 살리기 위한 영양분과 산소를 공급하는 데 중요한 통로가 됩니다(그림 10과 11). 따라서 VEGF-A의 작용을 차단하는 항체(예를 들면 Avastin)를 투여함으로써 혈관 신생을 억제하여 암의 진행을 어느 정도 느리게 할 수 있습니다(그림 11). 그러나 임상 결과를 보면 아바스틴(Avastin)의 항암 효과가 생각보다 크지 않습니다. 왜냐하면 암이 진행되는 동안 아바스틴에 의해 암 혈관 신생이 억제되면 혈관 신생과 암 침투를 일으키는 다른 물질들의 발현이 증가하기 때문입니다. 이들 물질들 중에 안지오포이에틴-2(Ang2)라는 분자 물질이 있는데 VEGF-A와 더불어 혈관 신생을 촉진하는 물질입니다(그림 11).

우리 연구실은 VEGF-A와 Ang2를 동시에 차단하면 암 혈관 신생을 더 효율적으로 차단할 수 있을 것이라는 가설을 세우고 이 둘을 동시에 차단하는 새로운 분자 물질을 창의적으로 제작한 다음 DAAP(double antiangiogenic protein, 이중혈관성장차단제. '답'이라고 부름)이라는 이름을 지어주었습니다. 암 혈관 신생을 억제하는 '답'을 한번 내놓겠다는 취지에서 그런 이름을 지어보았습니다. 실험동물에게 암 진행 과정에 DAAP을 주입해보았더니, 이 약물이 암 진행을 억제하는 데 상당한 효과가 있다는 결과가 나왔습니다. 종양의 크기가 눈에 띄게 줄어들기 시작했고, 그 효과는 기존의 혈관 신생 차단제와 비교했을 때 월등히 우수했습니다. 다른 약물에 비해 DAAP이 암 혈관의 성장을 현저하게 억제한다는 것

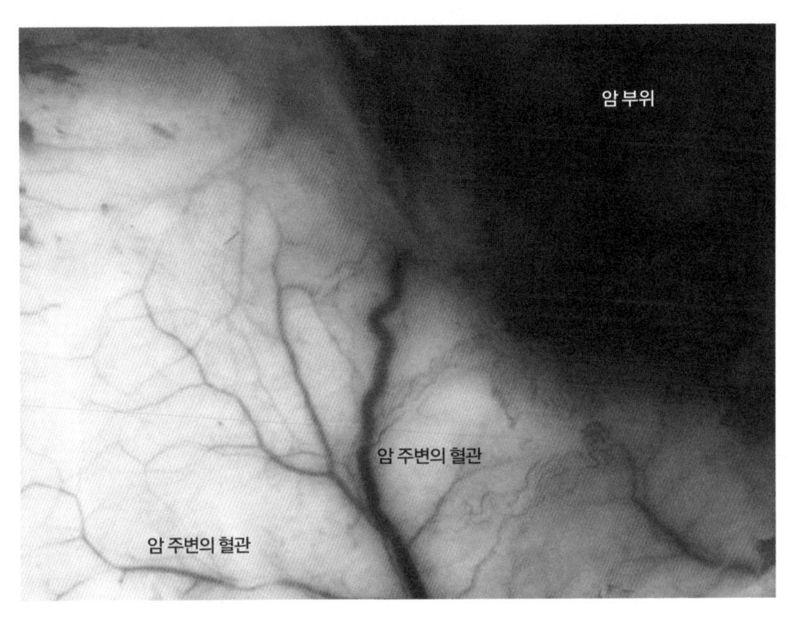

그림 10. 암의 주변과 내부에 암의 성장과 전이를 돕기 위해 신생한 혈관이 많이 분포되어 있다.

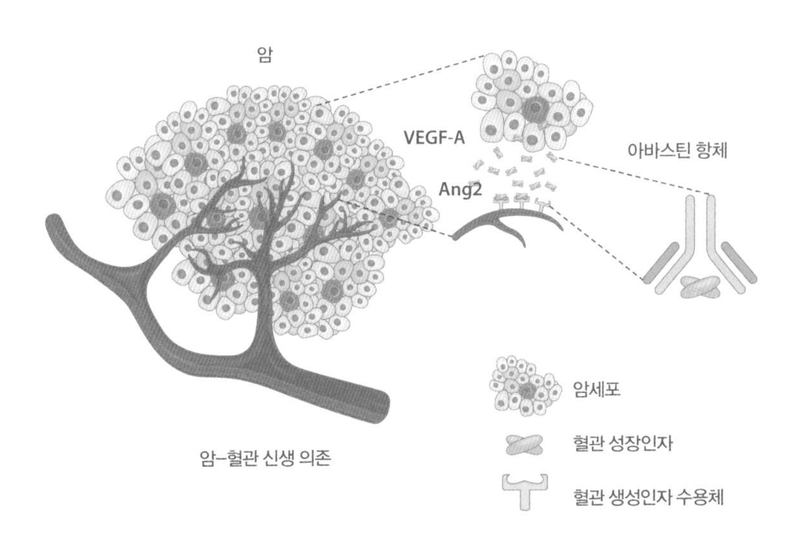

그림 11. 암의 성장은 VEGF-A와 Ang2의 성장인자에 의한 혈관 신생에 의존한다.

을 확인할 수 있었습니다. 암 전이 또한 현저히 줄어드는 것이 관찰되었습니다. 이렇게 암을 먹여 살리는 혈관을 성장시키지 못하게 함으로써 암 치료를 할 수 있는 것입니다. DAAP은 혈관이 없으면 암세포에 영양분이 제대로 전달되지 않는다는 원리를 이용한 약물이라고 할 수 있습니다. 현재 이 신개념 후보 약물의 연구 결과에 근거하여 국내외 제약회사들이 임상시험을 위해 비슷한 약물들을 만들기 시작하였으며, 수년 내에 임상시험을 통과해 수많은 암 환자들의 생명을 구할 수 있게 되기를 바라고 있습니다.

망막 질환 역시 혈관 생성과 밀접한 관련이 있습니다. 미숙아망막증과 당뇨망막병증, 그리고 황반변성은 모두 불필요한 혈관들이 망막에 생성되는 질환으로, 실명을 일으키는 가장 주요한 원인 질환들입니다. 저산소증이나 염증에 장기적으로 노출된 비정상적인 망막신경세포들이 암세포처럼 VEGF-A를 다량 분비하여 혈관 신생을 촉진합니다. 이렇게 생성된 혈관은 구조적으로 튼튼하지 못하므로 혈관 주변으로 혈액이 빠져나가게 되고, 그 결과 망막 출혈이나 신경 조직의 손상을 초래합니다. 과거에는 이 망막혈관 질환들에서 시력을 회복시킬 수 있는 치료 방법이 전혀 없었습니다. 그러나 아바스틴과 같이 VEGF-A를 차단하는 항체들이 개발되었고, 이러한 약제를 환자의 안구 내로 주사함으로써 망막혈관 생성을 억제하고 이와 함께 출혈을 예방하여 환자의 시력을 회복시킬 수 있게 되었습니다. 우리 연구실에서도 망막혈관 질환을 치료하기 위한 여러 가지 물질들에 대한 연구를 진행하는 중이며, 이들 연구가 실명을 예방하는 좋은 약제의 개발로 이어지기를 기대하고 있습니다.

COMP-Ang1에 대한 재미있는 이야기

우리 연구실이 혈관의 분포나 변화를 자세하게 관찰하겠다고 한 가장 근본적인 계기는 안지오포이에틴-1(Ang1)이라는 물질 때문이었습니다. Ang1과 유사한 물질을 발견함에 따라 Ang1과 비교 실험을 하기 위하여 Ang1 유전자 재조합 단백질을 생산하였습니다. 하지만 이 Ang1 단백질은 물에 안 녹고, 응집되고, 끈적끈적하고, 효과가 불안정했습니다. 그래서 단백질 구조를 새롭게 디자인하여 물에 잘 녹고, 응집이 안 되며 효과도 안정된 COMP-Ang1 단백질을 제작·생산하였습니다(그림 12).

이 COMP-Ang1 단백질을 생쥐의 전신에 과량 투여함으로써 효과를 실험해보았습니다. 대조군과 비교해보았더니, COMP-Ang1 투여군에서 모든 장기의 혈관이 굵어져 있었습니다. 상처가 있는 장기들에서는 COMP-Ang1이 혈관 신생을 촉진하여 상처를 훨씬 더 빨리 아물게 하였습니다. 그뿐만 아니라 혈관 염증이 생겼을 때 혈관누수를 방지하고 염증 물질 생산을 감소시켜 염증 완화 효과를 유도하였습니다. 이를 계기로 여러 동물실험을 실행한 결과 혈관에 대한 COMP-Ang1의 효과는 건강한 혈관 생성을 촉진하여 손상된 장기의 재생을 돕는 데 이용될 수 있다는 가능성에까지 도달하였습니다. 이때 혈관의 손상, 성장, 재생 등을 여러 현미경을 통하여 시각화하는 일이 필수적이었습니다. 이러

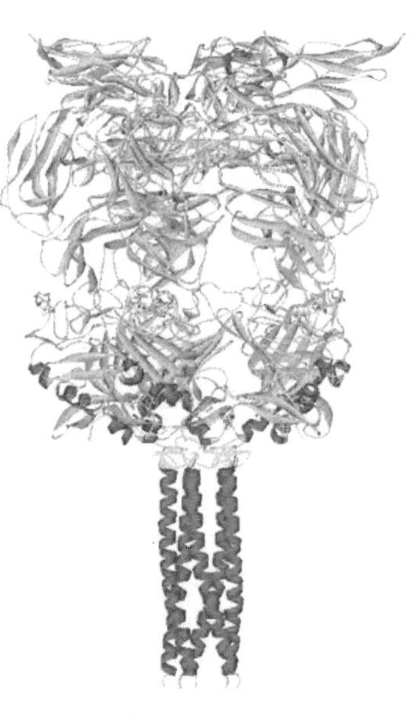

그림 12. COMP-Ang1

한 실험 사례는 혈관 연구 분야에서 유용한 물질을 만들면 새로운 현상들을 발견할 수 있다는 좋은 예로 꼽힙니다.

림프관

림프관은 혈관과 달리 말단 부위가 연결되지 않은 상태로 존재합니다(그림 13). 이 말단 부위를 통해 과다한 세포간질액, 흡수된 지방, 말초 조직(피부 등)의 병원균, 수지상세포 및 대식세포, 암세포 등이 이동하여 림프관 내부를 거친 후 림프절을 통과하여 전신 혈관으로 이동합니다. 혈관이 상수도 역할을 한다면 림프관은 하수도 역할을 하는 것입니다. 림프관은 주로 단층의 림프관 내피세포로 이루어지며 이 세포들의 특이 마

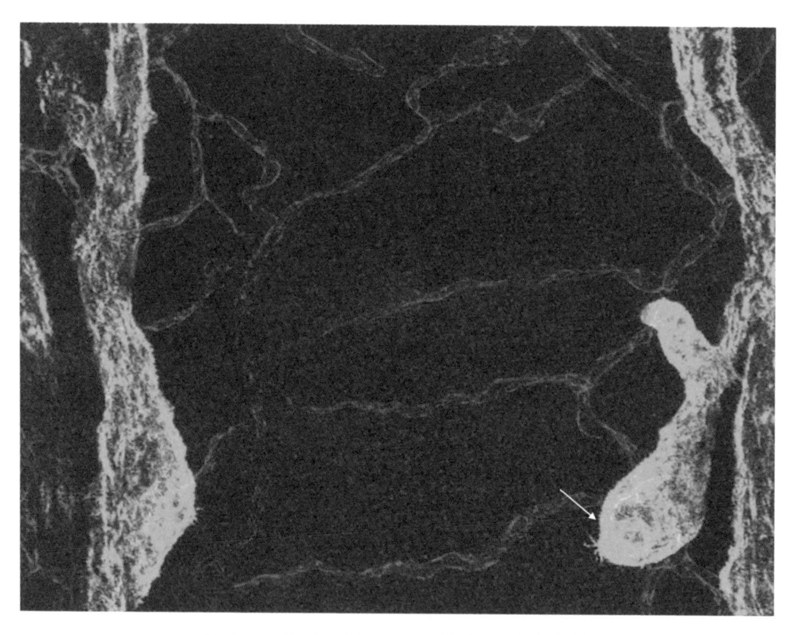

그림 13. 기관지 점막의 림프관(말단, 화살표)과 혈관

Bio Tip

혈관내피세포 성장인자는 누가 발견했을까?

1971년 미국 하버드 의과대학 소아병원의 외과의사 주다 포크만 박사는 당시로서는 획기적인 논문을 발표했다. 포크만 박사는 암 조직은 혈관이 만들어지도록 촉진하는 물질을 분비해서 혈관을 만들고, 그 혈관을 통해 충분한 영양과 산소를 공급받아 자란다고 주장했다. 그 이후 연속적인 연구를 통해 시험관 내에서 혈관내피세포를 배양하는 방법을 개발하였으며 이를 통해 암세포가 혈관내피세포를 증식시키는 단백질을 분비한다는 증거를 제시하였다.

이 보고들을 근거로 1983년 같은 대학의 헤롤드 드보락 박사는 암세포에서 분비하는 38-kDa의 물질이 혈관누수를 일으킨다고 하여 혈관누수인자라 명명하였다. 이 물질은 1989년 시칠리아 출신의 의사 나폴레옹 페라라 박사가 미국 캘리포니아주립대학교의 박사 후 과정 중 소의 뇌하수체 추출물에서 분리한 혈관내피세포 성장인자와 동일한 물질이었다. 이후 생명과학회사인 제넨텍에 입사한 페라라 박사는 1989년 이 '혈관내피세포 성장인자'의 유전자를 처음으로 클로닝하였다. 포크만 박사가 제시한 가장 중요한 혈관 신생 촉진 단백질의 정체를 밝힌 셈이다.

페라라 박사는 암세포가 정상세포보다 혈관성장인자를 많이 분비해, 암세포가 증식하는 데 필요한 산소와 영양분을 공급하는 혈관을 만든다는 사실을 확인했다. 혈관성장인자가 많을수록 암 조직이 더 잘 자란다는 것도 관찰했다. 혈관성장인자는 혈관 형성과 혈관 신생을 촉진하는 대표적인 물질이다.

커인 LYVE-1, Prox-1, 또는 포도플라닌(podoplanin)을 형광면역염색법으로 검출하여 관찰할 수 있습니다. 그림 13에서 빨간색은 연결된 혈관을 나타내고, 초록색은 림프관을 나타냅니다. 림프관은 약간 굵은 말단이 있습니다. 세포체액과 면역세포가 이곳을 통해 이동합니다.

림프관은 구조를 지지해주는 근육 보호층이 거의 없지만 지방 조직에 의해 둘러싸여 보호되고 있습니다. 중요한 것은 림프관 내부에 밸브가 있어 림프액 흐름의 역류를 방지해준다는 사실입니다. 하수도에서는 물이 상방향에서 하방향으로만 가야 제대로 하수가 됩니다. 만약 반대로 물이 흐르면 엉망진창이 되겠죠? 림프관에서도 하수도처럼 한 방향으로 흐르게끔 역방향 흐름을 근본적으로 차단하는 밸브가 곳곳에 존재합니다. 많지는 않지만 근육세포들이 관을 둘러싸고 수축하는데 이 작용이 림프의 순환을 생성합니다. 하루에 성인 전신에서 일어나는 림프액의 순환은 4~5리터나 됩니다. 관절 운동이나 가벼운 마사지가 림프액 순환을 촉진합니다. 그래서 림프관 말단이나 림프관을 둘러싼 근육세포, 밸브에 이상이 생겨 제 역할을 하지 못하면 몸에 부종이 일어나는 등 문제가 생깁니다.

림프관으로 이동한 체액, 병원균, 면역 및 암세포들은 림프관 중간에 놓여 있는 림프절로 이동하여 림프절에 있는 면역세포들과 여러 상호작용을 합니다. 림프절 안의 림프관은 이러한 상호작용을 하는 곳의 플랫폼 역할을 해주기도 하고 다양한 물질들을 분비하여 조절 작용도 합니다. 따라서 상황에 따라 림프관의 생성이 촉진되기도 합니다. 우리 연구실에서는 염증이 생겼을 때 대식세포가 림프절에서 림프관의 생성을 촉진한다는 사실을 발견하였습니다(그림 14).

림프절은 T세포와 B세포가 꽉 차 있습니다(그림 15). 그런데 자세히 관

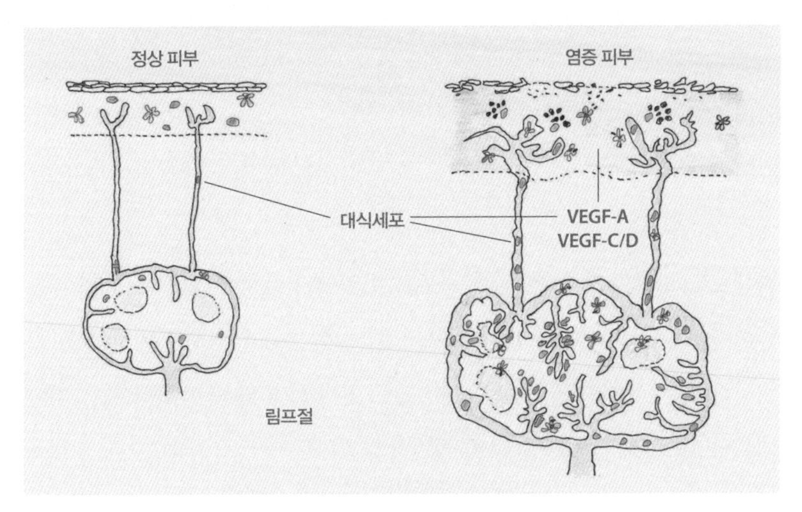

그림 14. 림프관과 림프절의 연결

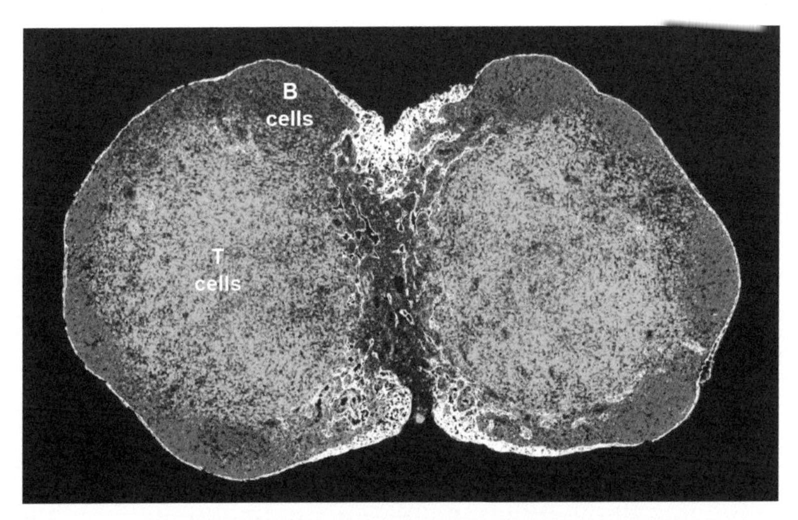

그림 15. 림프절에서 T 임파구(녹색), B 임파구(적색), 림프관(흰색)의 분포

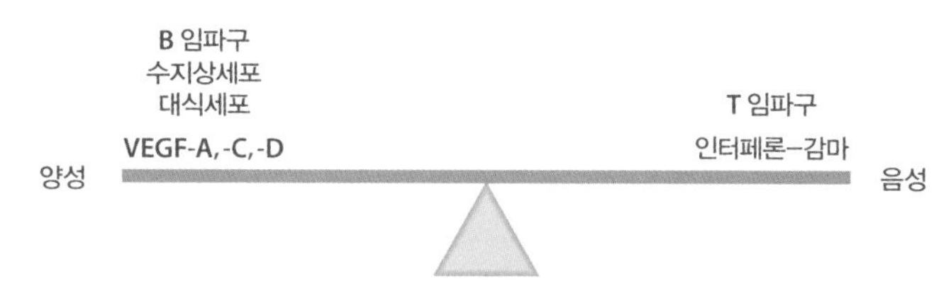

그림 16. 림프절에서 림프관 신생의 조절

찰해보니, B세포가 있는 곳엔 림프관이 있지만, T세포가 있는 곳엔 림프관이 없습니다(그림 15). 즉, T세포가 림프관 생성을 억제하는 물질을 분비시킨다는 것을 의미합니다. 예상대로 T세포가 없는 생쥐에서는, 정상 생쥐와 다르게 림프관이 많이 생성되었습니다. 심층연구를 통해 T세포의 분비 물질인 인터페론이 림프관 생성을 억제한다는 사실을 밝혔습니다. 염증이 일어났을 때 대식세포의 작용으로 증가된 림프관을 정상으로 되돌리기 위해서는 T세포에서 분비하는 인터페론의 작용이 필요하며 이렇게 림프관의 항상성을 위하여 음양의 조절 기전이 필요하다는 것을 알게 되었습니다(그림 16).

우리가 먹은 탄수화물과 단백질은 분해되어서 장에 있는 혈관을 통해 흡수됩니다. 우리가 먹는 대부분의 약물과 기름 성분은 흡수된 후 림프관으로 갑니다. 형광 물질을 띠는 기름 성분을 쥐에게 먹이고 사진을 찍어보면, 흡수된 지방이 소장과 연결된 림프관을 통해 이동되는 것을 관찰할 수 있었습니다(그림 17). 그림 18은 장의 융모를 보여줍니다. 빨간색은 융모 림프관이고, 초록색은 혈관입니다. 혈관을 통해 탄수화물과 단백질이 흡수되고, 지방은 림프관을 통해 흡수됩니다. 이처럼 현미경 사진은 기존의 사실을 공간적으로 이해하는 데 도움을 주며 새로운 현상을 찾는 데 중요한 기초가 되곤 합니다.

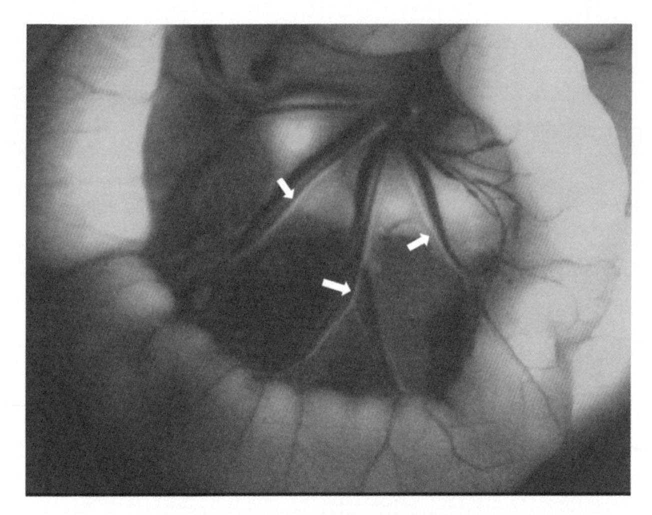

그림 17. 흡수된 지방이 소장과 연결된 림프관을 통해 이동(화살표)

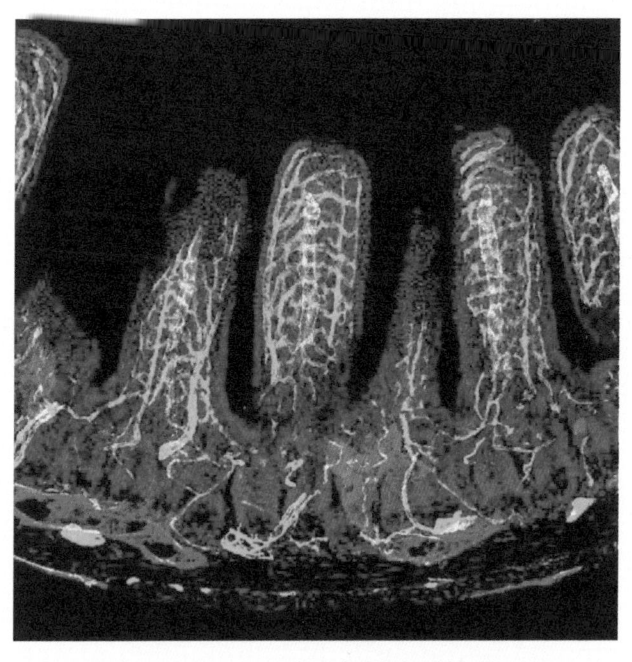

그림 18. 장의 융모에서의 림프관(적색)과 혈관(녹색)의 분포

혈관의 시각화로 발견한 새로운 사실들의 예

생쥐의 각종 장기에서 일어나는 혈관들의 변화들을 새로운 방법을 통하여 면밀하게 관찰하다 보니 새로운 현상과 기전을 발견할 수 있었습니다. 이에 따라 왜 각종 장기마다 서로 다른 형태의 혈관을 가지고 있고 같은 자극에 대해서도 다른 변화를 일으키는지에 대한 의문을 갖게 되었습니다. 이러한 차이가 분자적 수준에서 어떻게 조절되는지 알고 싶었습니다. 이 같은 큰 질문에 대해 분석하고 이해하기 위해서는 창의적인 아이디어도 필요하지만, 많은 경비와 우수 인력, 장기간의 연구가 필요합니다.

우리 연구팀은 생쥐의 자궁이 임신 초기 배아의 발달을 돕기 위해 급격히 크기가 커진다는 것에 착안하여 이 시기에 혈관의 분포는 어떻게 변화하는지를 시각화해보았습니다. 자궁의 한쪽은 혈관의 내경들이 다양한 크기로 증가하는 반면 한쪽은 촘촘히 혈관의 네트워크를 재구축하

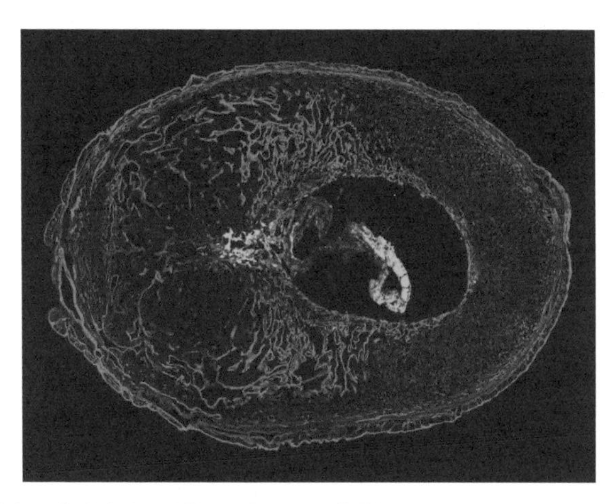

그림 19. 임신 초기 생쥐 자궁의 혈관들은 굉장히 촘촘한 곳도 있고, 상대적으로 큰 혈관을 재건축한 곳도 있는데, 이는 근본적으로 빠른 속도로 성장하는 배아에게 충분하게 효율적으로 혈액을 공급하기 위해서이다.

였습니다(그림 19). 이러한 변화는 커지는 자궁과 성장하는 배아에게 충분한 산소와 영양분을 공급하기 위해서 나타나는 것입니다. 그리고 이러한 혈관 변화의 일부는 임신했을 때 난소에서 분비되는 다량의 프로게스테론(progesterone)에 자극받아 자궁의 기질세포로부터 분비되는 VEGF-A에 의해 일어난다는 사실을 알게 되었습니다. 나머지 혈관의 재구축 변화를 일으키는 물질과 작용 기전에 대해서는 아직 잘 모릅니다.

다른 방법으로 임신 초기의 자궁으로 흘러들어가는 동맥 혈관을 관찰하였습니다(그림 20). 동맥 혈관은 마치 부산 해운대 앞바다의 바닷물이 파도치듯이 자궁으로 흘러들어갑니다. 또 자궁으로 흘러들어가는 동맥이 나사 형태로 파고 들어갔습니다. 그 과정에서 우리는 아주 특이한 것을 관찰하게 되었습니다. 동글동글한 혈관의 멍울을 발견한 것입니다(그림 21). 넓게 퍼진 동굴에 들어가면 중간 중간에 여러 길이 연결된 곳처럼, 동(洞)을 발견할 수 있었습니다. 그래서 우리는 이 동(洞)에 최초로 발

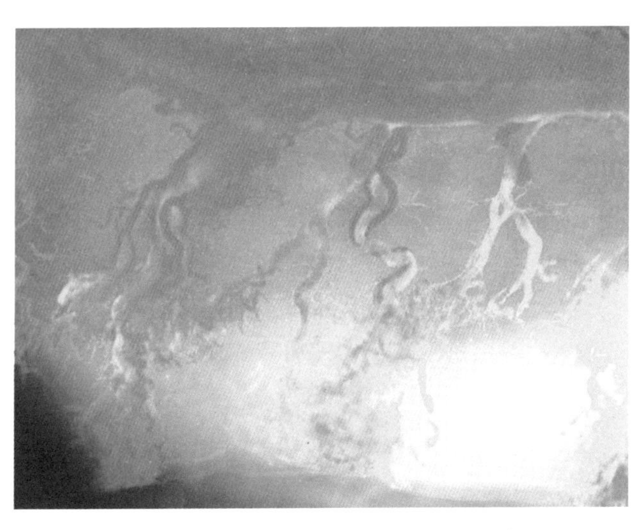

그림 20. 임신된 자궁으로 유입되는 동맥의 모양

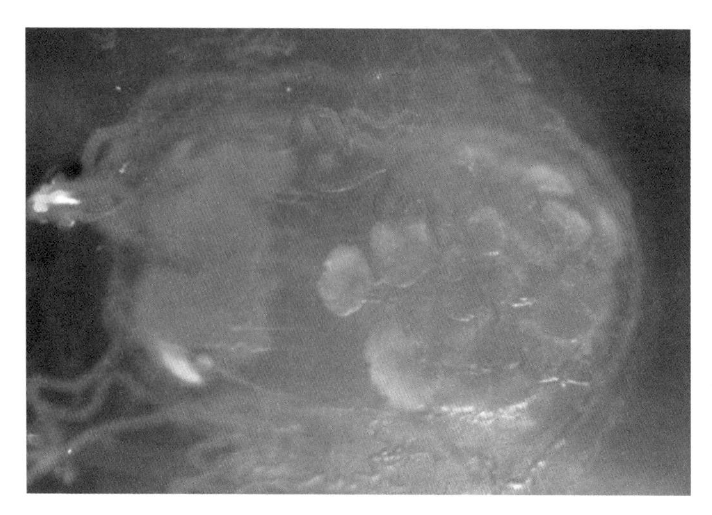

그림 21. 임신하면 혈액의 3분의 1이 자궁으로 흘러들어간다. 이 자궁에는 새로운 혈관 형태인 '민아 혈관동'이 있다.

견한 학생의 이름을 따서 '민아 혈관동'이라는 이름을 지어주었습니다.

이처럼 혈관을 시각화하는 다양한 연구들은 생명 현상의 새로운 사실들을 발견하게끔 해줍니다. 보는 것이 믿는 것입니다(Seeing is believing!). 눈으로 보는 것은 더 확신을 갖게 합니다. 우리 연구 분야에서 젊은 과학자 그룹들은 최근에 개발된 첨단장비와 나노 물질들을 동원하여 살아 있는 생체에서 실시간으로 혈관과 림프관의 구조와 기능 변화를 보다 더 역동적으로 정확하게 관찰하고자 노력하고 있습니다. 이러한 노력은 생명 현상을 보다 더 정확하게 이해하는 데 큰 도움을 주며 질병 치료에 해결점을 마련해줄 것입니다.

※감사의 말 : 이 글과 그림들을 위하여 도와준 카이스트 혈관 및 줄기세포 연구실의 이준엽, 박형주, 홍기용, 김균후, 박진성 연구원, 그리고 그 밖의 모든 연구원들에게 감사를 드립니다.

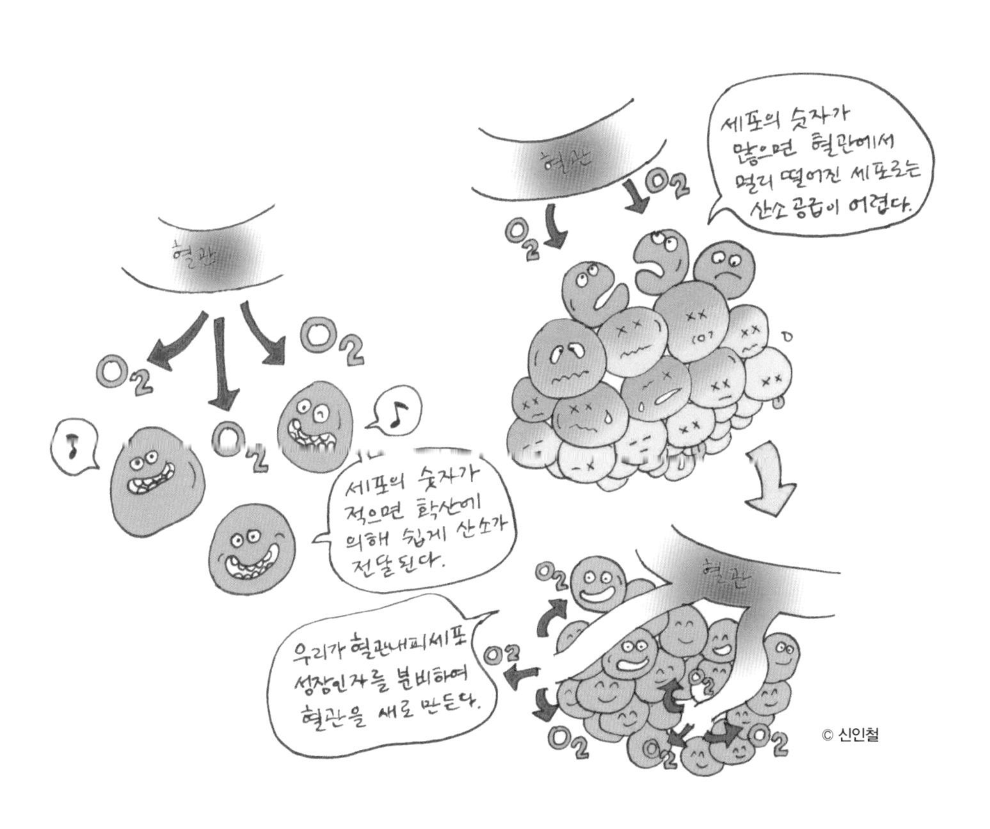
혈관
O_2
세포의 숫자가 적으면 확산에 의해 쉽게 산소가 전달된다.
혈관
세포의 숫자가 많으면 혈관에서 멀리 떨어진 세포로는 산소 공급이 어렵다.
혈관
우리가 혈관내피세포 성장인자를 분비하여 혈관을 새로 만든다.

© 신인철

유전자는 어떻게 조절되는가

김빛내리 서울대학교 생명과학부 교수

서울대학교를 졸업하고, 영국 옥스퍼드 대학교에서 박사학위를 받았다. 미국 펜실베이니아대학교 박사후 연구원, 서울대학교 생명과학인력양성사업단 계약교수를 거쳐, 현재 서울대학교 생명과학부 교수로 재직 중이다. microRNA 및 RNA를 통한 유전자 조절을 연구하고 있는 중이다. 마크로젠 여성과학자상(2006년), 서울대학교 자연과학대학 연구상(2006), 젊은 과학자상(2007), 닮고 싶고 되고 싶은 과학자상(2007), 톰슨사이언티픽사 논문인용상(2007), 올해의 여성과학기술자상(2007), 로레알-유네스코 세계여성과학자상(2007), 호암상(2009), 지식창조대상(2009), 아모레퍼시픽 여성과학자상 과학대상(2010), 대한민국최고과학기술인상(2013) 등을 수상했다. 2010년에 국가과학자로 선정되었다.

현대 생물학의 가장 중요한 이론은 세포 이론(Cell Theory)입니다. 저는 RNA와 관련된 연구를 하고 있지만, 더 넓게 보면 제 연구는 세포생물학 범주에 들어갑니다.

현대 생물학의 근간이 되는 세포 이론을 단순하게 설명하자면, 이 이론은 "생물체의 기본단위는 세포다"라는 명제에서 시작합니다. 이 명제를 듣고는 '당연한 얘기 아닌가' 하고 생각할 수도 있습니다. 그러나 고대에 살았던 사람들에게 "당신의 몸은 눈에 보이지 않은 작은 방들로 이루어져 있고, 그것이 생물체의 단위입니다"라고 말한다면 황당한 표정을 지었을 겁니다. 세포가 기본단위라는 이 황당한 생각이 사실로 받아들여지게 된 계기는 바로 현미경의 발명이었습니다. 생물학을 포함해 과학의 발전은 새로운 기술로부터 시작되는 경우가 많습니다.

생물체의 기본단위는 세포다

로버트 훅은 현미경으로 얇게 썬 코르크 조각을 들여다보았습니다. 와인병 마개로 사용되는 그 코르크 말입니다. 살아 있는 세포는 아니었지만, 코르크를 자세히 들여다보니 작은 방으로 나누어진 구조물을 볼 수 있었습니다. 당시에는 사진을 찍을 수 없었으니 그것을 그림으로 그렸습니다. 맨 처음에는 그 작은 방을 어떤 기능적인 방이라고 생각하지는 못했습니다. 그러나 이런 로버트 훅의 관찰을 시작으로 해서 세포가 정의되

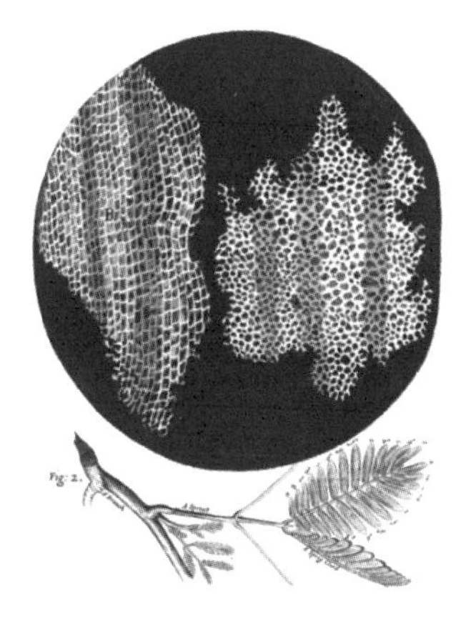

로버트 훅이 현미경으로 들여다본 코르크 조각

고, 그 방들이 생물체의 기본단위라는 생각들로 발전하게 되었습니다.

우리는 모두 세포로 이루어져 있습니다. 인간은 몸의 크기에 따라 60조 개에서 100조 개 정도의 세포로 이루어져 있습니다. 우리 몸은 난자와 정자가 결합해 만들어진 단 하나의 수정란에서 시작합니다. 눈에 겨우 보일듯 말듯 할 정도의 수정란입니다. 이 수정란에서 수백 종류의 세포가 만들어지면서 우리 몸이 되는 겁니다. 이것도 당연한 얘기 같지만 자세히 생각해보면 정말 어려운 문제입니다.

아주 작은 하나의 수정란이 하나의 개체가 되는 그 과정 전체를 발생(development)이라고 하는데, 세포의 입장에서 보면 두 가지 일이 일어납니다. 하나는 세포수의 증가입니다. 수정란 하나가 수십조 개로 늘어납니다. 세포 분열을 통해 하나가 두 개가 되고, 두 개가 네 개가 되고, 네 개가 열여섯 개가 됩니다. 그런데 이런 분열만 이루어진다면 우리 몸은 흐물흐물한 세포 덩어리밖에 안 되었을 것입니다. 우리가 볼 수 있고, 생각할 수 있고, 움직일 수 있는 이유는 결국 하나하나의 세포가 다른 기능을 갖고 있기 때문입니다. 세포의 기능과 형태가 특정 기능을 수행할 수 있도록 변화하는 것을 세포 분화(cell differentiation)라고 합니다.

그래서 많은 생물학자들의 머릿속에 다음과 같은 의문이 생겨났습니다. 도대체 왜 신경세포는 신경세포가 되고, 근육세포는 근육세포가 되고, 표피세포는 표피세포가 되는가? 이 세포의 성질이 어떻게 결정되는가? 수천수만 명의 생물학자들이 이 문제를 풀기 위해 다양한 각도에서 접근하고 있습니다. 제가 나름 기여할 수 있는 분야는 RNA의 역할과 관련된 부분입니다. 제가 연구하고 있는 부분은 이런 것입니다. 세포의 운명이 결정되는 과정에서 RNA는 어떤 역할을 하는가? 이 질문만 해도 작은 질문이 아닙니다. 왜냐하면 RNA만 해도 수천수만 가지 이상이 있고, 각각 어떤 기능을 하는지, 어떤 방식으로 만들어지고 없어지는지를 다 연구해야 하기 때문입니다.

유전 산물이 세포의 기능을 결정한다

이 자리에서는 RNA를 연구하는 학자로서 제가 어떤 구체적인 질문을 품고 연구를 진행하고 있는지, 어떤 문제에 매달려 있는지를 설명해보고자 합니다.

RNA에 대해 본격적으로 이야기하기 앞서, 여러분이 다시 한 번 생각해보았으면 하는 것이 있습니다. 신경세포든 근육세포든 현미경으로 보면 정말 다르게 생겼습니다. 신경세포는 엄청나게 길 뿐 아니라 전체적인 크기도 크고, 근육세포는 여러 개로 융합되어 커져 있는 세포인데다 굉장히 질깁니다. 상피세포의 경우에는 모양이 완전히 다릅니다. 이렇듯 세포 분화에 의해 세포들은 다른 형태와 다른 기능을 갖고 있습니다. 그리고 분화된 세포들이 갖고 있는 유전자는 모두 동일합니다. 생식세포, 암세포, 면역세포 등 몇몇 유전자 함량이 다른 세포들을 제외하고 말입니다. 그러면 대부분 체세포의 유전자 함량은 이렇듯 동일한데, 왜 세포의 특징이 다를까요?

세포의 기능을 결정하는 것은 DNA 자체가 아니라 DNA로부터 생성된 유전 산물입니다. 유전 산물로는 단백질과 RNA가 있습니다. 고전적인 세포생물학에서는 단백질이 주된 유전 산물이고, 그래서 단백질이 세포의 기능을 결정한다고 얘기합니다. 유전자들이 여러 개가 있으면 거기에서 RNA가 만들어져서는 단백질이 생성되고, 어떤 종류의 단백질이 얼마나 많이 만들어지느냐에 따라 세포의 성질이 결정된다는 것입니다.

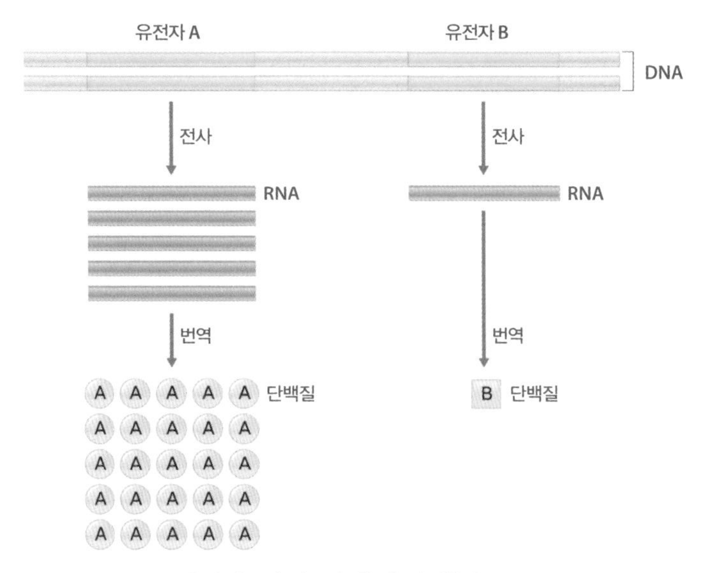

유전 산물이 세포의 기능을 결정한다.

근육세포에서는 근육을 만들기 위한 단백질들이 만들어져야 하고, 신경세포에서는 신경전달물질이 만들어져야 합니다. 유전자 자체가 아니라 유전 산물이 세포의 기능을 결정하는 것입니다.

제가 이제껏 관심을 갖고 있던 질문은 다음과 같은 것이었습니다. 세포의 운명은 어떻게 결정되는 것일까? 그런데 세포의 운명이 결정되는 메커니즘을 알려면, 어떤 유전자가 어떤 때에 어떻게 반응했는지, 어떤 유전 산물이 만들어지는지 그 과정을 이해해야 합니다. 그래서 결국 제 연구는 "유전자가 어떻게 조절되는가?"라는 질문으로 좁혀졌습니다.

다시 여러분에게 질문을 하나 던져보겠습니다. 우리가 유전자 발현만 조절한다면 어떤 세포든지 만들 수 있을까요? 예를 들어, 여러분 입 안의 상피세포를 떼어내서 그 상피세포 안에서 신경세포를 만들 때 필요한 유전자를 억지로 발현시킨다면 신경세포가 될까요, 아니면 안 될까요? 상피세포로 신경세포를 만들 수 있다는 게 이 질문의 답입니다. 줄기세포를 만들어서 신경세포로 분화시키거나 상피세포를 직접 신경세포로 만드는 등 최근 몇 년 사이에 이와 관련한 연구 논문들이 발표되었습니다. 즉 유전자 조절만 제대로 할 수 있으면 무슨 세포든 만들 수가 있는 것입니다. 이것을 유전 리프로그래밍(genetic reprogramming)이라고 합니다.

2006년 전까지만 해도 대부분의 생물학자들은 이미 상피세포가 된 것을 다른 세포로 만들 수 없다고들 생각했습니다. 그 이전에 존 거든 케임브리지대학 교수가 세포의 운명을 바꿀 수 있다는 것을 보여준 실험(1962년)이 있었지만 말입니다. 존 거든 교수의 실험은 아마 여러분들도 한 번쯤 들어보았음직한 실험입니다. 개구리의 난자에 핵을 빼고, 그 난자에 다른 성숙한 창자세포의 핵을 집어넣는 실험입니다. 그 실험을 통해 존 거든 교수는 그 핵이 유래한 개구리와 똑같은 유전자를 지닌 올챙이를 만들어내는 데 성공했습니다. 당시에 이 실험은 크게 주목을 받지는 못했지만, 함축하고 있는 의미는 굉장히 큰 실험이었습니다. 그 당시에는 양서류와 같은 하등생물에서만 있을 수 있는 일이라는 정도로 여겨졌지만 말입니다. 이미 분화가 끝난 세포라면 다시 시간을 되돌릴 수는 없다는 것이 일반적인 견해였습니다. 그런데 지난 2006년 일본의 한 교수가 발생의 시계를 거꾸로 돌리는 데 성공했습니다.

일본 교토대학의 야마나카 신야 교수는 어떻게 보면 황당한 실험을 했습니다. 섬유아세포(fibroblast)에 네 종류의 유전자를 넣었습니다. 그랬더니 배아줄기세포에서 중요하게 기능하는 유전자 4개가 발현하여 배아줄기세포와 거의 흡사한 성질을 가진 줄기세포를 만들 수 있었습니다. 이 세포를 유도다능줄기세포(inducible pluripotent stem cell, iPS세포 혹은 역분화줄기세포라고도 함)라고 부릅니다. 야마나카 신야 교수는 섬유아세

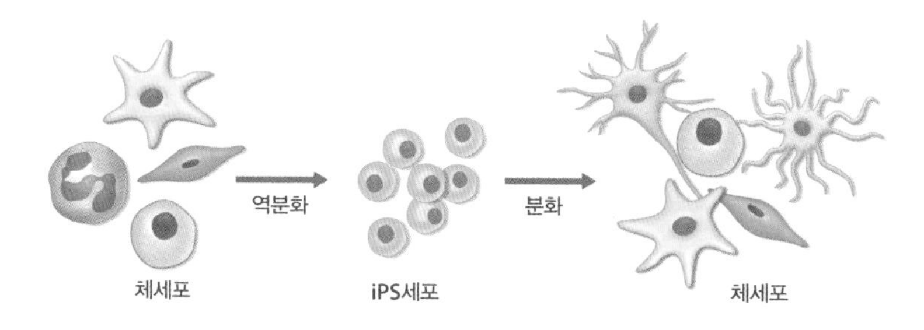

iPS세포는 분화된 세포의 유전자 발현을 조절함으로써 배아줄기세포처럼 다양하게 분화될 수 있는 줄기세포다.

포에 유전자 4개를 집어넣어서 iPS세포를 만들고, 이 iPS세포를 분화시켜서 신경세포, 근육세포 등 다양한 세포를 만들 수가 있었습니다. 즉 이미 분화된 체세포를 iPS세포로 만들어 다른 성질을 가진 체세포로 만들 수 있었던 겁니다. 이 발견으로 존 거든 교수와 야마나카 신야 교수는 2012년 노벨 생리의학상을 받았습니다.

최근에는 줄기세포를 만들지 않고 바로 신경세포를 만들지 못할 이유가 없지 않느냐 하는 착상에 근거해, 신경세포에서 만들어지는 중요한 유전자를 다른 세포에 집어넣는 실험이 이루어졌고, 이 실험으로 직접적으로 신경세포로 분화가 가능하다는 것이 밝혀졌습니다. 이런 것을 다이렉트 리프로그래밍(direct reprogramming)이라고 합니다. 이 실험이 가지는 의미는 상당합니다. 당장 의학적·산업적 차원에서, 우리에게 신경세포가 부족할 경우 우리 몸의 체세포를 꺼내 신경세포로 만들어서 우리 몸에 다시 넣어주는 치료법을 상상할 수 있습니다. 이 경우에는 면역거부반응을 걱정할 필요가 없습니다. 이 같은 연구들로 세포치료법(cell theraphy)이라고 부르는 분야가 현재 각광을 받고 있습니다.

의학적·산업적 의미를 떠나 생물학적으로도 혁명적인 의미를 띱니다.

이전까지는 분화가 일단 일어나면 체세포에서는 그것으로 끝이라는 최종 분화(terminal differentiation)라는 개념이 지배적이었지만, 이제는 패러다임이 바뀌어 세포 분화가 일어나더라도 되돌릴 수 있다는 가소성(plasticity)이라는 개념이 지배적입니다. 결국 유전자에 의해 조절이 된다는 뜻입니다. 어떻게 보면 1950년대에 구축해놓은 생물학적 이론을 다시 극적으로 보여주는 연구라 할 수 있습니다.

과학사에 중요한 연구들을 보면 굉장히 간단한 아이디어에서 시작합니다. 몇 개의 유전자를 좀 넣어보면 어떨까, 하는 식의 굉장히 단순한 실험, 혹은 매우 단순한 관찰에서 획기적인 연구 결과가 나타나는 경우가 많습니다. 훈련을 많이 받은 사람들 생각에는 당연히 안 될 것 같은 일들도 한 번 뒤집어서 '해보면 어때. 안 될 것 뭐 있나' 하고 시도를 해보았을 때 이렇게 혁명적인 발견이 가능했던 것입니다.

DNA가 RNA를 만들고, RNA가 단백질을 만든다

이야기가 약간 옆길로 샜지만, 제가 강조하고 싶은 것은 결국 유전자 발현이 세포의 운명을 결정한다는 사실입니다.

그러면 유전자 발현을 조절하는 기제는 무엇일까요? 이미 말했던 것처럼, DNA가 RNA를 만들고, RNA가 단백질을 만드는 이 과정을 통해서 세포의 운명이 결정됩니다. 이것을 센트럴 도그마(central dogma)라고 합니다. 많은 과학자들이 이 센트럴 도그마에서 단백질을 중요하게 생각했습니다. 즉 RNA는 DNA로부터 단백질을 만들기 위한 중간 과정에서 필요한 어떤 메신저, 즉 정보의 운반자로서의 기능만 갖고 있을 것이라고 생각했습니다. 그런데 이런 생각들이 최근에 급격하게 바뀌고 있습니다.

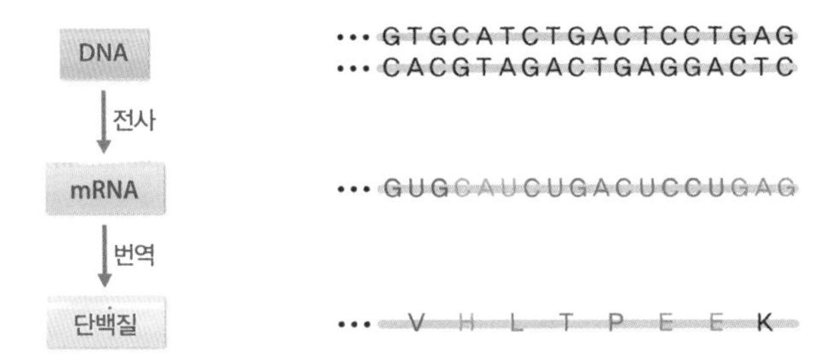

DNA의 유전정보는 전사를 통해 mRNA에 전달되고, 번역 과정을 거쳐 단백질이 만들어진다.

RNA는 무엇일까요? RNA는 DNA의 사촌쯤으로, 화학적으로 DNA와 비슷한 분자입니다. 그런데 몇 가지 차이점이 있습니다.

아래 그림을 보면 알겠지만, 당, 염기, 인산으로 구성된 RNA와 DNA

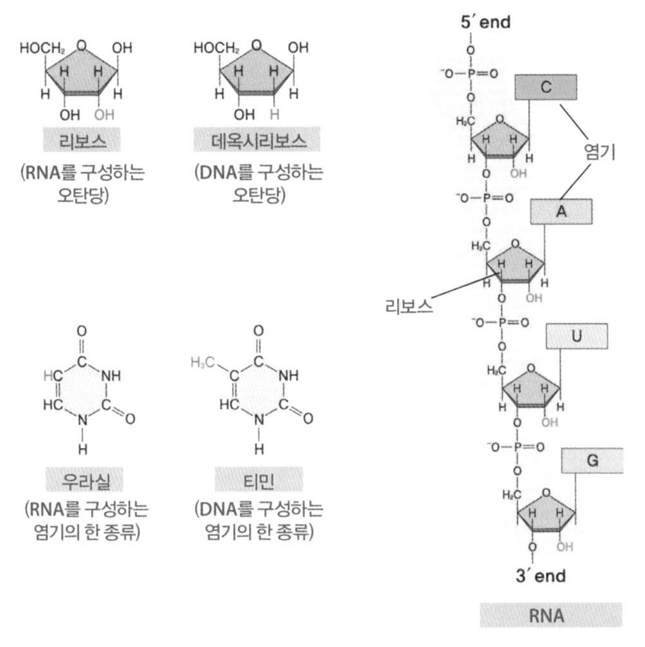

DNA와 RNA는 비슷하지만, 여러 가지 면에서 차이를 보인다. 단적인 예로 DNA는 이중나선이지만 RNA는 단일나선이다.

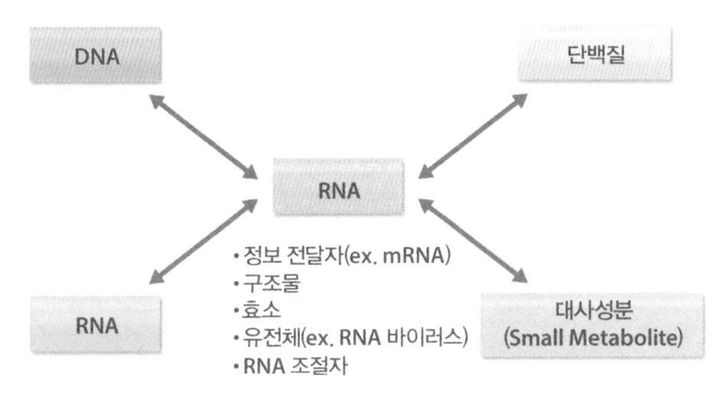

다양한 기능을 수행할 수 있는 RNA

를 비교해보면 RNA에는 산소 원자가 하나 더 있는 구조입니다. 그리고 4종류의 염기 중에서 DNA에 티민이 들어 있는 반면, RNA에는 우라실이 들어 있습니다. 사실 구조적으로는 메틸 그룹(methyl group, 수소 원자 3개와 탄소 원자 1개가 결합된 CH_3)이 하나 더 있다는 차이밖에 없습니다. 또 DNA는 이중나선 구조를 띠는 것과 달리, RNA는 단일나선으로 존재합니다. 그 단일나선이 꼬여서 재미있는 구조가 많이 만들어질 수 있다는 차이가 있습니다. RNA는 이 같은 특징으로 인해 화학적으로 불안정하지만, 굉장히 다양한 기능을 수행할 수 있습니다.

RNA는 DNA와 상호작용을 하여 결합할 수도 있고, 다른 RNA와 결합할 수도 있으며, 단백질 또는 대사성분과 결합할 수 있는 등 다양한 기능을 수행할 수 있는 화학적 특성을 가지고 있습니다. 기능적으로도 굉장히 다양합니다. mRNA처럼 정보 전달자로서의 역할을 하기도 하고, 어떤 구조물을 이루어 여러 가지 물질들이 붙을 수 있도록 도와주는 역할을 하기도 합니다. 일종의 효소로서 기능할 수도 있습니다. 그래서 생명의 기원을 연구하는 학자들은 생명체가 처음 만들어졌던 시기에 어떤 생물학적 활성화를 가진 분자로서 기능한 최초의 물질은 DNA가 아니라 RNA라는 연구 결과를 내놓기도 했습니다. 또 인플루엔자 바이러스나 레트로 바이러스 같은 바이러스는 RNA가 유전체로서 기능하는 RNA 바이러스입니다.

생물학계의 암흑물질, RNA

21세기에 들어서면서부터는 RNA들이 조절 작용에 참여한다는 사실이 밝혀지고 있습니다. 이 RNA를 RNA 조절자(Ribo-regulator)라고 부릅니다. 이에 대해서는 아직 연구 초기 단계입니다. 세포 안에 굉장히 많이 있음에도 불구하고 오랜 기간 검출하지 못했던 것입니다. 그래서 물리학계의 '암흑물질'처럼, 생물학계에서는 이 RNA 조절자를 생물학계의 암흑물질이라고 비유하기도 합니다.

그러면 RNA는 얼마나 많을까요? RNA는 과소평가되었는데, 2000년

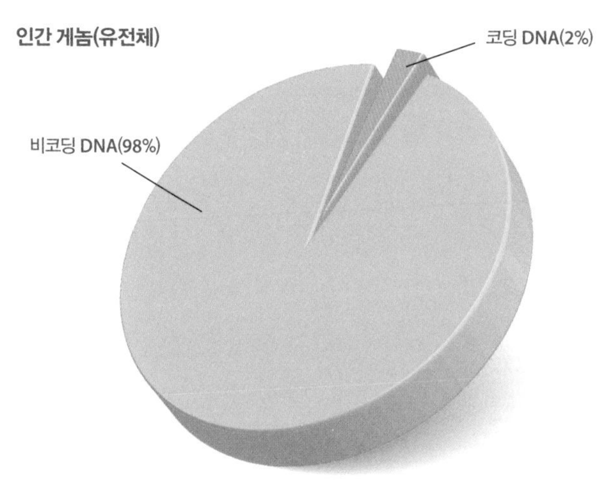

코딩 DNA는 2%에 불과하지만, 비코딩 DNA는 98%에 달한다.

대 들어서면서 어느 정도 많은지에 대한 관심이 생기기 시작했습니다. 그 계기가 된 연구는 인간게놈프로젝트였습니다. 인간게놈프로젝트는 인간의 유전체, 즉 DNA 염기 서열을 전부 밝혀내겠다고 선언한 야심찬 프로젝트였습니다. 미국을 비롯해 유럽과 일본 등 여러 나라 과학자들이 이 프로젝트에 참여했습니다. 이 프로젝트는 진행되는 과정에서 본의 아니게 대중에게 장밋빛 환상을 심어준 면이 없지 않았습니다. 이 인간게놈프로젝트만 완성되면 모든 질병을 고칠 수 있을 것이라는 환상을 대중에게 심어주었습니다. 현실은 물론 그렇지 않았습니다.

인간게놈프로젝트는 그 자체로도 매우 중요한 성과를 거두었지만, 우리가 얼마나 무지한지를 철저하게 깨닫게 만든 프로젝트이기도 했습니다. 인간게놈프로젝트를 끝내고 나서 전체를 놓고 봤더니 DNA의 2%만이 단백질을 직접 만들어내는 정보를 갖고 있다는 것이 밝혀졌습니다. 나머지 정보를 갖지 않은 부분이 98%에 달했습니다. 과학자들은 '그러면 나머지 98%는 무엇인가', '무슨 이유로 이 부분이 존재하는가' 하는 질문에 봉착하게 되었습니다. 우리는 98%는 모르고, 나머지 2%도 제대로 이해하지 못하고 있는 상태였던 겁니다. 이 2%에도 굉장히 많은 정보들이 들어 있습니다. 그런데 아직 98%의 공간은 미지의 공간입니다. 모르는 부분이 이렇게 많다는 것은 앞으로 연구해야 할 부분이 여러분 손에 남겨져 있다는 말입니다.

RNA를 연구하는 학자로서 흥미로운 건 이 98%의 DNA 가운데 절반 가까이(검출할 수 있는 데 한계가 있어서 정확하지 않지만)에서 실제로 RNA가 만들어진다는 사실입니다. 기존에 알려진 코딩 RNA(단백질을 만드는 RNA를 coding RNA라고 함)보다 비코딩 RNA(Non-coding RNA)들의 종류가 더 많을지도 모른다는 것입니다. 이 부분은 제가 관심을 갖

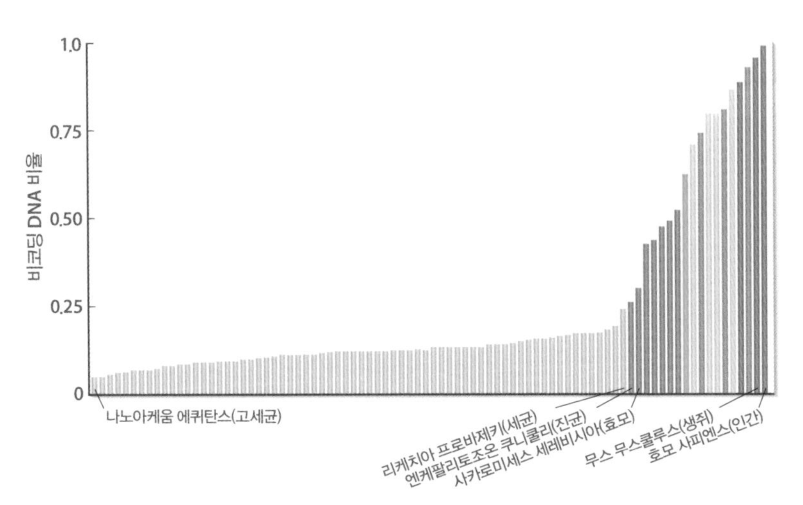

생명체 가운데 비코딩 DNA 비율이 가장 높은 생명체는 인간이다. John Mattick, *Nature Genetics Reviews*(2004) **참조.**

고 있는 부분이기도 합니다.

위 그래프에서 y축은 유전체에서 비코딩 DNA(Non-coding DNA)의 비율을 나타내고, x축은 전체 생물 종을 나타냅니다. x축 앞쪽에 세균이 있으며, 진핵생물을 거쳐 마지막에 인간이 있습니다. 그래프를 보면 중간에 급하게 기울기가 꺾이는 곳이 있는데, 바로 원핵생물에서 진핵생물로 진화하는 지점입니다. 이것은 고등생물일수록 유전체상에 단백질을 만들지 못하는 부분이 많다는 것을 의미합니다.

여기서 제가 던지고 싶은 질문은 이겁니다. 우리는 박테리아보다 열등한가, 아니면 박테리아보다 우등한가? 그것도 아니면 우열을 따지기 어려운가?

과연 인간이 다른 생물군보다 우월한지는 생각해볼 필요가 있습니다. 인간의 입장에서 인간이 우월하다고 착각하는 것일 수 있습니다. 인간은 인간 나름대로 주어진 환경에서 가장 적합하게 진화한 것이고, 세균은 세균 나름대로 그 환경에 가장 적합하게 진화한 것입니다. 지금 현재 환경에 적합하게 진화하는 데 성공했다는 점에서 박테리아나 우리나 다 마찬가지인 것입니다.

에너지 효율의 측면에서 보면 어떨까요? DNA 상에서 유전자 발현이 되지 않는 부분이 많습니다. 우리 몸은 음식을 소화시켜서 ATP를 만듭니다. 그리고 그 에너지를 써서 DNA 합성을 하고 있는 중입니다. 그런데 굳이 이렇게 많이 합성해야 할까요? 매우 비효율적인 일이 아닌가요? 물론 비효율적이라고 생각할 수도 있겠지만, 단백질은 만들지 못하더라도 조절에 참여하는 부위일 것이라고 생각할 수도 있습니다.

즉 비코딩(non-coding) 부위에 대한 두 가지 해석을 하자면, 하나는 비코딩 부위가 노이즈이거나 완전히 쓰레기(junk)일 것이라는 해석이고, 다른 하나는 이 부위가 어떤 조절 작용에 참여하는 부위일 것이라는 해석입니다. 비코딩 부위가 완전히 쓰레기일 가능성은 낮을 것으로 보이기 때문에, 비코딩 부위에 어떤 기능적 의미가 있을 가능성이 높습니다.

일반적으로 유전자라고 하면 단백질을 만드는 DNA 조합을 말합니다.

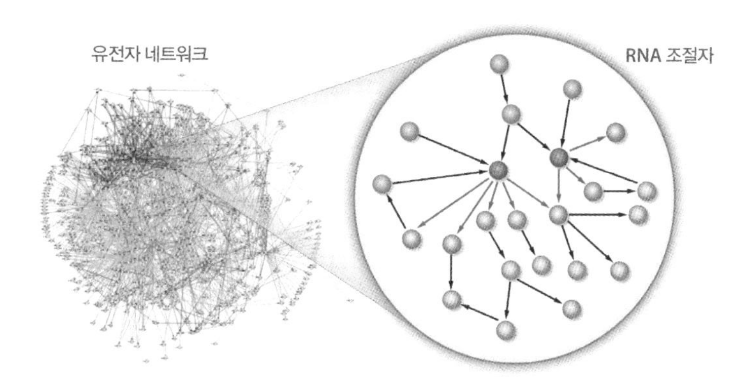

조절 작용에 참여하는 RNA 조절자는 유전자 네트워크를 통해 전체 생물학 시스템을 이해하려는 연구에서 매우 중요한 주제 가운데 하나다.

Bio Tip

microRNA란?

microRNA(마이크로RNA)는 크기가 22nt(뉴클레오타이드) 정도 되는 작은 RNA로서 유전자 조절 작용을 한다. 이들은 다른 mRNA에 결합함으로써, 특정 단백질이 만들어지지 못하도록 방해한다. 인간에는 약 900종의 microRNA가 있으며, 각각이 수백 종의 유전자를 조절하기 때문에, 단백질 유전자의 대부분이 microRNA의 통제하에 있다고 볼 수 있다.

microRNA를 통한 조절 프로그램은 세포의 분화 발달 과정에 중요하다. 예를 들어, miR-1의 경우 근육세포가 만들어지면서 생겨나는데, 이 microRNA는 근육을 만드는 데 방해가 되는 유전자를 억제함으로써, 세포가 근육세포로 분화할 수 있도록 돕는다. 또한 miR-124의 경우 신경세포에서만 만들어지는데, 이 RNA는 신경세포가 정상적으로 분화할 수 있도록 돕는다.

microRNA가 중요한 만큼, 이들은 꼭 필요한 세포에서 만들어지도록 철저히 통제된다. 만약 이 통제 체제에 결함이 발생할 경우, 동물의 정상적 성장에 문제가 생기고 암세포와 같은 세포성 질환이 생길 수 있다. 따라서 microRNA에 대한 연구는 향후 암 치료, 각종 유전 질환, 대사 질환을 치료하기 위한 새로운 돌파구를 제시할 수 있을 것으로 기대되고 있다. 또한 암의 진단에 microRNA를 활용하려는 연구도 세계 곳곳에서 진행되고 있다.

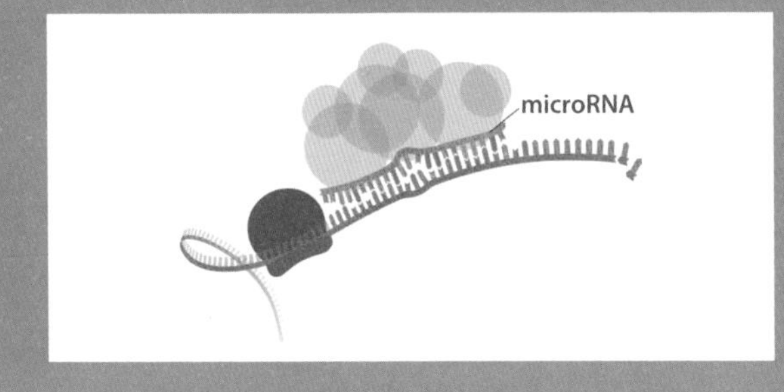

생물학자들은 이 유전자들의 네트워크를 통해서 전체 생물학 시스템을 이해하려고 시도하고 있습니다. 그런데 이것이 쉽지가 않습니다. 이 시스템을 이해하는 데 있어 가장 중요한 부분은 링크가 너무 많다는 점입니다. 알려진 유전자 네트워크 중에서 빠진 부분이 굉장히 많고, 이는 조절 작용을 하는 RNA와 관련이 있을 것이라고 생각하고 있습니다. 10년 전까지만 해도 이런 생각은 하지 않았습니다. 그러나 요즘은 어느 정도 일반적으로 받아들여지고 있는 생각입니다. 많은 과학자들이 RNA 조절자가 생물학의 중요한 주제일 것이라고 믿고 있습니다.

microRNA란 무엇인가?

이제 구체적으로 제가 하고 있는 일에 대해 몇 가지만 말씀드릴까 합니다. RNA들은 길이가 아주 작습니다. 식물과 동물에서 종별로 수백 가지씩 존재하고(인간에는 약 900개), 종간 보존도가 매우 높으며, 발생이나 분화, 발암 과정 등에서 다양한 역할을 합니다. 예를 들면 RNA는 성장을 조절하는 역할을 하기도 하는데, 특정 microRNA(miRNA)가 없으면 평균보다 성장하지 않습니다. 실제로 우리 실험실에서 진행한 연구인데, microRNA 8번이 결손된 돌연변이 초파리의 경우는 평균보다 더 작았습니다. 다리와 날개처럼 몸에 있어야 할 기관들은 다 있었는데 크기만 작았습니다. 그래서 microRNA 8번은 몸이 성장하는 데 필요한 microRNA라는 것을 알게 되었습니다. 이 외에 암이 생기는 것을 막거나 혹은 암을 생기게 하는 microRNA도 있습니다.

그러면 어떻게 microRNA가 작용할까요? microRNA는 상보적인 염기서열을 갖는 mRNA에 결합하여 유전자 발현을 억제합니다.

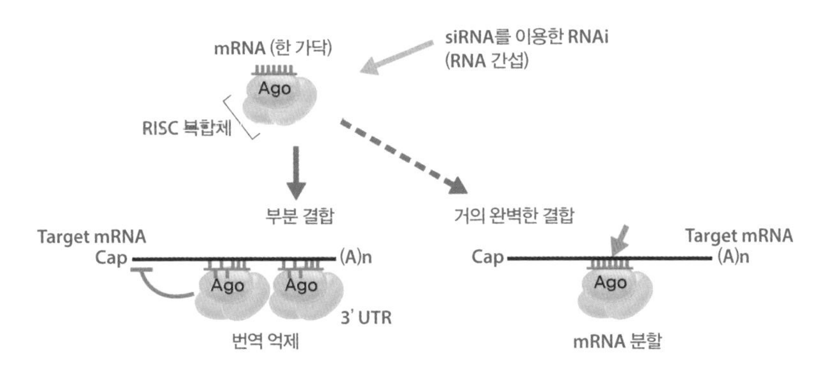

microRNA는 상보적인 염기서열을 갖는 mRNA에 결합하여 유전자 발현을 억제한다.

microRNA는 혼자서 작용하는 것이 아니고, Ago라고 부르는 단백질과 결합하고 target mRNA와 결합해서, 그 mRNA로부터 단백질이 만들어지는 과정을 막습니다. 그뿐 아니라 경우에 따라서 target mRNA가 절단되도록 만들기도 합니다. 이런 과정을 통해서 유전자 발현이 조절되는 것입니다.

이런 작용 과정을 알게 되면, microRNA를 산업적으로 응용할 수 있습니다. 가령 여러분이 항바이러스제를 만들고 싶다고 해봅시다. 원리상 바이러스의 RNA에 결합하는 RNA를 만들어서 세포 안으로 넣어주면 되지 않을까 하는 생각이 들 겁니다. 실제로 그렇게 하면 바이러스의 복제를 막을 수가 있습니다. 이런 식으로 siRNA라고 부르는 microRNA와 유사한 RNA를 이용해서 유전자를 조절하는 신약, 즉 RNA 간섭 현상을 이용한 항바이러스제를 개발할 수 있는 것입니다.

잠시 small RNA에 대해 얘기하자면, small RNA는 아주 우연하게 발견되었습니다. 처음 발견되었을 때 연구자들에게는 굉장히 뜻밖의 사건이었습니다. 왜냐하면 RNA는 보통 수천 개 단위의 염기로 구성되는데,

이것은 20개 정도밖에 안 되었기 때문입니다. 그전까지는 이 small RNA를 분해산물이라고 생각했습니다. 대개 전기영동 사진을 볼 때 일정한 크기 범위에 들어 있는 것만을 관찰합니다. 더 큰 것도, 더 작은 것도 분리가 안 되어서, 작은 것들은 분석되지 않았습니다. 수십 년 동안 수많은 연구자들은 실험하면서 그 안에 중요한 분자들이 들어 있다는 것도 모른 채 버렸습니다. 그 와중에 일부 연구자들의 끈질긴 연구와 날카로운 관찰, 남다른 사고력 등이 합쳐져서 small RNA가 발견되었습니다.

여기서 하나 강조하고 싶은 것은 연구하는 사람들은 산업적인 응용과는 상관없이, 자기 스스로의 호기심에 못 이겨서 기초연구를 한다는 사실입니다. 결과적으로 그런 것들이 산업적으로도 중요하게 응용됩니다. 좋은 기초연구는 당장에는 큰 영향력이 없는 것처럼 보일지라도, 시간이 지난 후 여러 분야에 큰 영향력을 발휘하게 되는 경우가 많습니다. 그렇다고 해서 응용연구가 중요하지 않다는 것은 아닙니다. 기초연구와 응용연구는 같이 가야 합니다.

여러분들에게 남겨진 과제들은 무엇이 있을까요? 이 부분에 대해 얘기하면서 마무리하고자 합니다. 지금 현장에서 뛰고 있는 과학자들이 열심히 연구하기 때문에 남는 게 뭐가 있을까 하는 생각이 들겠지만, 사실 남아 있는 문제들이 정말 많습니다. 개발 중인 기술들로는 RNA를 기반으로 한 신약, 유전 리프로그래밍과 같은 세포공학, 차세대 염기분석 기술, 생물정보 처리 기술 등이 있습니다. 보시다시피 많은 부분이 융합 연구들입니다. 생물학에 관심이 있는 학생일지라도, 수학과 컴퓨터 등에 대해 관심을 갖고 공부하는 것이 도움이 될 겁니다. 특히 실험 방법 자체가 큰 양의 데이터를 산출하는 경우가 많아졌기 때문에 통계학이나 수학, 컴퓨터 등이 아주 중요합니다. 한두 개 샘플을 가지고 한두 가지를 보는 게

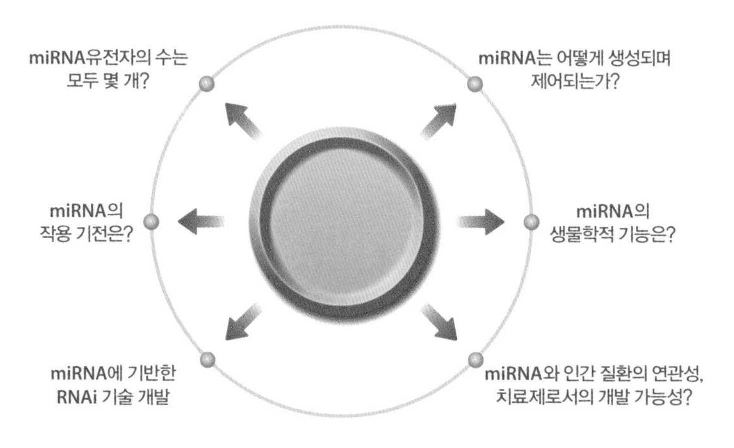

microRNA 연구의 주요 이슈

아니라 수천만 개 이상의 데이터 포인트를 한꺼번에 얻게 되는데 그런 것들을 절대로 눈으로만 보고 분석할 수는 없기 때문입니다.

그 다음 단계에는 무엇이 기다리고 있을까요? 노화 조절, 인지 제어 등을 언급할 수 있을 겁니다. 평균수명이 100세 이상 늘어나고, 인지를 인위적으로 제어할 수 있다는 것이 어떤 파급 효과를 불러일으킬지는 가늠할 수는 없지만, 이런 연구는 사회적 파장과 잠재력이 굉장히 큰 연구 분야라고 할 수 있습니다. 에너지, 식량, 환경과 같이 우리가 직면한 문제들도 생물학자들이 참여할 수 있는 분야가 될 것입니다.

센트럴 도그마

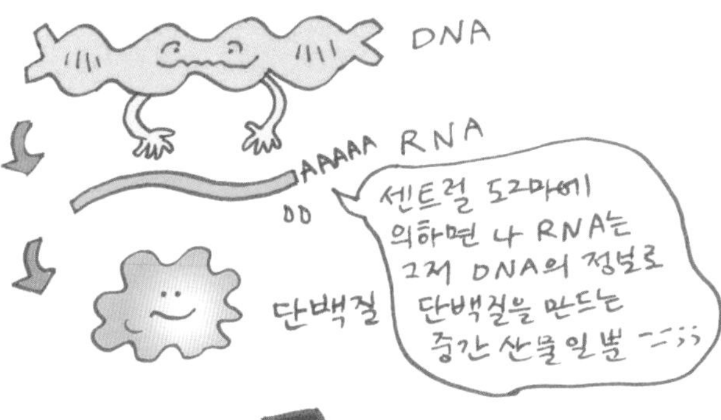

RNA의 재평가

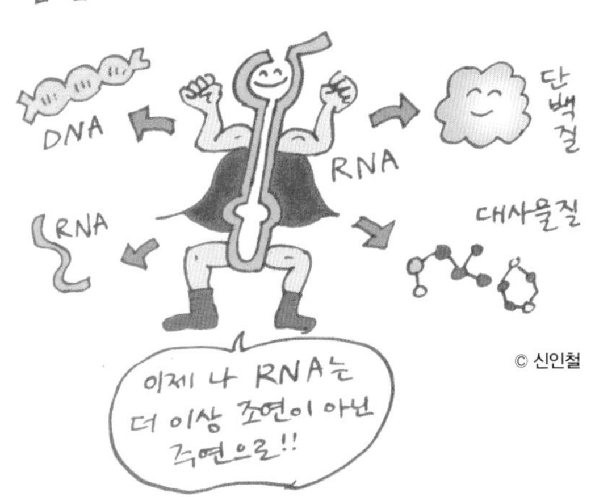

초파리의 뇌에서는 무슨 일이 벌어지는가

김영준 광주과학기술원 생명과학부 교수

서울대학교를 졸업하고, 미국 캘리포니아 주립대학교에서 박사학위를 받았다. 미국 캘리포니아주립대학교 박사후 연구원, 오스트리아 비엔나 분자병리학연구소 박사후 연구원을 거쳐, 현재 광주과학기술원 생명과학부 교수로 재직 중이다. 유럽분자생물학기구(European Molecular Biology Organization) EMBO 펠로우십, 오스트리아과학재단 리제 마이트너 펠로우십에 선정됐다.

저는 아주 특별한 종류의 과학을 하고 있습니다. 초파리를 이용해 뇌에서 생기는 일들이 어떻게 일어나는지, 그 단초를 찾고 있습니다. 인간과 초파리는 다르게 생겼을 뿐 아니라 복잡성의 수준도 많이 다르지만, 의외로 서로 비슷한 점이 많습니다. 예를 들어, 초파리 유전자의 약 60%가 인간에서도 발견될 뿐 아니라 그 기능도 매우 유사합니다. 또 초파리도 우리 인간처럼 잠을 자고, 가끔 서로 싸우기도 하고, 학습 능력이 있을 뿐 아니라, 잠이 부족할 때는 학습능력이 떨어지는 등 인간이 종족을 유지하기 위해 본능적으로 하는 행동들 상당수가 초파리에서도 발견됩니다. 놀랍게도 이러한 행동을 수행하는 데 필요한 신경전달물질이 있는데, 이들 신경전달물질의 종류 및 기능도 초파리와 인간 사이에 많은 유사성이 있다는 사실이 알려져 있습니다.

우리가 행동에 주목하는 이유는 행동이 뇌 신경 작동의 최종 결과물이기 때문입니다. 우리의 뇌에는 신경들이 아주 많아서, 하나의 행동이 이루어질 때 어떤 신경의 작용이 중요한지 알아내기란 쉽지 않습니다. 그래서 먼저 관심 있는 행동을 정해놓고, 특정 뇌 영역에 포함된 신경망의 기능을 억제하였을 때 해당 행동에서 변화가 관찰되면, 그 행동을 조절하는 신경망을 찾는 첫 걸음을 딛게 됩니다. 그 다음으로는, 신경망의 활동 양상을 관찰하는 기술을 통해 동물이 그 행동을 수행할 때 활성화되는 신경망을 조사합니다. 마지막으로는 신경망의 활성을 전기 자극이나 '신경활성 리모트컨트롤' 기술을 이용해서, 특정 신경망의 활성을 높였을 때 동물이 그 행동을 수행하는지 조사합니다. 사실 과학자들은 위의 세 가지 방법을 동시에 혹은 차례로 적용해서, 동물의 행동과 신경망의 기능과의 관계를 하나씩 밝혀 나가고 있습니다.

사람의 뇌를 연구하는 방법도 유사합니다. 그러나 윤리적인 제약 등으로 인해서 매우 제한된 범위에서 위에서 언급한 방법을 적용할 수밖에 없습니다. 사람의 경우에는 인위적으로 중요한 뇌 영역이나 그 속에 포함된 신경망의 기능을 조작하는 것이 현실적으로 불가능합니다. 그래서 사고나 질병 등으로 뇌 영역의 일부에 문제가 생긴 환자들의 심리 상태나 행동양식을 자세히 조사해서 해당 뇌 영역과 특정 행동과의 유연관계를 유추해냅니다. 또한 fMRI같이 뇌 영역의 활동 양상을 조사할 수 있는 기술을 활용해 특정 행동을 하거나 생각을 하거나 혹은 감각을 느낄 때 그 활동 양상이 증가하는 뇌 영역을 조사함으로써 행동과 뇌 영역의 관계를 밝히기도 합니다.

이와 같이 뇌 기능과 행동은 서로 떼려야 뗄 수 없는 관계이고, 동물과 사람의 행동을 개별 신경세포 수준에서 설명하려는 노력은 궁극적으로 뇌 기능의 신비를 밝히는 과정이라 할 수 있습니다.

인간과 동물의 행동을 설명하는 두 이론

역사적으로 인간과 동물의 행동을 설명하는 두 가지 이론이 있습니다. 하나는 본능주의입니다. 이 이론은 제2차 세계대전이 벌어졌던 1940년대 초 유럽에서 유행한 것으로, 동물 행동의 대부분이 본능에 의해 결정된다고 설명했습니다. 다른 하나는 행동주의입니다. 미국이나 캐나다에서는 학습에 의한 동물의 행동 변화를 주의 깊게 조사하고, 이를 통해 동물의 행동을 설명하려는 행동주의학파가 주류를 이루었습니다.

그 유명한 '본능 대 학습' 논쟁은, 이러한 두 학파가 동물의 행동을 설명하는 과정에서 나타났습니다. 이 논쟁은 인간을 포함한 동물의 행동이 본성과 학습 중 어느 것에 좌우되느냐 하는 논쟁으로, 본능주의학파는 본능이 더 중요하다고 주장한 반면 행동주의학파는 학습이 더 중요하다고 주장했습니다. 물론 이 논쟁이 두 학파가 학습의 가치나 본능의 가치를 과소평가하거나 무시해서 생긴 것은 아닙니다. 또 논쟁의 과정을 통해 각각의 이론들은 더 정교해지면서 서로 수렴하게 되었고, 결과적으로 우리가 유전자, 뇌, 행동 간의 관계와 작동 방식을 이해하는 수준도 매우 향상되었습니다.

본능이란 동물의 행동을 결정하는 일차적 요소입니다. 태어날 때부터 뇌에 프로그램화되어 배우지 않고서도 할 수 있는 행동을 본능이라고 합니다. 먹는 행동, 잠을 자는 행동, 짝을 찾는 행동(성 행동), 싸우는 행동 등이 우리 주변에서 흔히 관찰할 수 있는 본능의 예입니다. 하지만 우리 뇌에 프로그램화된 행동(즉, 본능 행동)이 위의 예처럼 비교적 뚜렷한 행동에만 국한된 것은 아닙니다. 사람의 행동 상당 부분이 본능적인 요소를 지니고 있지만, 학습과 문화에 의해 정교하게 표출되는 측면이 많이 그 속에 내재되어 있는 본능적 요소를 알아채기 힘들 때가 많습니다. 어떤 행동들을 생각해보면 가끔 얼굴을 붉힐 만큼 부끄러워질 때가 있지요? 그런 행동들은 어떤 상황에서, 어떤 행동을 할 때 나타났나요? 여러분이 일상에서 하는 행동들 하나하나를 되짚어서 꼼꼼히 생각해보거나 주변의 친구가 하는 행동을 관심 있게 지켜보면 의외로 본능적인 요소들이 우리 스스로의 행동에 큰 영향을 주고 있다는 것을 알아챌 수 있습니다. 본능 행동은 정도의 차이는 있지만 단순한 곤충에서부터 복잡한 포유류에 이르기까지 모든 동물에서 관찰되기 때문에, 오랫동안 많은 과학자들이 다양한 동물 모델(원숭이, 생쥐, 기러기, 개미, 벌, 초파리 등)을 이용해 연구해오고 있습니다.

본능주의학파의 선구자들

본능주의학파의 선구자로는 세 명을 꼽을 수 있습니다. 콘라트 로렌츠(Konrad Lorenz), 얀 틴베르헨(Jan Tinbergen), 칼 폰 프리슈(Karl von Frisch)입니다. 1973년에 이들은 동물 행동, 특히 본능적인 특성에 대한 연구로 노벨상을 수상했습니다.

거위는 태어나자마자 가장 처음 본 대상을 어미라고 믿고 따릅니다. 이것을 '각인 효과(Imprinting)'라고 합니다. 처음 본 대상이 어미일 수도 있고, 부화기 안에 무심코 둔 장화일 수도 있습니다. 장화에 각인된 거위새끼는 장화를 어미라고 생각하고는 계속 따라다닙니다. 각인은 본능의 일종입니다. 각인 효과는 아마추어 생물학자인 더글라스 스폴딩(Douglas Spalding)이 19세기 초에 처음으로 병아리에서 관찰했지만, 이를 다양한 동물을 대상으로 자세히 연구하고 동물 행동을 이해하는 데 적용한 학자는 바로 콘라트 로렌츠입니다.

각인 효과는 매우 강력합니다. 이를 이용해서 철새의 이동 경로를 바꾼 경우도 있습니다. 영화 〈플라이 어웨이 홈〉은 이런 각인 효과를 이용해, 개발로 파괴된 캐나다 온타리오에서 남쪽인 노스캐롤라이나로 거위

거위는 태어나자마자 처음 본 대상을 어미라고 믿고 따르는데, 이를 각인 효과라고 한다.

를 이동시킨 한 소녀의 이야기를 담고 있습니다.

본능적인 행동 가운데 고정행동양식(Fixed Action Pattern)이라는 것이 있습니다. 우리의 행동 가운데, 일단 한번 시작하면 중지할 수 없는 경우가 있습니다. 예를 들어 회색다리거위는 알을 품고 있다가 둥지에 품었던 알이 둥지 밖으로 굴러 나가면 목으로 알을 감싸서 둥지로 알을 끌어옵니다. 일단 어미 거위가 이 행동을 시작하면 멈추지 않습니다. 거위가 알을 끌어오는 행동을 시작한 상황에서 우리가 알을 낚아채 숨겨도, 거위는 없어진 알을 찾기보다는 일단 시작한 알 끌기 행동을 마치 알이 그 자리에 있는 것처럼 끝까지 수행합니다. 이런 동물의 행동양식을 고정행동양식이라고 합니다. 우리가 양변기의 물을 내리면 자동적으로 물이 쫙 빠진 다음 양변기의 물이 다시 채워지는 것처럼, 일단 시작되면 끝까지 진행되는 행동입니다. 인간에게 찾을 수 있는 가벼운 사례를 들자면 하품이 있겠네요. 우리가 일단 하품을 시작하면 중간에 멈출 수 없습니다. 사람에게서 또 어떤 행동이 고정행동양식에 속하는지 생활 속에서 한번 찾아보세요. 사람과 같은 고등 동물에서는 고정행동양식이 하품처럼 독립된 별개의 행동으로 존재하기보다는, 다른 여러 고정행동양식과 혼재

알이 둥지 밖으로 굴러 나갔을 때, 회색다리거위는 목으로 알을 감싸서 둥지로 알을 끌어오는 행동을 일단 시작하면 멈추지 않고 끝까지 수행한다.

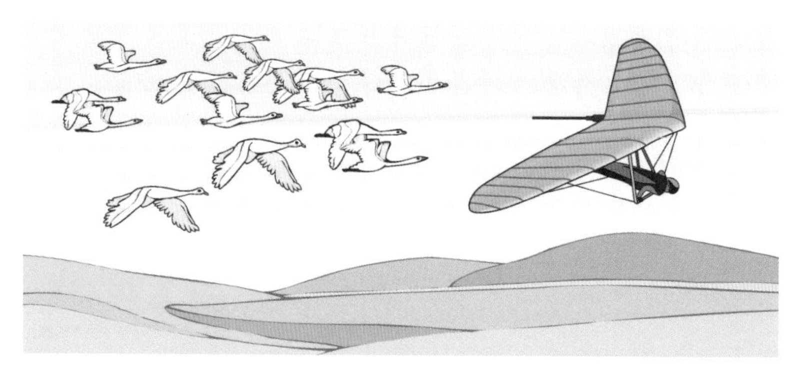

각인 효과를 이용하면 철새들의 이동 방향을 바꿀 수 있다.

되어 나타나는 경우가 많습니다. 동물의 행동은 고정행동양식이나 그와 유사한 행동의 모듈이 여러 개 모여서 구성된다고 할 수 있습니다. 어찌 되었든, 이러한 예들을 통해 1970년대부터 동물들의 많은 행동이 상당 부분 본능에 의해 지배를 받는다는 생각이 주목을 받기 시작했습니다.

행동주의학파의 선구자들

미국 행동주의학파의 아버지 존 왓슨(John Watson)은 학습의 중요성을 강조한 대표적인 행동심리학자입니다. 존 왓슨은 "나에게 12명의 건강한 신생아를 주고, 내 마음대로 아이들을 키울 수 있게 해준다면, 나는 그 아이들을 내가 정한 어떤 직업(예를 들어 의사, 변호사, 기계공, 거지 등)을 가진 사람으로 만들 수 있다. 아이들이 어떤 생물학적 부모를 가졌건, 어떤 능력을 가졌건 상관없이 말이다"라고 언급한 적이 있습니다. 그

행동심리학자 존 왓슨

는 학습을 통해 아이를 자신이 원하는 타입의 인간형으로 키울 수 있다고 생각했습니다. 그뿐만 아니라, 자연 상태에서 동물의 행동을 관찰하고 이해하고자 하는 본능주의학파와는 대조적으로, 행동주의학파는 실험실의 인위적인 환경에서 잘 제어된 실험을 통해 얻은 결과를 중요시하는 전통을 발전시켰고, 이는 현대 신경행동학에 크게 기여했습니다.

2000년 노벨 생리의학상 수상자인 에릭 켄델(Eric Kandel)은 학습과 기억을 연구한 대표적인 과학자입니다. 에릭 켄델의 모델동물은 군소였습니다. 달팽이과인 군소는 초파리보다도 단순한 신경계를 가진 바다생물입니다. 에릭 켄델은 포유류의 뇌에서 학습과 기억에 중요한 해마(Hippocampus) 신경의 전기적 특성을 연구하던 와중에 로렌츠, 틴베르헨, 프리슈 박사의 연구에 영감을 받아, 간단한 신경계를 지녔지만 학습시킬 수 있는 군소를 이용하여 연구하기 시작했습니다. 켄델 박사와 그의 연구팀이 군소를 학습시킨 방법은 아주 간단합니다. 군소는 아가미를 통해 먹이와 산소를 공급받기 때문에 군소에게 아가미는 매우 중요한 조직입니다. 그런데 이 아가미의 조직은 매우 부드러워서 군소의 포식자들은 아가미를 공격합니다. 따라서 군소는 포식자로부터 자신을 보호하기 위해, 물리적인 자극이 아가미에 전달되면 아가미를 꼭 닫는 행동을 보입니다. 하지만 군소의 아가미를 계속해서 부드럽게 자극하면 가장 기본적인 학습 과정의 일부인 '습관화(habitration)'가 일어납니다. 반복적으로 무해한 자극은 위험하지 않다는 것을 학습하는 것입니다. 이러한 군소의 학습 모델을 이용하여 켄델 박

© Wikipedia

학습과 기억을 연구한 대표적인 과학자 에릭 켄델

사와 그의 연구팀은 약 30년에 걸쳐 학습에 중요한 유전자와 그 유전자들이 만들어내는 단백질 및 신호전달물질들을 찾을 수 있었습니다. 켄델 박사와 그 연구팀의 노력이 큰 주목을 받게 된 중요한 이유 중에 하나는 이러한 유전자와 신호전달물질들이 초파리, 포유류, 심지어 사람에게 유사하게 작용하고 있다는 것이 밝혀졌기 때문입니다. 물론 완벽하게 똑같지는 않지만 학습과 기억의 뼈대가 되는 요소들은 군소, 초파리, 포유류에게 매우 유사하게 작동합니다.

제브라 핀치의 구애 노래를 이용한 학습 연구

또 하나 중요한 것은 이런 학습 과정의 최종 결과물(행동변화) 역시 유전적으로 프로그램되어 있다는 점입니다. 즉, 본능을 구현하는 데 학습이 이용된다는 사실이 최근 제브라 핀치의 구애 노래 학습 연구에서 밝혀졌습니다.

다른 많은 새들처럼, 제브라 핀치의 수컷은 암컷에게 구애할 때 특정한 노래를 부르고, 이러한 노래를 구애 노래라고 합니다. 이 구애 노래는 음높이가 구조적으로 반복되어, 우리 인간이 듣기에도 아름답게 들립니다. 매우 특이하게도 수컷 핀치는 아비에게서 구애 노래를 배워야 하는데, 아비와 떨어져서 자란 수컷은 구애 노래를 배우지 못합니다. 이들의 구애 노래는 다른 수컷의 노래와 전혀 다른 구조를 지니고 있어서 짝짓기를 할 때 암컷들의 관심을 끌지 못하고, 결국 아비 없는 불쌍한 수컷은 짝짓기에 성공하지 못합니다. 앞선 예에서, 켄델 박사가 학습 과정을 연구할 때 군소를 모델로 이용했듯이, 과학자들은 제브라 핀치가 노래를 배우는 과정과 그 과정에 필요한 신경망을 조사하면 사람들이 언어를 학

© Wikipedia

제브라 핀치는 구애 노래를 학습을 통해 익히지만, 그 학습에 의해 나타나는 최종 결과물은 유전적으로 일정 부분 결정되어 있다.

습하는 과정을 알 수 있을 거라고 생각했습니다. 그런데 언어나 혹은 그와 관련된 문화적인 요소들의 세대 간 전달이 정말 순수하게 학습 과정에만 의존하는 현상일까요? 만약 우리 인간과 전혀 진화적 관련성이 없는 생물(예를 들면 외계인?)의 언어 혹은 유사한 그 무엇인가를 학습을 통해 과연 습득할 수 있을까요?

최근의 연구 결과, 놀랍게도 노래를 배우지 못한 수컷들이 대를 이어갈 때, 4세대만 지나가도 정상적인 제브라 핀치의 노래와 똑같아지거나 매우 유사해진다는 사실이 밝혀졌습니다. 노래를 제대로 배우지 못한 제브라 핀치가 그 자식에게 노래를 가르치고, 그것을 배운 자식 핀치가 또 다시 그 새끼에게 자기가 나름 습득한 노래를 가르치는 식으로 4세대가 지나가면, 아비 없이 자라서 노래를 잘 부르지 못하던 고조 할아버지 핀치의 자손의 노래가 정상적인 제브라 핀치의 노래와 똑같아지는 것입니다. 이 결과는, 노래를 배우는 것 자체는 학습에 의해 이루어지지만, 그 학습에 의해 형성되는 최종 결과물은 유전적으로 결정되어 있다는 것을 의미합니다. 학습하는 과정도 결정되어 있고, 학습의 최종 결과물도 결정되어 있는 것입니다. 그러므로 행동주의학파의 아버지인 존 왓슨 박사가 주장한 것처럼 학습을 통해 모든 인간 행동을 조절할 수 있다고 여기는 것은 주의가 필요할 것 같습니다. 왜냐하면 제브라 핀치의 예처럼 학습과 본능은 미묘하게 상호작용하고 있고, 그 결과물이 행동으로 나타나기 때문입니다.

정리해보자면, 동물들의 행동에는 본능적인 요소가 있고, 이 본능적인 요소들은 학습에 의해 변형될 수 있습니다. 하지만 학습을 통한 변화는 본능적으로 우리 뇌에 프로그램화되어 있는 큰 틀을 따르는 것으로 보입니다.

초파리와 행동유전학(Behavioral Neurogenetics)

그러면 어떻게 신경계가 본능적인 행동을 프로그램화하고 있는 것일까요? 과학자들이 뇌 연구를 위해 주로 사용하는 모델동물로는 예쁜꼬마선충, 군소, 초파리, 생쥐, 원숭이 등이 있습니다. 예쁜꼬마선충의 신경세포는 302개, 군소는 약 1만 8000개, 초파리는 약 10만 개, 생쥐는 약 4000만 개, 인간은 약 1000억 개인 것으로 알려져 있습니다. 지난 세기 현대 과학의 비약적인 발전과 함께 뇌과학도 많은 성공을 거두었지만, 신경과학자들에게는 아직도 비교적 간단한 초파리의 뇌조차도 미지의 영역으로 가득 차 있습니다.

저는 초파리를 이용해 어떻게 신경망이 행동을 조절하는지 연구합니

초파리의 신경세포는 약 10만 개, 생쥐는 약 4000만 개, 인간은 약 1000억 개인 것으로 알려져 있다.

다. 초파리의 분자유전학 모델은 기술적으로 가장 진보된 모델입니다. 우리는 초파리의 유전체가 지닌 모든 유전자를 알고 있고, 그 유전자를 지우거나, 다른 유전자로 덧씌우거나, 아니면 특정 세포에서만 유전자의 변형이 일어날 수 있도록 조작할 수 있습니다. 초파리에게서 관찰할 수 있는 행동은 매우 다양하고, 또 상당수의 행동을 자동화된 기술을 이용해 측정할 수 있습니다. 최근 캘리포니아 공과대학의 연구 그룹은 초파리가 싸우는 행동을 자동으로 측정하는 알고리즘을 개발했고, 자넬리아팜의 연구 그룹은 다수의 초파리를 가두어놓고 초파리 상호 간의 행동양식을 분석해서 이들 초파리의 사회성을 측정하는 기술을 개발하기도 했습니다. 과학자들은 이러한 유전자 조작 기술과 초파리의 행동을 빠르고 대량으로 측정하는 기술을 접목시킴으로써 특정 행동을 프로그램화하는 데 필요한 유전자를 빠르게 찾을 수 있습니다.

초파리 분자유전학의 기초적인 개념을 예를 들어서 설명해보겠습니다. 초파리에는 더듬이가 있는데, 초파리의 더듬이는 귀와 코 역할을 수행하고 있습니다. 여러분이 초파리의 더듬이가 어떻게 만들어지는지, 또 그 과정에 어떤 유전자가 중요한지 연구하고 있다고 가정해보면, 실험실에서 가장 먼저 하는 일은 돌연변이를 만드는 겁니다. 이때 돌연변이는 초파

초파리는 분자유전학, 신경학, 행동학 등 다양한 생물학적 원리를 연구하는 데 적합한 모델동물 중 하나다.

리의 유전자 각각에 문제가 일어나도록 해야 합니다. 초파리에는 약 1만 5000개의 유전자가 있으니 그 수만큼 돌연변이를 만들게 됩니다. 그 다음으로는, 각각의 돌연변이에서 더듬이를 자세히 관찰해서 문제가 생긴 돌연변이를 골라냅니다. 마지막으로, 더듬이를 제대로 가지지 못한 돌연변이에서 어떤 유전자가 망가졌는지 따져보면, 더듬이를 만드는 데 필요한 중요한 유전자를 찾게 됩니다.

유사한 방법을 더듬이 연구가 아니라 행동 연구에 적용할 수 있습니다. 사실 몇 년 전에 작고한 캘리포니아 공과대학의 시모어 벤저(Seymour Benzer) 박사는 동물의 행동이 유전자에 의해 결정된다는 아이디어(당시로서는 파격적인)를 가지고 초파리 돌연변이들의 행동을 자세히 관찰했으며, 더듬이 유전자를 선발하는 것과 동일한 방식으로 행동을 조절하는 유전자를 찾아냈습니다. 벤저 박사와 그 연구팀이 조사한 행동들 중에 초파리 수컷의 구애 행동이 있습니다. 초파리 암컷 한 마리와 수컷 한 마리를 조그만 방(지름 1.5cm, 높이 0.5cm)에 같이 두면, 잠시 후 흥분한 수컷이 암컷을 계속 따라다니기 시작하고, 암컷은 계속 도망가는 현상을 관찰할 수 있습니다. 또 잠시 더 기다리면, 수컷을 맘에 들어 하는 암컷이 도망가는 속도를 살짝 줄이고, 수컷은 그 기회를 놓치지 않고 암컷 주변을 돌며 날개를 매우 빠르게 떨어서 구애 노래를 부릅니다(제브라 핀치와는 달리 초파리는 아비에게서 구애 노래를 배울 필요가 없습니다). 계속해서 이 과정을 반복하다가 수컷의 구애 노래와 노력에 감동(?)한 암컷은 수컷을 피해 도망가는 속도를 더 줄이고, 나중에는 완전히 멈추어서 수컷이 교미를 할 수 있도록 허용합니다. 과학자들은 이 과정에서 수컷이 보이는 각 행동의 단계를 자세히 조사했고, 구애 행동이 최소 5개의 고정행동양식으로 구성되어 있다는 사실을 알아냈습니다. 벤저 박사와 그 연구팀은 많은 돌연변이의 구애 행동을 꼼꼼히 조사했고, 그중 한 돌연변이에서 매우 이상한 현상을 관찰했습니다. 수컷이 암컷뿐 아니라 다른 수컷을 따라다니며 구애 행동을 보이는 현상을 관찰하게 된 것입니다. 그 후로, 앞서 언급한 각각의 고정행동양식에서 다양하게 변형된 돌연변이를 찾아냈습니다. 그리고 오랜 연구 끝에 이들 돌연변이에서 프루트리스라는 유전자에 변형이 일어났다는 사실을 밝혔습니다. 초파리의 구애 행동을 조절하는 유전자 중 하나를 찾게 된 것입니다.

프루트리스 유전자 조작을 통한 행동 프로그래밍

모든 생물은 유전자를 가지고 있고, 유전자로부터 단백질을 만듭니다. 사실 유전자의 기능은 유전자 자체가 아니라, 유전자의 유전정보를 이용해 만들어지는 mRNA나 단백질에 의해서 수행됩니다. 프루트리스 유전자 역시 프루트리스 단백질을 만드는 유전정보를 저장하고 있습니다. 하지만 특이하게도 프루트리스 유전자는 성별로 각기 다른 프루트리스 단백질, 즉 암컷은 암컷형 프루트리스를 만들고 수컷은 수컷형 프루트리스를 만든다는 것이 밝혀졌습니다. 이러한 발견으로부터 과학자들은 암컷형 프루트리스가 암컷의 교미 행동을 조절하고, 수컷형 프루트리스는 수컷의 구애 행동을 조절할 것이라는 가설을 세울 수 있었습니다. 그래서 과학자들은 분자유전학 기술을 적용해서 초파리 암컷이 수컷형 프루트리스를, 수컷이 암컷형 프루트리스를 생산하도록 조작한 후, 이들 초파리의 구애 행동과 교미 행동을 자세히 관찰했습니다. 놀랍게도, 프루트리스가 남성화된 암컷은 마치 자신이 수컷인 것처럼 행동을 하고, 프루트리스가 여성화된 수컷은 마치 자신이 암컷인양 행동하는 것을 발견했습니다. 수컷화된 암컷을 정상 암컷과 같이 두면, 수컷화된 암컷이 다른 정상 암컷과 교미를 시도하기도 합니다. 또한 수컷화된 암컷을 정상 수컷과 같이 두면, 암컷이 수컷을 거부하고 심지어 싸우기까지 하는 행동을 보입니다.

더 놀라운 사실은 프루트리스 유전자를 조작하면 성 행동뿐 아니라, 싸울 때의 행동도 달라진다는 겁니다. 초파리들은 성에 따라 싸우는 형태가 다른데, 암컷들은 주로 머리로 밀어내는 행동을 보이고, 수컷들은 훨씬 강하게 밀치거나 찌르거나 하는 행동을 보이며 심지어 날개를 펴고 레슬링을 하기도 합니다. 그런데 프루트리스 유전자를 바꿔치기하면, 암컷의 프루트리스를 가진 수컷은 암컷처럼 싸우고, 수컷의 프루트리스를 가진 암컷은 수컷처럼 싸웁니다.

그러면 이 프루트리스 유전자는 어디에서 만들어지는 것일까요? 초파리의 경우 프루트리스를 만들어내는 신경은 전체 신경의 10% 이상을 차지하고 있습니다. 대단한 겁니다. 초파리의 신경이 약 10만 개 정도이므로, 약 1만 개의 신경이 프루트리스를 만드는 것입니다. 그러면 약 1만 개

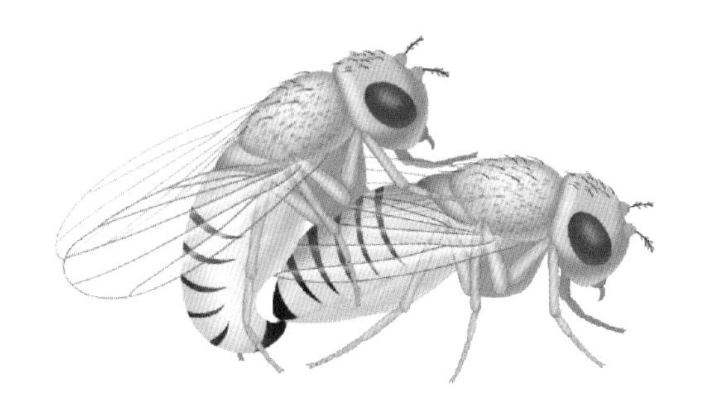

프루트리스 유전자가 수컷화된 암컷 초파리는 수컷처럼 행동한다.

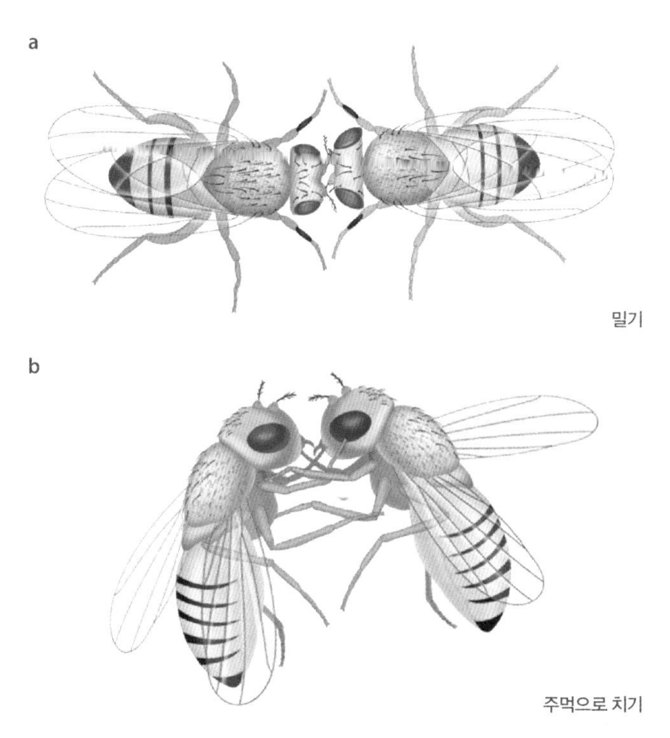

암컷 프루트리스 단백질을 만드는 수컷은 암컷처럼 싸우고(a), 수컷 프루트리스 단백질을 만드는 암컷은 수컷처럼 싸운다(b).

의 신경세포들이 모두 똑같은 행보로 이 같은 성 행동을 조절하는 것일까요, 아니면 각각의 신경세포들이 각기 다른 역할을 하는 것일까요? 실험해보면, 각각의 신경들이 각기 다른 역할을 한다는 것을 알 수 있습니다. 그러면 각각의 신경들의 역할을 어떻게 알 수 있을까요?

뇌 신경을 보여주는 기술, 녹색형광단백질

각 신경세포들이 어떤 역할을 하는지 알 수 있는 방법 가운데 하나는 녹색형광단백질을 활용해보는 방법입니다. 오사무 시노무라(Osamu Shinomura), 마틴 챌피(Martin Chalfie), 로저 치엔(Roger Tsien)은 지난 2008년 녹색형광단백질을 생명과학 연구에 활용할 수 있도록 한 공로로 노벨 생리의학상을 받기도 했습니다. 우리가 프루트리스를 만드는 신경세포를 볼 수 있는 것은 프루트리스를 만드는 유전자의 일부를 녹색형광단백질 유전자로 치환했기 때문입니다.

초파리의 뇌 신경은 하얀 덩어리인데 녹색형광단백질과 유전자 기법을 활용하면, 세포들 하나하나를 여러 가지 색으로 볼 수가 있습니다. 또 녹색형광단백질을 이용하면 신경세포의 활동도 측정할 수 있습니다. 하나의 신경이 활동을 시작하면 그 신경 안으로 나트륨과 칼슘이 들어가게 됩니다. 아직까지 나트륨을 측정할 수 있는 기법이 없지만, 칼슘은 측정할 수가 있습니다. 칼슘과 결합할 수 있는 단백질을 형광단백질 사이에 끼워 넣으면, 칼슘이 없을 때는 형광이 낮다가 칼슘 농도가 올라가서 칼슘이 단백질과 결합할 때는 형광이 높아지는 칼슘 리포터 단백질이 만들어집니다. 따라서 이러한 칼슘 리포터 단백질 유전자를 프루트리스 유전자의 일부와 치환하면, 앞에서처럼, 프루트리스 신경세포가 칼슘 리포터 단백질을 만들게 됩니다.

방금 설명한, 칼슘 리포터 단백질을 이용해서 수컷 초파리가 구애 행동을 할 때 어떤 신경이 활성화되는지 알아내기 위해서는 특수한 실험 장치가 필요했습니다. 우선 동물이 행동할 수 있어야 하고, 그와 동시에 칼슘 리포터 단백질의 형광 사진을 찍을 수 있게 현미경에 고정되어야 하기 때문입니다. 그래서 이 실험에 트렉볼 시스템이 적용되었습니다.

일본의 연구 그룹이 만든 트렉볼 시스템은 초파리가 행동을 보이는 동안 뇌의 형광 사진을 찍을 수 있는 특수 실험 장치입니다. 마치 상하좌우로 굴릴 수 있는 특수 지구본처럼, 트렉볼 위에 머리가 현미경에 고정된 초파리를 두면, 초파리의 실제 위치는 고정된 상태이지만 초파리가 암컷을 쫓아서 걸을 때마다 트렉볼이 움직이게 되는 것입니다. 그리고 트렉볼이 돌아가는 속도, 돌아가는 방향에 따라 수컷 초파리가 암컷 초파리를 뒤쫓는 행동이 수치로 기록됩니다. 따라서 프루트리스 신경에 칼슘 리포터를 만들도록 조작한 수컷 초파리를 트렉볼 시스템에 넣고, 수컷 초파리를 암컷 초파리가 건드리게 하면, 수컷 초파리가 흥분해서 매우 빠른 속도로 걷기 시작합니다. 이때 초파리 암컷이 수컷의 왼쪽 혹은 오른쪽으로 움직이면, 이에 반응해서 수컷은 트렉볼 위에서 왼쪽 혹은 오른쪽으로 빠르게 방향을 바꾸어 걸어가게 됩니다. 이러한 반응은 모두 컴퓨터에 기록됩니다. 이와 동시에 초파리의 뇌에서 칼슘 형광 사진을 매초 찍으면, 수컷이 암컷을 만졌을 때 그와 동시에 수컷 뇌의 특정 프루트리스 세포들이 형광으로 밝아집니다. 이 특정 구역이 바로 활성화되는 지점입니다. 그리고 이를 통해 연구자들은 수컷의 구애 행동을 관장하는 프루트리스 신경세포가 어디에 위치해 있는지 알게 되는 겁니다.

온도감응성 이온통로 단백질을 이용한 신경의 활성 조작

그 다음으로 과학자들은 프루트리스 신경의 활성을 인위적으로 증가시켰을 때 수컷이 암컷이 없는 상황에서도 구애 행동을 보이는지 조사했습니다. 어떤 신경이 특정 행동을 일으킬 수 있다면, 그 신경의 활성 조작만으로 행동을 켰다 껐다 할 수 있을 것이기 때문입니다. 신경세포의 활성을 인위적으로 조작하기 위해 과학자들은 온도에 반응하는 이온통로 단백질이나 빛에 반응하는 이온통로 단백질을 활용합니다. 특히 후자의 경우를 광유전학(Optogenetics) 기법이라고 하는데 최근 과학계의 많은 관심을 받고 있습니다.

우선 온도감응성 이온통로 단백질을 활용하는 것을 이야기해보지요. 우리는 온도가 올라가면 덥다고 느끼고, 온도가 낮아지면 춥다고 느낍니다. 한 가지 이상한 일은 매운 고추를 먹으면 뜨거운 느낌이 들고, 멘톨이 들어간 껌을 씹으면 화하게 시원한 느낌이 듭니다. 이러한 현상은 우리의 감각세포에서 온도가 높아질 때 그 활동이 증가하는 단백질이 고추의 캡사이신에 의해서도 활성화되고, 낮은 온도에 반응하는 이온통로 단백질이 멘톨에 의해서 활성화되기 때문입니다. 인간과 마찬가지로 초파리도 온도에 반응하는 이온통로 단백질이 있고, 이들 단백질은 사람의 것과 매우 유사한 구조와 기능을 지니고 있습니다. 예를 들면 초파리에는 트립A1 단백질이 있는데, 이 단백질의 이온통로는 낮은 온도에서는 닫혀 있지만 섭씨 30도로 올라가면 열려서 칼슘과 나트륨을 통과시킵니다. 그리고 이들 이온들은 신경세포에서 활성전위를 생성합니다. 따라서 트립A1 단백질이 있는 신경세포는 온도만 올려주면 활성전위가 생성되면서 인위적으로 활성화됩니다. 물론 사람과 포유동물은 온도가 섭씨 37도가 유지되므로 트립A1을 쓸 수는 없습니다. 대신 포유류에서는 온도가 낮아지면 열리는 이온통로 단백질을 활용합니다. 온도를 너무 높이면 세포가 죽기 때문입니다.

프루트리스 유전자의 일부를 트립A1 유전자로 치환해서 프루트리스 신경이 트립A1 단백질을 만들게 한 다음, 온도를 올려주면 어떤 일이 일어날까요? 즉 프루트리스 신경을 인위적으로 활성화하면 어떤 일이 일어날까요? 놀랍게도 인위적으로 프루트리스 신경을 활성화하면, 수컷은 암컷이 곁에 없어도 마치 가상의 암컷에게 구애를 하는 것처럼, 날개를 펴서 구애 노래도 부르고, 교미를 하는 행동을 보입니다. 과학자들이 10만 개 프루트리스 신경 각각에 유사한 실험을 해본 결과, 프루트리스 신경세포들 중 오직 3개의 세포를 활성화시켰을 때에만 날개를 펴고 구애 노래를 한다는 사실이 밝혀졌습니다. 이런 과정을 통해, 10만 개의 신경 중 구애 노래를 발생시키는 3개의 신경을 찾게 된 것입니다.

광유전학, 빛으로 조작하는 신경 리모트컨트롤 기술

앞에서 설명한 온도감응성 이온통로 단백질을 이용하는 기술은 한 가지 단점이 있는데, 온도를 올리고 내리는 데에 시간이 걸린다는 점입니다. 그래서 아주 빠르게 일어나는 행동을 연구하기에는 적절하지 않습니다. 최근에는 빛을 이용해 신경의 기능을 리모트컨트롤할 수 있는 광유전학(Optogenetics) 기법이 주목을 받고 있습니다.

광유전학에서 사용되는 단백질 역시 이온통로 단백질인데, 이 경우에는 빛에 의해서 이온통로가 열리게 됩니다. 우리 몸에서는 어떤 단백질이 빛에 반응을 할까요? 우리 눈에는 광감각수용세포라는 것이 있는데, 이들 세포는 로돕신이라는 단백질을 만들고, 이들 로돕신이 빛에 의해 활

Bio Tip

과실 초파리와 생명 연구

뇌 기능 연구에 활용되고 있는 다양한 모델동물 중, 과실 초파리(*drosophila melanogaster*)는 다른 모델동물에 비해 실험실에서 증식과 유전자 조작이 매우 쉬워 다양한 생명 현상 연구에 기여한 바가 크다. 특히 발생학에서는 초파리 모델에서의 연구 성과가 포유동물 등 다른 고등 동물의 발생 조절 원리를 밝히는 데 크게 기여했고, 1995년에는 노벨 생리의학상이 초파리 발생학자들에게 수여되기도 했다. 초파리 유전학을 이용한 동물의 (신경계에 의한) 행동 조절 메커니즘의 이해는 최근에 작고한 시모어 벤저 박사에 의해 처음 시도되었고, 벤저 박사 실험실에서 시도된 상당수의 연구도 현재진행 중이다. 특히 그중에서도 일주기성(Circadian rhythm), 성 행동, 기억과 학습, 통각 등은 현재에도 신경계의 기능을 연구하는 데 중요한 행동 모델로 사용되고 있다. 현재 알려진 고등 동물의 일주기성을 조절하는 유전자들 역시, 초파리 모델 연구를 통해 밝혀졌다.

초파리 행동 모델을 이용한 연구는 첫째로 행동을 조종하는 신경망들 각각의 상호작용의 이해를 통해 신경전달 과정을 전체적으로 이해하는 데 있고, 둘째로는 초파리뿐 아니라 인간에 공통적으로 작용하는 신경의 작용 원리 및 관련 단백질 등을 찾아 다양한 신경 병증을 치료하는 약물 및 기법 개발을 목표로 하고 있다.

© Wikipedia

성화되면 세포가 활성화되어 시각정보를 생성하기 시작합니다. 동물을 제외한 대부분의 생물들은 눈이 없지만, 빛을 감지할 수는 있습니다. 여름철에는 강이나 호수를 녹색으로 물들게 하는 조류들은, 빛을 이용해 광합성을 하기 때문에 빛이 많은 쪽으로 향하는 주광성을 지니고 있습니다. 조류들이 빛을 감지할 때 필요한 단백질이 광감응성 이온통로 단백질입니다. 과학자들은 이러한 광감응성 이온통로 단백질을 여러 종류의 조류에서 찾아내서 신경세포의 활성을 빛으로 조작하는 데 사용하려고 노력하고 있으며, 이러한 학문 분야를 광유전학이라고 합니다.

사실 이러한 기술을 개발하는 데 초파리는 매우 유용하게 활용됩니다. 다양한 광감응성 단백질 유전자 중 사용하기 좋은 특성을 지닌 단백질을 찾기 위해서는, 이들 단백질을 동물의 뇌에서 발현시킨 후 그 특성을 조사하는 것이 필수적입니다. 초파리는 이러한 작업을 수행하는 데 쉽고 빠르게 사용할 수 있는 모델동물입니다. 실제로 첫 번째 광감응성 이온통로 단백질 시스템이 최초로 적용된 동물도 초파리입니다. 그럼 어떻게 초파리를 이용해 광유전학 기법을 테스트할 수 있을까요?

초파리의 사촌격인 집파리는 여름철 우리를 짜증나게 하는 대표적인

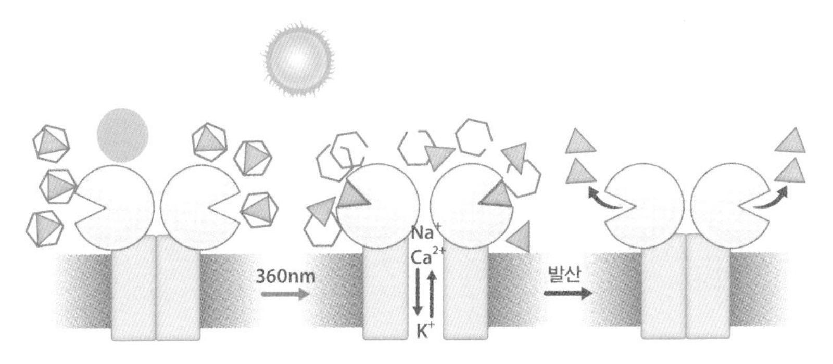

빛으로 조작하는 신경 이온통로 단백질을 이용한 신경의 리모트컨트롤 기술

곤충입니다. 그런데 우리가 손으로 파리를 잡는 일은 그리 수월치 않습니다. 파리를 내려치는 순간 빠른 속도로 날아가버리기 때문입니다. 이들 파리에는 눈과 날개 근육을 빠르게 연결하는 자이언트 파이버 시스템이라는 것이 있어서, 눈에 약간의 그림자만 생겨도 순식간에 날개를 움직여 튕겨나가듯 날아가버립니다. 사촌인 초파리에게도 자이언트 파이버 시스템이 있습니다. 자이언트 파이버 시스템은 두 종류의 신경으로 구성됩니다. 하나는 머리에서 눈과 가슴을 연결하는 신경, 또 다른 하나는 가슴의 첫 번째 신경과 날개 근육을 운동신경과 연결하는 신경입니다. 이들 시스템은 단 두 단계의 신경전달 과정을 거치기 때문에, 여러 단계의 신경전달 과정을 거치는 사람의 근육 운동 시스템보다 빠릅니다. 우리가 파리를 손으로 잡기가 녹록지 않은 것은 이 때문입니다.

어찌 되었던 광유전학 기법을 테스트하기 위해, 과학자들은 우선 눈이 먼 초파리를 제작했습니다(로돕신이 없는 초파리는 눈이 멀어 있겠지요). 그런 다음 눈먼 초파리의 자이언트 파이버 세포에서만 광감응 이온통로 단백질을 만들게 한 후, 빛을 쪼여주었습니다. 어떻게 되었을까요? 이 눈먼 초파리는 우리가 잡으려고 손을 뻗으면 반응하지 않지만, 특정 자외선 파장의 빛을 쪼이면 그때마다 도망가려는 날갯짓을 강하게 보였습니다. 이 초파리의 머리를 자르면 어떻게 되었을까요? 앞서 설명한 것처럼 자이언트 파이버 시스템은 가슴 신경에도 있기 때문에, 머리를 자른 광감응 초파리에 빛을 쪼이면 가슴에 있는 자이언트 파이버 시스템에 활성전위가 일어나 날개를 움직여 도망갔습니다.

왜 초파리의 행동을 연구하는가?

지금까지 설명한 여러 가지 방법을 이용하여, 과학자들은 지금 초파리에서 행동을 조절하는 신경을 찾고, 이들 신경세포가 다른 신경세포와 어떻게 상호작용하고 있는지를 꼼꼼히 조사하고 있습니다. 그러면 초파리의 행동을 이해하는 것이 다른 동물의 행동을 이해하는 데 왜 도움이 될까요?

지구 상의 살아 있는 모든 동물은 환경 변화에 적응해가며 살아남았습니다. 일종의 복잡한 시험을 통과한 것입니다. 그런데 이런 복잡한 시험을 통과할 수 있는 해결책들은 많지 않습니다. 현재 과학자들은 초파리가 신경계에서의 문제를 해결한 방법과 그보다 복잡한 동물들이 찾은 해결책이 굉장히 유사할 것이라고 생각하고 있습니다. 가령, 초파리의 눈과 사람의 눈을 비교해보면 알 수 있습니다. 사람의 눈과 초파리의 눈은 전혀 다르게 생겼고 진화적 유연관계도 매우 낮지만, 기본적인 구조는 매우 유사합니다. 수정체가 빛을 모으고, 모여진 빛을 로돕신을 만드는 광감각세포가 감지하고, 이 정보를 시신경이 받아서 뇌로 보냅니다.

이러한 유사성은 사람과 초파리가 공통 조상으로부터 유래했기 때문이기도 합니다. 인간과 공유하고 있는 초파리의 유전자가 60% 이상이고, 이들 유전자가 구조적으로나(생긴 모양), 기능적으로(하는 일) 매우 유사하다는 점은 진화적 관련성을 보여주는 중요한 증거이기도 합니다. 또한 이는 초파리의 유전자와 그 유전자가 만드는 단백질의 기능 및 작동방식이 사람과 유사하다는 점을 시사합니다. 유전자가 신경계를 만든다는 사실을 고려하면, 신경계의 발생과정과 작동방식 역시 유사할 수밖에 없을 겁니다.

앞서 살펴본 것처럼, 초파리 행동 연구는 (초파리) 뇌의 기능과 작동방식을 유전자, 신경, 신경망, 행동을 두루 아우르는 총괄적인 접근방법으로 밝혀내고 있습니다. 이러한 과정을 통해 제가 하는 일은 우리 인간의 뇌의 신비에 접근할 수 있는 다리의 초석을 놓고, 앞으로 그 초석 위에 다리를 만들 젊은 과학자를 훈련시키는 작업입니다.

내가 암컷 초파리라고
얕봤지? 나한텐
수컷 프루트리스 단백질이
있다고~
뻑!
아야~!
언니는
왜 남자처럼
거칠게
때리고 그래요.
수컷 프루트리스
단백질을 발현하는
암컷 초파리
암컷 프루트리스
단백질을 발현하는
수컷 초파리

© 신인철

활성산소는 독인가, 약인가

배윤수 이화여자대학교 생명과학과 교수

고려대학교를 졸업하고 한국과학기술원에서 박사학위를 받았다. KIST 유전공학연구소 박사후 연구원, 미국 국립보건원(NIH) 객원연구원을 거쳐, 이화여자대학교 생명과학과 교수로 재직 중이다. 적당량의 활성산소가 세포의 성장 및 분화, 선천성 면역체계에 필수적임을 밝혀내 학계의 주목을 받았다. 현재 활성산소에 의한 세포 신호전달 기전, 줄기세포의 분화에서의 세포 신호전달 체계, 비만세포와 지방세포의 분화에서 Ahnak 단백질의 새로운 기능을 연구하고 있으며, 더 나아가 신호전달 제어를 통한 항암 및 항염증 신약 개발 연구를 진행 중이다.

활성산소(reactive oxygen species, ROS)가 우리 몸에 나쁘다는 얘기를 많이 들었을 겁니다. 이것은 맞는 얘기입니다. 그러나 조절만 잘하면, 활성산소는 약이 됩니다. 우리의 몸에서 활성산소는 생리적으로 매우 중요한 물질 중의 하나이기 때문입니다. 산소는 우리가 숨을 쉴 때 꼭 필요합니다. 그런데 산소 호흡을 하게 되면, 활성산소는 어쩔 수 없이 조금씩 만들어집니다. 우리 몸은 이렇게 조금씩 만들어지는 부산물조차 잘 이용하는 방식으로 진화해왔습니다.

활성산소란 무엇인가?

우리가 호흡을 할 때, 산소(O_2)가 4개의 전자를 받아 독성이 없는 물(H_2O)이 만들어지는 과정에서 부산물로 활성산소가 생깁니다. 산소 분자에 전자 한 개가 옮겨 붙으면 활성산소의 일종인 슈퍼옥사이드아니온(superoxide anion)이라고 하는 물질이 생깁니다. 기호로는 $O_2{\cdot}^-$라고 씁니다. 이 활성산소는 우리 몸에서 지금도 생겨나고 있습니다. 건강한 몸이라면 활성산소를 제거할 수 있는 시스템이 효과적으로 작동해서, 활성산소가 효소(superoxide dismutase, SOD)에 의해 과산화수소(H_2O_2)로 바뀝니다. 즉, 과산화수소는 산소가 두 개의 전자를 받으면 생기게 됩

$$O_2 \xrightarrow{\text{전자}} O_2{\cdot}^- \xrightarrow{\text{전자}} \underset{\text{활성산소}}{H_2O_2} \xrightarrow{\text{전자}} OH{\cdot} + OH^- \xrightarrow{\text{전자}} 2H_2O$$

(연료, 음식물)

$$O_2 + 4H^+ \xrightarrow{\text{전자}} 2H_2O$$

활성산소의 생성 과정

니다. 우리 몸에서 적절한 양의 과산화수소는 카탈라아제(catalase), 퍼옥시데이스(peroxidase)에 의해 물로 전환됩니다. 그러나 우리 몸에 과산화수소가 조절하지 못할 정도로 너무 많이 만들어져 적절하게 물로 전환하지 못한 상태에서, 산소가 전자 하나를 더 받는 순간에는 안 좋은 일이 일어납니다. 그러니까 과산화수소가 전자 한 개를 더 받으면 하이드록실라디칼(hydroxyl radical)이라는 물질이 생깁니다. 우리 몸에서 가장 몹쓸 짓을 하고 다니는 활성산소는 바로 이 물질입니다. 이 물질은 독성이 매우 강합니다. 대부분의 세포 내 독성은 이 물질로부터 유래합니다. 하이드록실라디칼은 OH·라고 씁니다. 이 활성산소는 단백질도 산화시키고, DNA도 산화시키고, 지질도 산화시킵니다. 우리 몸에 굉장히 해로운 영향을 미칩니다. 이 물질에 전자를 하나 더 보태주면 물이 됩니다. 이와 같이 활성산소는 슈퍼옥사이드아니온, 과산화수소, 하이드록실라디칼을 광범위하게 포함하는 것입니다. 말하자면 우리가 무엇인가를 먹으면 몸은 음식을 소화시키기 위해 대사 작용을 하는데, 이때 활성산소가 생겨나게 된다는 것입니다.

활성산소의 등장

산소는 우리 몸에 꼭 있어야 하는 분자입니다. 그러면 활성산소는 지구 상에 어떻게 생겨났을까요? 45억 년 전, 지구가 생겨났을 때에 지구의 대기에는 산소가 없었습니다. 이산화탄소, 메탄가스, 질소 등으로만 구성되어 있었습니다. 10억 년이 지난 후 지구에 단핵세포가 등장했습니다. 화석은 핵이 세포질 안에서 둥둥 떠다니는 원핵세포(procaryote)가 35억 년 전에 등장했다는 것을 말해주고 있습니다. 또 그로부터 10억 년이 지나 광합성 박테리아가 나타나기 시작했습니다. 고생물학자들은 바하마 인근의 바다에서 광합성 박테리아로 보여지는 화석 덩어리가 발견되었다고 밝혔습니다. 이때 우리 인류에게 의미 있는 박테리아가 등장했습니다. 바로 사이아노박테리아(Cyanobacteria)입니다. 25억 년 전에 등장한 사이아노박테리아는 지구에 크나큰 영향을 미칩니다. 이 박테리아는 태양으로부터 오는 빛을 이용해 물에서 전자를 떼어내고 그 부산물로 산소가 생겨나게 하는 일을 수행하기 시작했습니다. 즉 광합성을 통해 태양으로부터 에너지를 이용하기 시작한 아주 똑똑한 박테리아가 나타났던 것입니다. 그때부터 지구 상에 산소가 생겨났습니다.

$$2H_2O \longrightarrow O_2 + 4H^+$$

그로부터 7~8억 년이 지났을 때 대기 중 산소의 비율은 1%가량 되었습니다. 사이아노박테리아의 수가 늘어나서 대기 중에 산소가 어느 정도 포함되기 시작한 것입니다. 그랬더니 산소 없이 살던 균들이 활성산소를 만들어내거나 산소가 없는 곳으로 숨어들었고, 그것도 아니면 항산화 효소를 만들어 활성산소를 없애는 일을 하기 시작했습니다. 즉 이때부터 항산화 효소가 만들어지기 시작한 것입니다.

이후에 지구 상에 복잡한 진핵세포(eukaryote)가 등장했습니다. 사람의 몸을 구성하는 세포는 모두 진핵세포입니다. 진핵세포는 원핵세포와 달리 세포 안에 소기관이 있습니다. 또 시간이 흘러, 지금으로부터 약 5억 년 전쯤이 되면 대기 중 산소의 비율이 10%에 달하게 됩니다. 산소는 태양으로부터 오는 고에너지를 받아 오존(O_3)을 만들었고, 이것은 지구 대기의 오존층을 형성합니다. 아시다시피 오존층은 태양으로부터 오는 자외선과 X-선과 같은 생명체의 유해 광선을 막아주는 아주 좋은 보호막입니다. 이렇게 오존층이 형성되자, 지금까지 물속에서만 살던 생물들이 육상으로 나오기 시작했습니다. 그전까지는 자외선과 X-선이 너무 강해서 생물은 육상에서 살 수가 없었습니다. 이때 인류의 조상이 되는 생명체도 물에서 육지로 올라오게 됩니다. 육지에는 단일 진핵세포에서 더욱 복잡하고 유기체적인 동물들이 출현했고, 그 가운데 공룡들이 나타났습니다. 이들 공룡들은 한때 지구의 육지를 지배하다가 대멸종을 겪었습니다. 포유류는 공룡이 멸종된 그 틈을 타 번성하게 되었습니다. 이와 비슷한 시기에 영장류도 등장했습니다. 그 당시에 영장류는 파충류와 어느 정도 생활 공간을 같이 썼습니다. 인간이 본능적으로 파충류를 싫어하는 이유는 어쩌면 파충류와 같이 살았던 기억이 어딘가에 남아 있기 때문일지도 모릅니다. 그리고 지금으로부터 약 500만 년 전, 지구 대기 중의 산소 비율은 21%에 도달했습니다. 이렇게 대기에 산소 비율이 늘어나다 보니 활성산소들이 생겨났습니다.

생명은 에너지를 원한다

우리는 왜 산소를 쓰는 것일까요? 바로 에너지를 얻기 위해서입니다. 생명체는 본능적으로 에너지가 많이 생성되는 방향으로 진화하고자 합니다. 산소가 없을 때 포도당으로부터 에너지를 얻는 과정을 한번 살펴보겠습니다. 산소가 없으면 피브린산이 되는데, 이때 7개의 ATP가 만들어집니다. 실제로는 7개의 ATP를 채 만들지도 못합니다. 그런데 산소가 있으면 보통 32개의 ATP가 만들어집니다. 이것은 아주 큰 차이입니다. 5~10배 이상 차이가 나는 것입니다. 생명체는 당연히 에너지가 더 많이

산소가 없을 때 : 포도당 → 2피브린산 + ~ 7ATP

산소가 있을 때 : 포도당 → 5CO_2(이산화탄소) + 6H_2O(물) + ~ 32ATP

생성되는 쪽으로 진화하고자 합니다. 에너지가 더 많이 생기면 환경에도 적응할 수 있고 자손을 더 많이 늘릴 수 있기 때문입니다.

생명체는 그 무엇보다 번식을 중요시합니다. 이는 생명체가 갖고 있는 기본적인 본능입니다. 이 본능에 충실하려면 에너지가 있어야 합니다. 따라서 에너지는 더 많이 있을수록 더 좋은 것입니다. 그래서 조금이라도 에너지가 더 있는 쪽으로 진화하기 시작했으며, 그 과정에서 활성산소라는 부산물이 세포 내에 생겼습니다. 우리가 이 독성이 있는 활성산소를 잘 이겨내기만 하면 훨씬 더 많은 에너지를 얻을 수 있는 것입니다. 생명체는 약간의 피해를 보더라도 훨씬 더 많은 에너지를 구할 수 있는 쪽으로, 또한 이 과정에서 만들어진 활성산소를 이용하는 쪽으로 진화한 것입니다. 건강한 몸은 활성산소를 적절하게 조절하는 체계를 잘 갖추고 있습니다.

활성산소와 항산화 체계

그러면 활성산소는 어디에서 생겨나는 것일까요? 지금도 여러분의 몸에서는 활성산소가 만들어지고 있습니다. 세포의 핵은 핵막에 의해 둘러싸여 있고, 가장 바깥쪽에는 세포막이 있어 내부를 보호합니다. 세포 안에는 세포체, 세포골격, 미토콘드리아 등이 있습니다. 여기서 에너지를 만드는 미토콘드리아가 활성산소를 만들어내는 가장 대표적인 기관입니

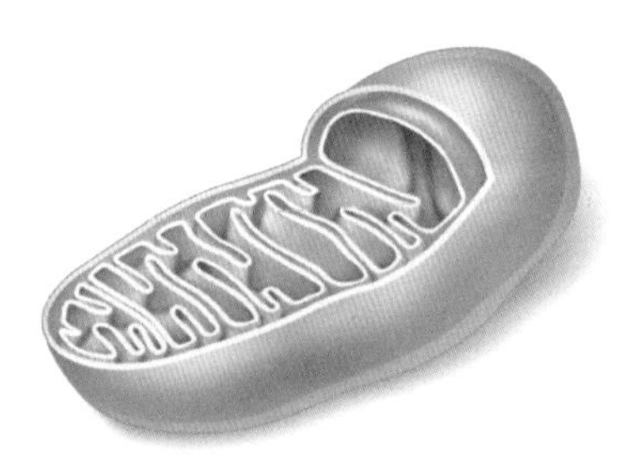

미토콘드리아는 활성산소를 만들어내는 가장 대표적인 세포 내 기관이다.

다. 아시다시피 미토콘드리아는 생체에너지인 ATP를 생성합니다. 미토콘드리아의 내부 막에서는 산화환원반응이 연쇄적으로 일어나서 전자가 이동하게 되는데, 이렇게 산화환원반응을 통해 전자전달이 일어나는 계를 '전자전달계'라고 합니다. 예를 들어 나란히 다섯 명의 학생이 서 있다고 해봅시다. 첫 번째 학생이 두 번째 학생에게 100개의 공을 하나씩 던져 다섯 번째 학생에게까지 공을 전달하는 과정에서 100개의 공 중에서 2개가 떨어졌습니다. 공을 '전자', 공을 전달하는 행위를 '산소 소비', 공이 떨어지는 상태를 '활성산소의 생성'이라고 생각해본다면, 보통 우리 몸에서 활성산소를 만드는 비율은 총산소소비량(또는 총전자전달량)의 2%라고 할 수 있습니다. 우리 몸의 전자전달계가 구조적으로 이렇게 만들어져 있습니다. 전자 2개를 전달받지 못하기 때문에, 총전자전달량의 2%는 활성산소를 만들어냅니다. 그리고 우리 몸의 항산화 체계는 항산화 효소를 이용해 이 활성산소를 적절하게 제거합니다.

그런데 활성산소가 너무 많이 만들어지면 문제가 생깁니다. 보통 2% 정도면 적당히 우리 몸에서 제거될 수 있지만 유해 환경에 놓이게 되면 활성산소 생성 비율이 총산소소비량의 7% 정도로 올라갑니다. 그러면 우리 몸은 더 이상 활성산소를 조절하지 못하고, 제거되지 못한 활성산소는 우리 몸의 주요 물질(단백질, 지질, 핵산)을 산화시킵니다. 이러한 독성작용이 쌓여서 노화가 이루어지게 됩니다. 유해 환경의 일종인 술을 마시고, 담배를 피우면 피부 노화가 촉진되는데, 이는 몸속에 활성산소가 많이 생겨났기 때문입니다. 산패된 기름으로 요리한 오징어튀김같이 산화된 음식이나 강한 자외선 등은 우리 몸속에 활성산소를 많이 생성시킵니다. 세포 내의 활성산소는 단백질, 지질, 핵산을 산화시키고, 우리 몸의 노화와 세포자살(혹은 세포사멸)을 촉진시켜서 암이나 대사성 질환, 치매 등을 일으키게 됩니다. 더욱이 활성산소는 오랜 시간에 걸쳐 조금씩 조금씩 몸을 손상시키기 때문에, 대부분의 사람들은 활성산소의 악영향을 뒤늦게 깨닫게 됩니다.

앞서 언급했듯이 우리 몸속 세포에는 항산화 효소가 있습니다. 카탈라이제, 슈퍼옥사이드 디스뮤타제, 퍼옥시레독신(Peroxiredoxin), 글루타레독신(Glutaredoxin) 등의 항산화 체계가 바로 그것입니다. 활성산소를 없애는 이런 단백질은 전체 단백질의 3~5%가량 많이 존재합니다. 이들 항산화 효소는 많이 존재하지만 외부의 유해 환경으로부터 생성되는 활성산소를 적절히 제거하지 못하는 경우가 많습니다. 만약 우리 몸에 활성

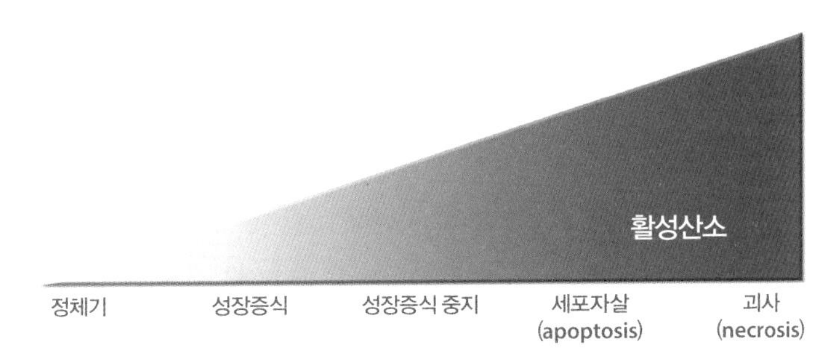

적당량의 활성산소는 성장증식을 유도하지만, 그 이상으로 늘어나게 되면 성장증식의 중지, 세포자살, 괴사 등을 일으킨다.

산소의 독성을 없애는 항산화 효소의 활성화가 더 필요하다면 어떻게 해야 할까요? 신선한 채소, 과일 등은 비타민 C, 비타민 E, 미네랄, 베타-카로틴 등을 포함하고 있기 때문에 이들 항산화 물질은 활성산소를 없애 줍니다. 몸 안의 항산화 효소가 부족할 경우, 신선한 채소, 과일, 종합비타민제로부터 항산화제를 섭취하는 것은 노화 방지와 건강을 지키는 데 도움이 될 것입니다.

활성산소는 우리 몸에 어쩔 수 없이 만들어지는 부산물입니다. 이런 활성산소는 농도에 따라 세포에 전혀 다른 영향을 끼칩니다. 적은 양의 활성산소는 성장증식을 유도하지만, 조금 많아지면 성장증식이 중지되고, 더 나아가 우리 몸이 조절하지 못할 정도로 활성산소가 많이 만들어지면 세포가 감당하지 못해 죽고 맙니다. 이런 세포의 죽음에는 두 가지 종류가 있습니다. 하나는 계획사, 즉 세포자살(apoptosis)입니다. 우리 몸은 오래되고 노화된 세포에 죽음의 신호를 보내서 세포 내에서 잘 소화할 수 있게 합니다. 그래서 우리 세포는 노화된 세포를 자체적으로 죽입니다. 또 하나는 괴사(necrosis)입니다. 예를 들어 한눈팔다가 벽에 꽝 부딪치면 멍이 들곤 하는데, 이런 멍은 세포가 터져서 죽을 때 생기는 것입니다. 일종의 사고사입니다. 그러니까 세포의 죽음에는 계획사와 사고사가 있는 것입니다. 그런데 활성산소가 지나치게 많아지게 되면 세포자살 및 괴사를 통해 세포가 죽어버립니다. 세포가 죽다 보면 우리 몸 전체에 나쁜 영향을 미칩니다. 그러나 대부분의 사람들은 활성산소로 세포가 죽는 상태에 있다기보다 적은 양의 활성산소를 지니면서 이를 중요한 생리현상에 활용하고 있습니다. 우리 몸은 이런 소량의 활성산소를 잘 이용할 수 있는 시스템을 갖추고 있으며 세포의 증식과 분화에 이용을 합니다.

	나쁜 활성산소	좋은 활성산소
생성량	많음	적음
생성 기간	지속적인 생성	일시적인 생성
생성 기관	미토콘드리아, 리폭시제네이스, XO, GO	효소 체계(NADPH oxidase), 외부의 자극과 연결
활성산소의 대상	단백질, 핵산, 지질 산화	세포 내 효소의 활성 조절
질병	암, 치매, 대사성 질환 유발	생체방어, 호르몬 생성, 세포의 성장 및 분화 등 중요한 생리작용에 기여

나쁜 활성산소와 좋은 활성산소 비교

활성산소는 두 얼굴을 가지고 있어서 잘 조절할 수 있으면 생리작용에 도움이 되고, 조절할 수 없을 만큼 너무 많으면 몸에 악영향을 미칩니다. 그래서 활성산소를 우리가 잘 조절할 수 있다면 우리는 훨씬 더 건강하게 살 수 있습니다. 나쁜 활성산소는 지속적으로 나오는 반면, 좋은 활성산소는 일시적으로 소량 생성됩니다. 나쁜 활성산소의 생성기관은 병리적인 상태의 미토콘드리아와 리소좀(lysosome)이며, 관련 효소 체계는 리폭시제네이스(lipooxygenase), 잔신옥시게나아제(xanthinoxygenase, XO), 글루코스 옥시게나아제(glucose oxygenase, GO)이고, 좋은 활성산소의 생성 체계는 외부의 자극과 연결된 효소 체계(NADPH oxidase)입니다. 나쁜 활성산소는 단백질, 핵산, 지질을 산화시켜서 암, 치매, 대사성 질환 등을 유발하지만, 좋은 활성산소는 생체방어(host defense), 호르몬 생성, 세포 성장 및 분화 등의 생리작용에 중요한 역할을 합니다.

좋은 활성산소의 작용 메커니즘

아마 여러분은 나쁜 활성산소에 대해서는 책이나 여러 다양한 매체를 통해 많이 접했을 겁니다. 이 자리에서는 상대적으로 알려지지 않은 좋은 활성산소에 대해 설명하고자 합니다.

외부의 성장인자 또는 사이토카인(cytokine) 등에 의하여 활성산소 생성 효소 체계인 NADPH 옥시데이스가 활성화되고, 이 효소를 통하여 만들어지는 활성산소는 세포증식과 분화와 같은 생리현상을 돕습니다.

세포막 외부에서 G-단백질 수용체, 사이토카인 수용체, 성장인자 수용체가 자극을 받거나 또는 세균이 침입하거나 하면 생체방어를 위해 몸속에서 활성산소가 만들어집니다. 이런 활성산소가 만들어질 때 NADPH 옥시데이스라는 효소가 작용합니다. 그리고 이 활성산소는 세포의 성장과 분화, 그리고 세균을 죽이는 데 관여합니다. 활성산소가 다 작동하고 나면 세포 내의 항산화 효소 체계가 활성산소를 제거합니다.

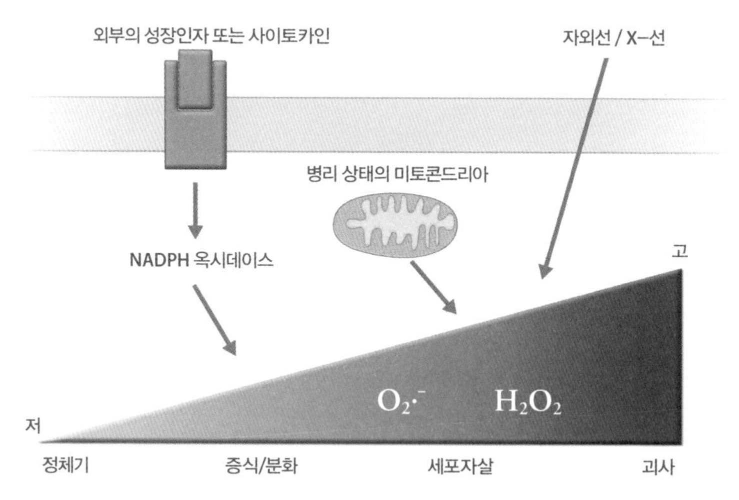

외부의 성장인자 또는 사이토카인에 의하여 활성화된 NADPH 옥시데이스는 활성산소의 생성을 유도하며, 이러한 활성산소는 세포의 증식 및 분화와 같은 생리작용을 돕는다.

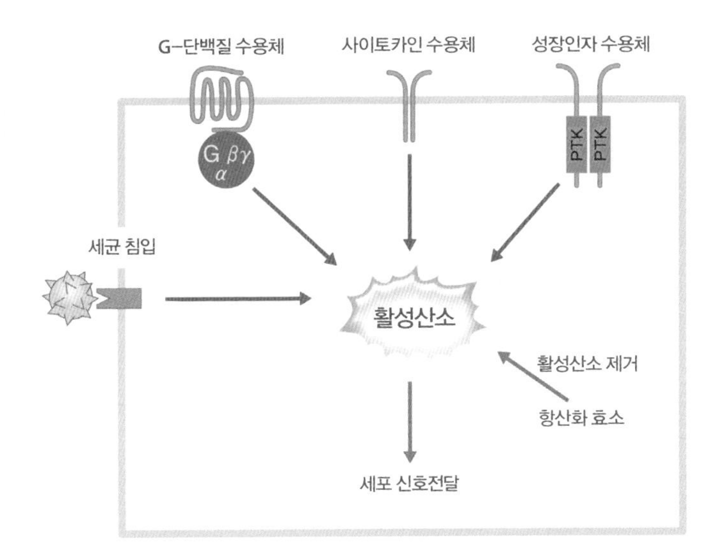

활성산소가 다 작동하고 나면, 항산화 효소가 활성산소를 제거한다.

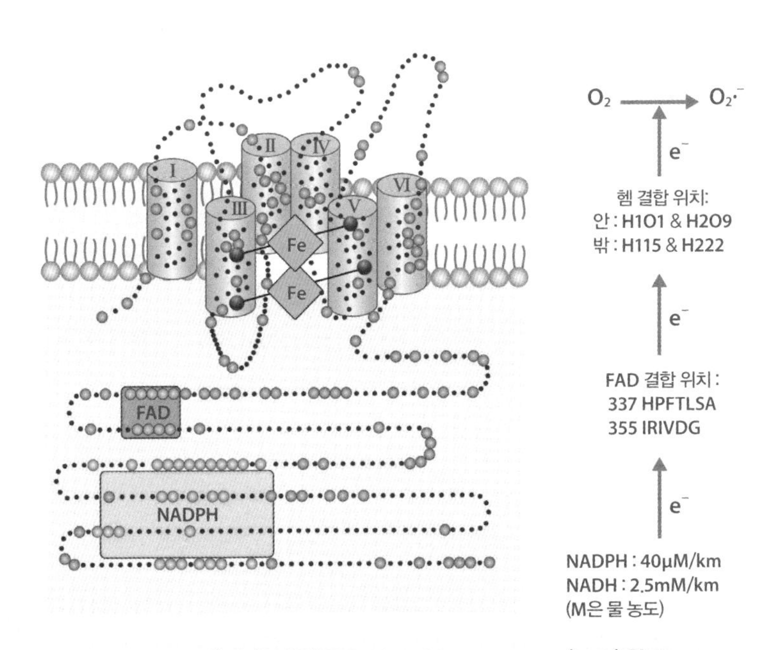

NADPH 옥시데이스의 구조. *Physiol. Review* 87; 245(2007) 참조.

잠깐 NADPH 옥시데이스의 구조를 살펴보겠습니다. NADPH 옥시데이스의 궁극적인 목표는 활성산소를 만들어내는 것입니다. 약간 복잡한 과정을 거치기는 하지만, NADPH 옥시데이스는 활성산소를 매우 빨리 만들어냅니다. 이 물질은 세포막을 여섯 번 통과하며 막 투과성 구조와 긴 세포질에 꼬리가 달려 있는 구조를 갖고 있습니다. 막 투과성 구조는 헴(heme)을 보유하고 있고 세포질에 늘어뜨린 꼬리에는 NADPH와 FAD가 결합합니다. NADPH를 산화시켜서 전자를 뺏을 수 있는 효소이기 때문에 NADPH 옥시데이스라고 부르는 겁니다. 전자가 NADPH에서 나온 FAD로 이동하고, 이러한 전자가 막 투과성 구조에 있는 헴을 통해 산소에 전달됨으로써 활성산소가 만들어집니다.

그러면 우리 몸은 어떻게 활성산소를 유익하게 활용하는 것일까요? 몇 가지 예를 들어보겠습니다.

대식세포(macrophage)는 외부에서 침입한 나쁜 균을 잡아먹는 세포입니다. 아무런 도구도 없이, 우리 몸속으로 들어온 균을 잡기란 매우 힘듭니다. 혈류를 타고 움직이는 균은 빠른 혈류를 통해 매우 신속하게 이동합니다. 대식세포는 균의 동작을 느리게 만들기 위해 활성산소를 이용합니다. 대식세포가 활성산소를 뿜어내면 휙 지나가던 균은 어지러운듯 동작이 느려집니다. 이때 대식세포가 동작이 느려진 균을 잡아먹습니다. 우리 몸은 이런 생체방어 체계(host defense system)를 갖고 있는 것입니다. 그래서 NADPH 옥시데이스2(Nox2)에 돌연변이가 생기면 만성육아종질환(Chronic granulomatous disease, CGD)에 걸리게 됩니다. 이 질병은 외부에 침입한 균을 잘 조절하지 못하기 때문에 생기게 되는 질환입니다. 그만큼 NADPH 옥시데이스는 우리 몸에 아주 중요한 효소입니다.

두 번째로 우리 몸은 장내세균의 생존을 조절하기 위해 활성산소를 이용합니다. 우리 몸에는 수많은 장내세균이 살고 있으며, 이들 장내세균은 우리 몸의 건강에 매우 중요한 기능을 하고 있습니다. 그래서 대장 내의 장내세균의 생존을 조절하는 것은 매우 중요합니다. 인체에서 외부의 균과 가장 많이 접촉하는 곳은 점막입니다. 점막은 코, 목, 대장에 많이 있습니다. 이 가운데 대장에는 많은 세균이 살고 있습니다. 몸속에 약 100조 개의 세균이 살고 있다고 추정하고 있습니다. 이 균들의 무게는 약 2.5kg에 해당할 정도입니다. 장 점막에는 좋은 균도 있고 나쁜 균도 있습니다. 흔히 배탈이라고 하는 장염은 좋은 균과 나쁜 균의 균형이 깨질 때 생깁니다. 그러면 우리 몸은 이런 균들을 어떻게 잘 조절할 수 있는 것일까요? 이 조절 기전이 명확히 밝혀진 것은 아닙니다. 그러나 밝혀진 사실들도 꽤 있습니다. 예를 들어, 활성산소를 만들어내는 효소를 없앤 초파리(Duox유전자 결핍 초파리)의 대장은 정상 초파리의 대장보다 훨씬 많은 균이 들어 있습니다. 형광 표지를 한 균을 초파리에게 먹여보면, 정상 초파리에 비해 Duox유전자 결핍 초파리가 훨씬 더 밝습니다. 이는 균을 죽이지 못했기 때문입니다.

연구 결과, 정상 초파리와 비교해 Duox유전자가 결핍된 초파리는 활성산소를 적게 만들어내는 것으로 나타났습니다. 그래서 정상 초파리는 여러 날이 지나도 대부분 살아 있지만, Duox유전자가 결핍된 초파리는 5일 만에 모두 죽습니다. 활성산소를 만들어내는 효소가 없으면 초파리는 균을 조절하지 못해 죽는 것입니다. 또한 Duox유전자가 결핍된 초파리에 Duox유전자를 다시 집어넣어주면 정상 초파리처럼 활성산소를 많이 만들어내서 정상 초파리처럼 살아남는다는 것도 밝혀졌습니다. 활성산소가 균을 조절하는 데 매우 중요하다는 것을 알 수 있는 연구 결과입니다.

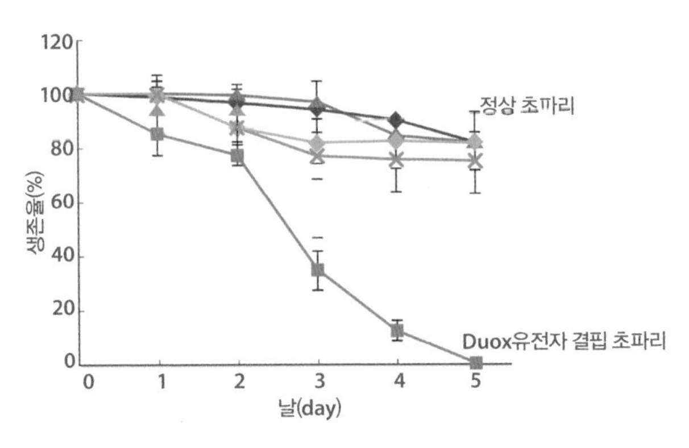

Duox유전자가 결핍된 초파리는 활성산소를 적게 만들고, 초파리에게 활성산소를 만들어내는 효소가 없으면 균을 조절하지 못해 금세 죽는다. *Science* 310: 847(2005) **참조.**

두 번째로 우리 몸은 평형을 유지하는 데에 활성산소를 필요로 합니다. 귀의 기능으로는 소리를 듣는 것도 있지만, 평형을 유지하는 기능도 있습니다. 차를 탔을 때 멀미를 하는 것은 평형감각이 깨졌기 때문입니다. 귀의 내이(inner ear)에는 청사(Otoconia)라는 물질이 있는데, 청사는 전정낭(나형낭과 구형낭)의 젤라틴 덩어리에 함유되어 있는 칼슘탄산염의 결정체입니다. 평형감각에 매우 중요한 역할을 하는 물질로, 이 물질이 없으면 평형감각에 문제가 생깁니다.

정상 쥐와 청사 생성에 문제가 생긴 쥐를 비교해보면, 정상 쥐는 평형감각에 문제가 없을 뿐 아니라 물속에 빠뜨리면 헤엄을 치면서 탈출하려고 애씁니다. 그러나 청사가 없는 쥐는 기울어진 머리를 갖고 있는 데다 물속에 빠뜨리면 헤엄도 못 칩니다. 청사가 없기 때문에 평형감각에 문제가 생겼던 것입니다. 더 자세히 살펴보았더니, 청사가 없는 쥐는 활성산소를 만들어내는 NADPH 옥시데이스 효소에 돌연변이가 있는 쥐였습니다. 활성산소를 만들어내지 못하니까 청사라는 물질도 생성되지 않았던 것입니다. 그러면 청사를 만들어내는 과정에 왜 활성산소가 필요한 것일까요? 칼슘탄산염의 결정체인 청사는 옥토코닌(Otoconin)이라는 단백질이 활성산소를 만나 산화되어 칼슘과 결정체를 이루어야 생성되는 물질입니다. 여기서의 옥토코닌은 활성산소를 만나야 산화 과정을 거칩니다. 즉 평형감각이 생기려면, 옥토코닌이 산화될 때 꼭 필요한 활성산소가 있어야 하고, 그래야 산화 과정을 통해 청사가 만들어질 수 있는 것입니다.

이처럼 활성산소와 항산화 효소가 우리 몸에서 적절한 균형을 이루어야 건강을 유지할 수 있습니다. 나이가 들어 몸 안의 활성산소가 많아지면 노화가 점점 진행됩니다. 반면 항산화 효소가 아주 많으면 성장 둔화가 일어납니다. 활성산소가 지나치게 많거나 항산화 효소가 지나치게 많은 것은 둘 다 우리 몸을 비정상 상태로 이끄는 것입니다.

활성산소와 신약 개발

만약 활성산소의 농도를 조절할 수 있도록 하는 물질이 있다면 어떨까요? 우리 연구실에서는 NADPH 옥시데이스의 활성을 잘 조절할 수 있는 신약을 개발하고 있습니다.

우리 몸은 외부의 적이 침입하면 면역반응을 일으킵니다. 이때 NADPH 옥시데이스가 활성화되어 활성산소가 만들어집니다. 이 활성산소가 적절하게 조절되면 큰 문제가 없습니다. 그런데 조절되지 못해서 활성 증진으로 활성산소가 많아지면 동맥경화, 호흡기 염증, 파킨슨병, 골다공증 등의 질병을 일으키게 됩니다. 이는 활성산소가 지나치게 많이 만들어지기 전에 NADPH 옥시데이스의 활성화를 저해시키는 약물을 투입하면, 활성산소를 조절할 수 있다는 의미이기도 합니다.

Bio Tip

현재진행 중인 활성산소 연구

활성산소는 단순히 호흡 과정에서 생성되는 부산물이 아니라, 외부 자극에 의해 세포막에 존재하는 수용체를 통해 일시적으로 생성되는 세포 신호전달 체계상의 이차 신호전달 물질로 여겨지고 있다. 최근 활성산소종이 세포에 필수적인 이차 신호전달 물질로 주목받는 이유는 다양한 외부 자극에서 일시적인 활성산소 생성을 확인했기 때문이다. 펩타이드 성장인자(PDGF, EGF, bFGF), 분화인자(TGF-β1, IL-1, TNF-α), GPCR의 자극제(안지오텐신II, 트롬빈, 라이소포스파티딘산), 톨-유사수용체 자극제 등을 처리한 다양한 세포에서 활성산소종의 생성이 나타났던 것이다.

외부 자극에 의한 활성산소는 세포막에 존재하는 NADPH 옥시데이스에 의해 생성되며, 일정 기간 이차 신호전달 물질로 작동한 활성산소는 세포 내의 항산화 효소 체계인 퍼옥시레독신(peroxiredoxin)과 설피레독신(sulfiredoxin)에 의해 없어짐으로써, 세포 안에서의 독성을 방지할 수 있다. 최근 전 세계 많은 연구자들이 자극에 의해 생성된 활성산소가 이차 신호전달 물질로 작동하는 메커니즘에 대한 연구가 활발하게 진행 중이다.

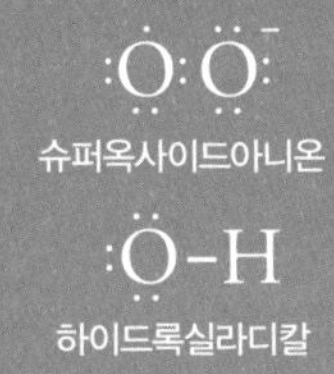

골다공증을 예로 들어보겠습니다. 골다공증은 폐경기 이후의 여성이 많이 걸리는 것으로, 나이가 들면서 뼛속에 구멍이 많이 생기고 뼈가 점점 수축되어 약해지는 질병입니다. 정상적인 뼈에도 구멍이 나 있지만, 골다공증 환자의 뼈에는 구멍이 훨씬 많이 뚫려 있습니다. 뼈를 생성시킬 때에는 골수에 있는 골수대식세포가 작용합니다. 랜클(RANKL)이라는 단백질이 작용하면 골수대식세포는 파골세포가 됩니다. 파골세포는 뼈를 파괴하는 세포입니다. 파골세포와 정반대의 기능을 하는 세포는 조골세포, 즉 뼈를 만드는 세포입니다. 건강한 사람들은 적절한 조절을 통해 조골세포와 파골세포 사이에 균형을 이루고 있습니다. 그러면 어떻게 조절되는 것일까요? 조골세포는 여성호르몬인 에스트로겐에 의해 활성화되면 OPG라고 하는 물질을 만들고, 이 물질은 랜클이라는 물질의 작용을 억제합니다. 즉 OPG는 골수대식세포가 파골세포가 되는 과정을 억제하는 것입니다. 그런데 여성에게서 폐경이 일어나면 에스트로겐이 나오지 않게 되고, 그러면 조골세포가 활성화되지 않아 OPG라는 물질이 만들어지지 않으며, 이렇게 되면 랜클이라는 물질이 아무런 방해도 받지 않고 작용해 골수대식세포는 파골세포로 분화되어버립니다. 그리고 파골세포가 많이 생기게 되면 골다공증을 일으키게 됩니다.

그러면 이런 과정은 활성산소와 어떤 관계가 있는 것일까요? 실험 결과, 활성산소를 만들어내는 효소를 없앴더니 파골세포가 하나도 만들어지지 않았습니다. 이것은 랜클이라는 물질이 NADPH 옥시데이스 효소를 활성화시키고 이 NADPH 옥시데이스 효소가 활성산소를 생성시킴에 따라 골수대식세포가 파골세포로 분화되기 때문입니다. 우리 실험실은 이 NADPH 옥시데이스 효소를 억제하는 신약을 개발하면 골다공증을 치료할 수 있을 것이라고 판단했습니다. 다양한 실험을 진행한 결

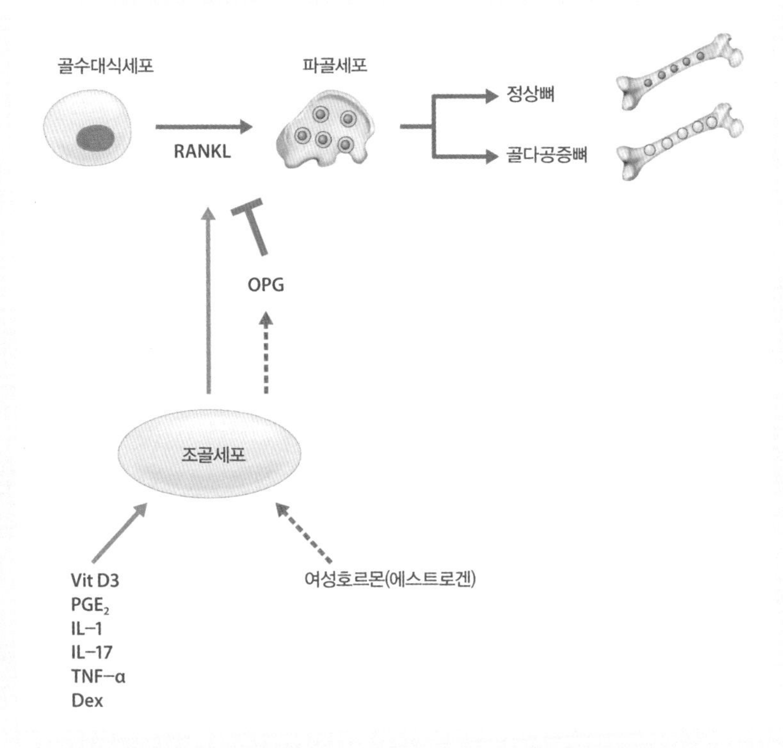

골수대식세포는 랜클이라는 단백질에 의해 파골세포가 된다. 파골세포와 정반대의 기능을 하는 세포는 조골세포이다.

과, 난소를 제거해서 에스트로겐이 나오지 않는 쥐에게 NADPH 옥시데이스 저해제의 일종인 신약을 투여하면 골밀도가 높아진다는 것을 밝힐 수 있었습니다. 에스트로겐이 나오지 않는 쥐에게서는 골다공증이 자연스럽게 생기는데, 이런 쥐에게 약물을 투여해보았더니 골밀도가 정상에 가깝게 회복된 것입니다.

아래 사진에서 볼 수 있는 것처럼, 난소를 제거하면 골밀도가 확 떨어지지만, 활성산소를 조절할 수 있는 약물을 투여하면 골밀도의 수준을 거의 정상에 가깝게 끌어올릴 수 있습니다. 현재 전 세계에서 판매되는 골다공증 치료제 가운데 알렌드로네이트(Alendronate)는 골다공증을 완화시키는 좋은 약물인데, 실험 결과를 보면 이 약물보다 우리 실험실이 개발한 NADPH 옥시데이스 저해제라는 약물이 더 효과적이라는 사실을 확인할 수 있습니다. 이 신약 후보 물질과 관련해서 현재 국내 제약회사와 기술이전 협상이 진행 중입니다.

활성산소는 적절히 조절되면 우리 몸에 이롭지만, 조절되지 않고 지나

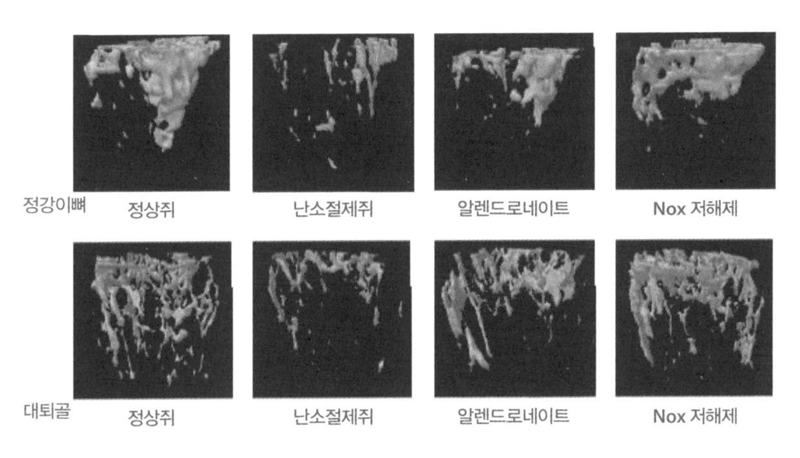

NADPH 옥시데이스 저해제를 투여하면 골밀도의 수준이 정상에 가깝게 올라간다.

치게 많아지면 몸에 해악을 끼칩니다. '과유불급(過猶不及)', 즉 너무 많으면 부족한 것만 못합니다. 이는 스트레스가 아예 없는 것보다 적절히 주어질 때 더 높은 성과를 거두고, 스트레스가 과도할 때는 나쁜 결과를 불러일으키는 것과 아주 유사합니다. 활성산소도 마찬가지로 적절하게 있으면 우리 몸은 그것을 유용하게 사용하지만, 우리가 조절하지 못할 정도로 많아지면 몸에 병리 현상이 일어나는 것입니다.

나 활성산소는
양날의 칼.. 이렇게
세포성장, 분열에
관여하기도 하고
..
이렇게 세포괴사,
세포사멸을
유도하기도 한다.
살려줘요~
세포성장
미토콘드리아
© 신인철

우리 몸은 어떻게 스스로 치유하는가

손영숙 경희대학교 생명공학원 고황명예교수
서울대학교를 졸업하고, 미국 캘리포니아 샌프란시스코 의과대학교에서 약리학 박사학위를 받았다. 미국 시카고대학교 하워드휴즈 의과학 연구소 박사후 연구원, 원자력의학원 생체조직재생연구실 실장, 경희대학교 생명공학원 및 유전공학과 교수, 경희 펠로우로 재직했다. 대형 연구과제를 교육과학기술부, 미래 창조과학부, 보건복지부의 지원을 받아 수행하였고, 연구성과는 기초연구우수성과(2010), 국가연구개발 우수성과(2010) 등으로 선정되었다. 과학기술부 장관 표창(2000), 노무현 대통령 표창(2005), 마크로젠 여성과학자상(2010), 목련상(2011) 등을 수상했다. 대표적인 논문은 *Nature Medicine* 2009 April, Vol 15(425~434), 저서로는『*Adipose stem cell for regenerative Medicine*』(공저)『재생의학』(공저)『조직공학 재생의학 실험』(공저) 등이 있다.

우리 몸은 스스로 치유하는 능력이 있습니다. 도롱뇽이 적을 만났을 때 꼬리를 끊거나 다리를 잘라 도망갈 수 있는 것은 꼬리와 다리를 다시 만들 수 있는 재생능력이 있기 때문입니다. 고등동물에서도 이와 비슷한 자가치유 능력을 찾을 수 있으며, 저는 이 과정에 생체 내 저장된 줄기세포가 깊이 관여할 것이라고 생각합니다. 우리 몸이 손상을 입었을 때 어떻게 자가치유 기전을 작동시키는지 그 비밀을 알아볼까요?

우리 몸의 모든 조직에는 줄기세포가 있다

줄기세포는 영어로 'stem cells'입니다. stem은 식물의 줄기를 지칭할 때 쓰는 단어로, 줄기로부터 잎이 나오고 열매가 나오는 것처럼 줄기세포로부터 다양한 세포들이 나오기 때문에 줄기세포라고 불립니다.

대표적인 줄기세포로는 배아줄기세포(embryonic stem cells 혹은 ES세포)와 성체줄기세포(adult stem cells) 혹은 조직줄기세포(tissue stem cells)가 있습니다. 수정란이 배반포로 성장하면 이들 배반포의 내부 세포(inner cell mass, ICM)들을 분리·배양하여 배아줄기세포를 얻을 수 있습니다. 이 배아줄기세포는 우리 몸의 모든 조직의 세포, 즉 약 200종류 이상의 다른 기능을 가진 세포들로 분화할 수 있는 가능성을 가지고 있습니다. 이에 반해 탄생한 아기 몸의 각 기관·조직에는 성체줄기세포라고 부르는 줄기세포가 마치 씨처럼 저장되어 있으며, 전 생애에 걸쳐 끊임없이 분열과 분화를 거듭하여 우리 몸의 모든 기관·조직이 제 기능을 수행하도록 합니다. 인간의 경우 대부분의 아기는 평균 3kg으로 태어나며, 그 아기가 자라 성인이 되면 몸무게가 대략 50~80kg 이상으로 늘어납니다. 이렇게 몸무게가 느는 것은 우리 몸의 줄기세포가 끊임없이 우리의 성장에 기여하고 있기 때문입니다.

성체줄기세포는 특별한 조직 및 기관에 존재하며 다양한 분화세포 혹은 한두 개의 분화세포로 분화할 수 있는 능력을 가지고 있습니다. 대표적인 예로 조혈줄기세포(hematopoietic stem cells, HSC 혹은 조혈모세포), 중간엽줄기세포(mesenchymal stem cells, MSC), 신경줄기세포(neural stem cells, NSC), 표피줄기세포(epithelial stem cells) 등 다양한 줄기세포가 있습니다. 조혈줄기세포는 골수(bone marrow)에 있는 다분화능 줄기세포로, 이 세포로부터 적혈구, 백혈구와 같은 모든 혈구세포들이 만들어집니다. 또한 우리 몸의 뼈, 연골, 지방, 근육을 만드는 중간엽줄기세포도 골수에 있습니다. 표피줄기세포는 말 그대로 피부, 머리카락, 땀샘 등 우리 피부에 있는 모든 세포들과 내부 장기 및 위장관계 등을 만드는 줄기세포로 각각의 위치에 따라 다르게 불립니다.

우리 몸의 각 조직에서 실제로 조직의 고유 기능을 수행하는 세포는 줄기세포가 아닌 분화된 세포입니다. 그런데 분화된 세포는 일정한 기간 동안만 생존하여 조직의 기능을 수행하고, 점차 손상을 입거나 노화되면 세포자살(세포사멸)을 하게 됩니다. 이때 바로 줄기세포가 천천히 분열하면서, 새로운 분화 세포를 끊임없이 (전 생애를 통하여) 제공합니다. 예를 들어, 우리가 밥을 먹을 때 음식물을 씹으면 구강 점막세포의 일부가 떨어져 나가고, 이 음식물이 위장관계를 통과하면서 위장관계의 표피세포가 떨어져 나갑니다. 이렇게 죽어서 떨어져 나간 세포의 자리는 새로운 분화 세포가 들어와서 채워주므로 위장관계나 점막에 구멍이 나지 않는 것입니다. 또 우리 몸 속 곳곳에 산소를 전달하는 적혈구나 병원균과 싸우는 백혈구도 오래 살지는 못합니다. 그러나 골수의 조혈줄기세포가 끊임없이 새로운 적혈구와 백혈구를 생산해내고 있습니다. 매우 재미

Bio Tip

줄기세포에는 어떤 것들이 있을까?

생체 모든 조직에는 줄기세포가 있다. 이 줄기세포로부터 조직의 기능을 담당하게 되는 분화 세포가 계속 만들어지고, 생체의 각 조직은 그 고유한 기능을 생애를 통해 유지하게 된다. 줄기세포는 분화 가능성(혹은 분화 잠재성)에 따라 전분화능, 다분화능, 단분화능 줄기세포로 분류할 수 있다. 전분화능 줄기세포는 생체의 모든 세포로 분화할 수 있는 것으로, 배아줄기세포가 이에 해당한다. 다분화능 줄기세포는 3~5개 종류의 세포로 분화할 수 있는 줄기세포이다. 이런 줄기세포로는 조혈모세포, 중배엽줄기세포, 신경전구세포 등이 있다. 단분화능 줄기세포는 한 종류의 세포로 분화할 수 있는 줄기세포이다.

성체의 뼛속 깊은 곳인 골수에는 사람이 살아 있는 동안 끊임없이 분열과 분화를 계속하는 여러 줄기세포들이 저장되어 있다. 이런 줄기세포를 치료 목적으로 활용하려는 시도가 다각도로 이루어지고 있는데, 대표적으로 항암 치료나 방사선 치료를 할 때 손상된 면역계를 조혈모세포 이식을 통해 회복시키는 골수 이식법이 있다.

골수에는 모든 종류의 혈구세포를 만들 수 있는 조혈모세포 외에도 중배엽줄기세포, 혈관내피 전구세포 등 여러 줄기세포들이 저장되어 있다. 현재 이러한 세포를 생체 손상 조직을 치유하는 데 활용하려는 시도가 진행 중이지만, 골수의 줄기세포를 의학적으로 실제 활용하는 데에는 상당한 제한이 있다. 그래서 많은 과학자들이 골수의 줄기세포들을 특이적으로, 염증 부작용 없이 손상 조직의 치유에 활용할 수 있는 치료법 및 치료제를 개발하려고 애쓰고 있다.

있는 사실은 60kg의 사람은 약 1×10^{14}개의 세포를 가지고 있는데, 그중 약 200분의 1에 해당하는 5×10^{11}개 세포가 매일 죽어 없어진다는 사실입니다. 만약 우리 몸에 성체줄기세포가 저장되어 있어 그 역할을 수행하지 못한다면 약 200일이면 60kg의 성인이 없어질 것입니다. 성체줄기세포의 힘이 대단하다고 볼 수밖에 없습니다.

줄기세포에는 위계가 있다

다양한 줄기세포를 앞에서 소개했는데 이들 줄기세포는 얼마나 여러 가지 세포 타입으로 분화할 수 있느냐, 그리고 얼마나 분열을 잘 하느냐에 따라 위계를 나눌 수 있습니다. 위계가 가장 높은 것은 수정된 세포(fertilized cells)입니다. 그 아래 배아줄기세포와 성체줄기세포가 있고, 더 아래에는 200개의 다른 타입의 분화된 세포가 있습니다(그림 1).

여러분 모두는 정자로부터 난자에 유전자 전달이 성공적으로 이루어져 만들어진 작품입니다. 즉 DNA만 있는 정자가 난자를 만나서 만들어진 하나의 완전한 세포, 즉 수정란으로부터 끊임없는 세포 분열과 분화의 길고 오묘한 발생 과정을 거쳐 아기로 탄생한 것입니다. 수정란(fertilized egg)은 처음에 하나의 세포였지만 연속적인 세포 분열을 통해 공갈이 생긴 배반포가 되고, 배반포의 바깥을 이루는 세포들은 태반과 같은 구조를 만들며, 그 안에 있는 세포(inner cell mass, ICM)들은 탯줄과 태아가 됩니다. 이런 배반포 단계의 내부 세포 ICM을 꺼내서 세포 배양을 하면 배아줄기세포가 됩니다. 발생학적으로 볼 때, 배아줄기세포는 우리 몸의 모든 조직으로 분화될 수 있는 전분화능 줄기세포입니다. 엄마 뱃속에서 착상된 이후 배아줄기세포는 태반을 통해 엄마에게서 영양

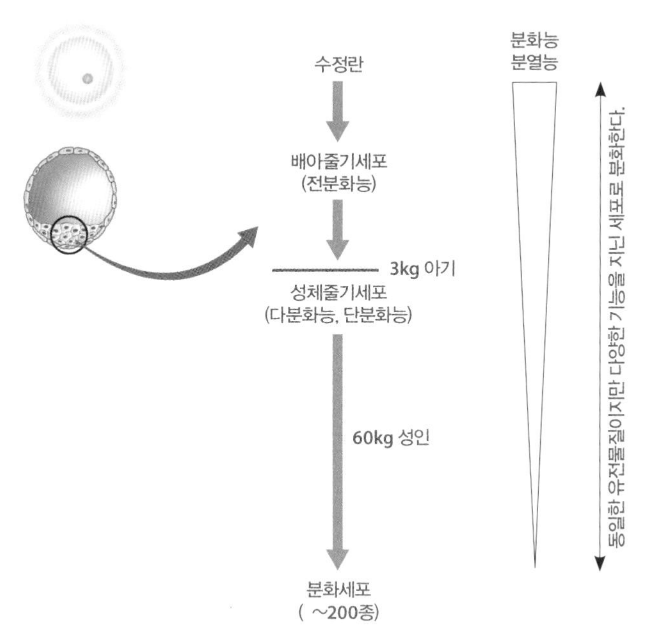

그림 1. 모든 조직은 줄기세포를 지니고 있으며, 줄기세포는 조직 내 세포들이 손상되면 끊임없이 새로운 세포를 제공한다.

분을 얻고, 열 달이 될 때까지 발생 과정을 거쳐 대략 3kg의 태아로 성장합니다. 태어난 아기의 각 생체 조직에는 성체줄기세포가 씨처럼 존재하고 있습니다. 이 성체줄기세포가 끊임없이 분열과 분화를 통하여 새로운 세포를 제공해주기 때문에 3kg의 아기는 약 60kg 이상의 성인(약 1×10^{14}개 세포로 구성됨)으로 성장하게 됩니다. 분자생물학적으로 볼 때, 성인의 1×10^{14}개 세포 중 혈구세포와 생식세포를 제외한 모든 세포는 동일한 유전물질(DNA)을 가지고 있습니다. 이는 한 개의 세포(수정란)가 뻥튀기를 한 것처럼 많아진 것입니다. 그런데 이들 세포의 유전물질은 똑같지만, 세포의 기능은 각각 다릅니다. 이것이 바로 배아 발생 과정에서 분열과 분화를 거듭하면서 나온 결과입니다. 즉 유전물질은 같지만 분화한 세포의 염색체는 다른 구조를 가지게 됩니다. 이로 인해 분화된 조직의 세포들은 그 조직의 기능에 필요한 유전정보만 발현하고, 나머지 다른 유전정보를 나타내는 DNA는 묶어버려 그 유전자가 발현하지 못하게 합니다. 이러한 분자생물학적 변화가 세포의 분열과 분화를 통하여 계속 진행되므로 동일한 유전물질을 가지고 있더라도 특성이 모두 다른 세포로 분화하게 되는 것입니다. 예를 들어 신장에서 소금을 재흡수하는 기능을 가진 단백질은 간에서 발현될 필요가 없습니다. 간에서는 그런 유전자가 발현되지 않게끔 묶어버립니다. 이렇게 보면 분화라는 것은 다양성의 가능성을 점점 줄이는 것이라 할 수 있습니다.

분화 다양성을 기준으로 줄기세포의 위계를 따지면, 모든 세포로 분화될 수 있는 수정란이 맨 위에 놓입니다. 그 아래에 배아줄기세포, 그 다음으로 성체줄기세포가 놓입니다. 성체줄기세포는 1~5개의 종류로 분화가 제한되어 있습니다. 분화 다양성의 측면에서는 성체줄기세포가 배아줄기세포보다 능력이 떨어집니다. 이처럼 유전물질은 똑같지만, 우리 몸의 세포는 분화라는 과정을 거치면서 점점 분화 다양성이 줄어드는 것을 볼 수 있습니다.

줄기세포공학이란?

줄기세포공학은 인간의 과학적 호기심이 만들어낸 산물이라고 볼 수 있습니다. 하나의 수정란에서 분열과 분화를 거쳐 발생 과정이 진행되어 각 기관과 조직들이 만들어짐으로써 발생 과정이 완성됩니다. 그런데 이미 분화된 세포를 분화되지 않은 세포로 바꿀 수 있을까요? 약 50년 전에 최초로 이런 가능성을 보여준 호기심 많은 과학자는 2012년 노벨 생리의학상의 공동 수상자인 영국의 존 거든(John Gurdon) 경입니다. 존 거든 교수는 수정란의 핵을 빼내고, 여기에 성체 개구리의 창자세포의 핵을 이식하여(체세포 핵치환 기술), 이식한 세포의 유전자를 가진 올챙이를 탄생시킴으로써 분화된 세포가 배아세포로 바뀔 수 있음을 보여주었습니다. 이것이 토대가 되어 약 50년 후 일본 교토대학의 야마나카 신야(Yamanaka Shinya) 교수는 유전공학 기술과 분자생물학 지식에 근거하여 유도다능줄기세포(induced Pluripotent Stem cells, iPS세포)를 탄생시켰습니다.

앞에서 언급했듯이, 세포가 분화되더라도 유전물질은 똑같습니다. 다만 특정 유전자가 발현되지 못하게끔 묶여져 있고, 이것을 잘 풀어주면 다시 배아줄기세포처럼 모든 유전자가 전부 발현할 가능성을 갖게 되는 것입니다. 이를 이해하려면 체세포핵치환(somatic nuclear transfer) 기술

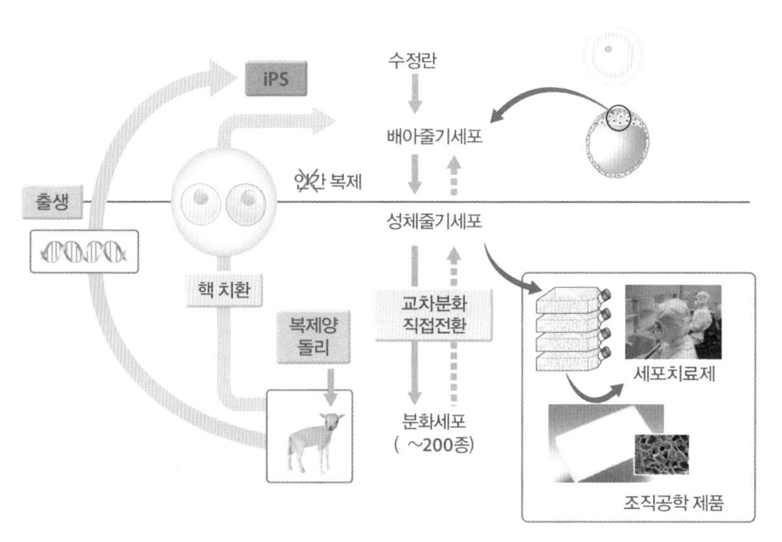

그림 2. 줄기세포공학과 재생의학 분야에서 손꼽히는 기술로는 체세포 핵치환 기술, 유전공학 기술을 이용한 유도다능줄기세포 기술, 세포치료제 및 조직공학 기술이 있다.

을 알아둘 필요가 있습니다. 체세포 핵치환이란 난자에서 핵을 빼낸 후, 그곳에 이미 분화된 세포의 핵을 집어넣는 것입니다. 그러면 수정란의 세포질에 있던 여러 인자들이 발현되지 못한 유전자를 풀어줍니다. 즉 여러 다양한 세포들로 바뀔 수 있는 가능성이 생기게 되는 겁니다. 그러면 이런 체세포 핵치환을 인간을 대상으로도 할 수 있을까요? 윤리적인 문제 때문에 그런 실험을 못하게 하고 있습니다. 지금까지 설명한 것들은 인간의 호기심과 창의성이 만들어낸 줄기세포공학(stem cell engineering)입니다.

유도다능줄기세포 이외에도, 우리 몸의 분화된 세포를 분열 가능한 다분화능 줄기세포와 비슷하게 유도할 수 있는데 이를 탈분화(dedifferentiation)라고 합니다. 이는 어떤 특정한 질환 상황 혹은 손상 환경에서 진행되기도 하며, 실험실에서 몇몇 성장인자들의 조합으로 탈분화를 유도할 수 있습니다. 또한 연구자들이 실험실 조건에서 다양한 배양 환경과 유전자 조작을 통해 교차분화(transdifferentiation)를 유도할 수도 있습니다. 이는 자연적인 발생학적인 계통을 따라서는 일어날 수 없는 일이지만, 줄기세포공학 기술로 인간이 만든 분화 과정을 통해 유용한 치료용 세포를 만드는 하나의 기술이라고 할 수 있습니다.

이처럼 줄기세포는 발생 단계의 초기에만 존재하는 배아줄기세포, 우리 몸에 존재하는 성체줄기세포, 유전공학과 줄기세포공학 기술로 새로이 만들어낸 다양한 줄기세포가 있습니다. 이들은 특성과 분화 다양성 등에서 서로 다른 특징을 나타내기 때문에, 줄기세포를 인체의 일부를 재생하고 치료할 때 재료로 활용하기까지는 해결해야 할 숙제들이 아직 많이 있습니다. 우리 몸이 외상을 입거나 노화로 퇴화되는 경우, 새로운 조직을 재생하기 위해서는 줄기세포가 꼭 필요합니다. 이런 줄기세포를 일종의 약으로 사용하는 것을 세포치료제(cell therapy)라고 합니다. 주로 일반적인 의약품으로 치료할 수 없는 파킨슨병, 뇌졸중, 심근경색, 퇴행성관절염 등의 질환에 적용하려고 시도하고 있으며, 이것을 재생의학(regenerative medicine)이라고 부릅니다.

재생의학에 매우 중요한 재료는 역시 줄기세포이지만 세포만 가지고서는 조직을 만들기는 어렵습니다. 그래서 줄기세포학자와 재료공학자나 고분자공학자가 공동으로 고분자를 이용한 조직과 유사한 지지체 구조를 만들고, 거기에 치료용 세포를 접종하여 세포가 커다란 조직을 만들도록 유도하는 것을 조직공학(tissue engineering)이라고 합니다. 조직공학은 줄기세포 연구자, 고분자 연구자, 의학자, 수의사 등 여러 학문의 전공자들이 밀접한 공동 연구를 수행해야 하는 연구 분야라 할 수 있습니다(그림 2).

배아줄기세포란 어떤 의미가 있는가?

그러면 도대체 배아줄기세포라는 것이 무엇이기에 이렇듯 주목을 받는 것일까요? 배아줄기세포는 많은 세포로 분화될 수 있는 가능성을 가지고 있습니다. 적당한 분화 조건이 갖춰지면 이 배아줄기세포는 신경세포, 근육세포, 간세포 등 다양하게 분화됩니다. 그러니까 어떤 특정 인자를 더하느냐에 따라 근육세포, 신경세포, 지방세포가 되는 것입니다. 아직 기술적으로는 '적당한 조건'을 완벽하게 밝히진 못했습니다. 그래서 지금 과학자들은 그런 인자들 혹은 인자들의 조합을 찾고 있는 중입니다.

현재로선 법적으로 동물 복제만 가능합니다. 만약 여러분이 축산업자여서 우유를 굉장히 많이 생산하는 젖소를 키우게 된다면 이 동물과 똑같은 개체를 많이 만들고 싶을 것입니다. 동물 복제를 한다면 똑같은 개체를 만들 수 있습니다. 대표적인 사례가 바로 복제양 돌리입니다. 어떤 양의 난자에서 핵을 없애고, 그 난자에 다른 양에게서 빼낸 체세포의 핵을 집어넣는 식으로 핵을 바꿔치기한 다음, 적당한 조건을 만들어주면 배반포가 만들어집니다. 이것을 대리모에 이식하면, 체세포의 주인이었던 양과 유전물질이 동일한 복제양이 태어나게 되는 것입니다. 복제양 돌리의 탄생은 당시 굉장히 센세이셔널한 사건이었습니다. 이러한 기술을 인체에 적용하는 것은 생명윤리법으로 엄격히 금지되어 있으며, 현재 등록된 배아줄기세포를 신경세포 등으로 분화시켜 치료용 세포로 임상 적용하는 것은 가이드라인과 윤리위원회의 허가를 얻은 다음에야 진행할 수 있습니다. 기술적으로 인체 배반포를 만드는 것은 굉장히 어려운 과제였습니다. 성공할 확률이 굉장히 낮았습니다. 배반포를 만드는 것이 어려우니, 당연히 배아줄기세포를 배양하는 것도 어려운 과제였습니다.

일본의 과학자 야마나카 신야 교토대학 교수는 이 방법을 사용하는 대신에, 분화된 체세포에 배아줄기세포와 관련이 깊다고 여겨지는 24개의 유전자를 한꺼번에 집어넣었습니다. 그랬더니 배아줄기세포와 굉장히 유사한 세포가 만들어졌습니다. 곧 24개 유전자에서 4개의 유전자를 추려냈습니다. 지금은 한 개의 유전자만 넣어도 배아줄기세포와 유사한 줄기세포를 만들 수 있게 되었습니다. 또 완전히 분화된 세포가 아니라 줄기세포를 이용하면 훨씬 더 쉽게 유도다능줄기세포(iPS세포)를 만들 수 있다는 사실이 알려졌습니다. 최근에는 단백질을 통해서도 iPS세포를 만드는 단계까지 이르렀습니다. 이제 남은 과제는 줄기세포로 우리가 원하는 세포를 자유자재로 만들고 분화시키는 것이라 할 수 있습니다.

성체줄기세포는 끊임없이 새로운 분화 세포를 만든다

모든 조직은 그 자신만의 성체줄기세포를 가지고 있고, 이 줄기세포는 분화된 세포들이 죽어 없어지는 동안에, 끊임없이 새로운 분화 세포를 제공해줍니다.

골수를 예로 들어 설명해보겠습니다. 골수에는 다양한 혈구세포들이 있습니다. 그중 적혈구는 폐에서 산소를 받아 우리 몸 곳곳에 산소를 전달하는데, 그 과정에서 적혈구 자체가 많은 손상을 입습니다. 그래서 적혈구 수명은 120일 정도밖에 안 됩니다. 백혈구도 병균과 싸우면서 많이 죽습니다. 조혈줄기세포는 죽은 적혈구와 백혈구의 빈 자리를 새로운 세포로 채워줍니다. 비단 적혈구와 백혈구뿐 아니라 몸 곳곳의 줄기세포들이 조직이 손상되었을 때 그런 역할을 수행합니다. 여기서 다루게 될 '자가치유 기전'도 이런 줄기세포들의 기능과 매우 깊은 관련이 있습니다.

머리카락(모낭)의 경우, 벌지(bulge)라고 하는 쑥 들어간 부분이 있습니다. 이렇게 쑥 들어간 부분은 줄기세포가 있는 줄기세포 집(stem cell niche)입니다. 줄기세포는 머리카락을 뽑아도 쑥 들어간 부분에 있어서 빠져나가지 않습니다. 그래서 머리카락이 빠져도 일정 시간이 지나면 벌지 속의 줄기세포가 분열·이동·분화를 거듭하여 새로운 머리카락을 만들어냅니다. 만약 화상을 입으면 벌지 속의 줄기세포가 그 신호를 읽고는 세포 분열을 촉진시키며, 손상으로 세포가 없어진 부위로 세포를 이동시킴으로써 분화된 표피세포를 만듭니다. 표피층이 다시 생겨나는 것입니다. 위장관계의 줄기세포도 보통 음식물이 접근하기 어려운 크리트(crypt)라는 곳에 깊숙이 숨어 있습니다. 이것만 봐도 우리 몸이 줄기세포를 얼마나 잘 보호하고 있는지를 알 수 있습니다.

눈의 경우, 눈을 여러 번 깜박이다 보면 각막의 세포들이 떨어져 나갑

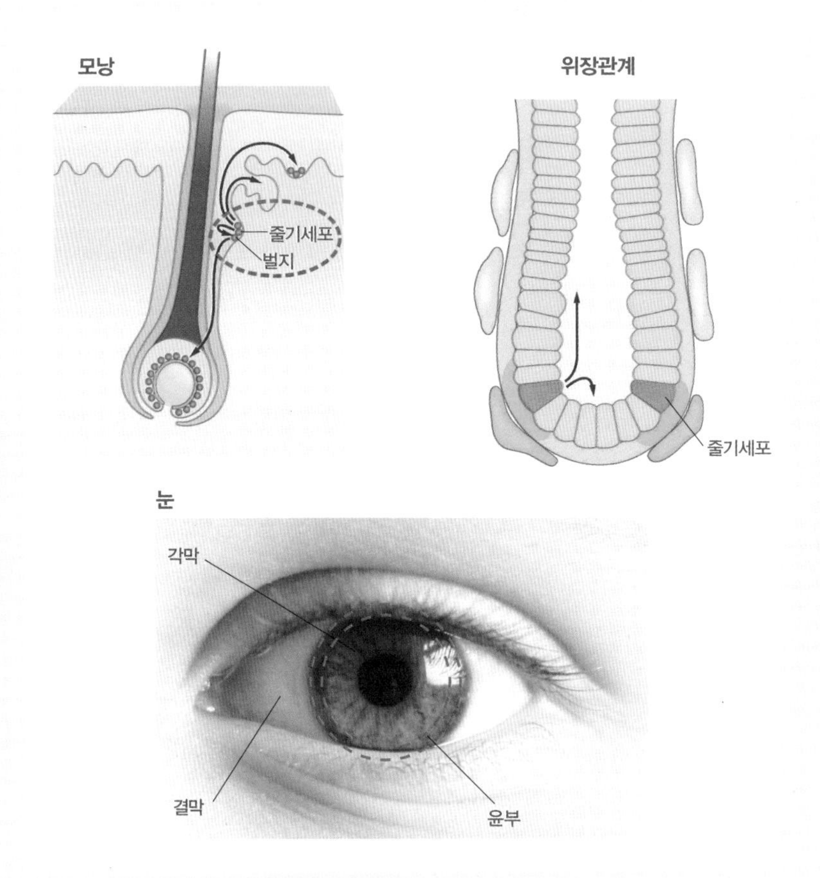

그림 3. 우리 몸의 다양한 성체 줄기세포. 모든 조직은 조직 특이적인 성체줄기세포를 지니고 있으며, 이들 줄기세포는 전 생애를 통하여 끊임없이 분화 세포를 제공함으로써 우리 몸의 각 조직 및 기관이 제 기능을 수행하게 해준다.

니다. 이 경우도 눈의 흰 부분(결막)과 검은 부분(각막)을 덮고 있는 표피의 경계 지점의 2밀리미터 정도 되는 부분, 즉 윤부(limbus)에 줄기세포가 있어서 쉼 없이 각막에 분화 세포를 제공해줍니다. 여러분이 매 순간 눈을 깜박거리며 살아도 각막이 닳아 없어지지 않는 것은 이렇게 줄기세포가 있기 때문입니다.

우리 머릿속 깊숙한 곳에도 신경줄기세포가 있습니다. 신경줄기세포의 경우는 매우 복잡한 뇌 속에 있으므로, 이들 줄기세포는 접근하기가 매우 어렵습니다. 많은 과학자들이 이들 줄기세포의 분열·이동을 촉진시키거나 하는 전략을 개발하여 뇌졸중이나 다양한 뇌 질환에 적용하려고 애쓰는 중입니다.

그러면 치료용 세포로 성체줄기세포가 유리할까요, 아니면 배아줄기세포가 유리할까요? 분열 능력과 분화 다양성의 측면에서 보면 배아줄기세포가 훨씬 유리한 것으로 보입니다. 그러나 성체줄기세포는 자기 자신의 몸에 있던 세포이기 때문에 면역거부반응을 일으킬 확률이 낮습니다. 그래서 현재 미국이나 한국의 많은 생명과학회사들은 성체줄기세포를 치료용으로 많이 사용하고 있습니다. 분화 다양성과 세포 확장성의 측면에서 보면 성체줄기세포가 배아줄기세포보다 불리하기는 합니다. 그러나 자신의 것이기 때문에 접근성 부분에서 성체줄기세포가 더 뛰어납니다. 그럼에도 뇌 속 깊숙이 존재하는 신경줄기세포 등은 성체줄기세포라 하더라도 본인의 세포를 활용할 수가 없습니다. 척수 신경을 재생시키고자 뇌를 절개하여 신경줄기세포를 꺼낼 수는 없기 때문입니다. 많은 과학자들이 배아줄기세포 등 다양한 다른 줄기세포를 신경세포로 분화시킬 수 있는 방법을 찾는 이유가 여기에 있습니다.

한 가지 예를 들어보겠습니다. 지금 암 환자의 암세포를 죽이기 위해

치료 방법으로 항암제를 쓰려고 합니다. 암세포를 확실하게 죽이되, 환자를 살려야 합니다. 먼저 환자의 골수에서 줄기세포를 빼내 냉장고에 저장합니다. 그런 다음 굉장히 강도가 센 항암제를 투여하고 환자를 무균실에 격리시킵니다. 무균실에 있다면 면역 시스템이 잘 작동하지 못해도 환자는 어느 정도 살 수가 있습니다. 항암제 때문에 암세포가 죽지만, 환자도 거의 죽기 일보 직전까지 가게 됩니다. 그렇게 암세포를 다 죽인 다음에 냉장고에 저장해놓았던 줄기세포를 다시 환자에게 집어넣습니다. 이것이 골수 이식 치료법입니다(그림 4). 줄기세포 치료의 시초라고 볼 수 있습니다. 만약 파킨슨병 환자라면 도파민 뉴런을 생성하는 줄기세포를 환자의 몸에 집어넣는 것이고(그림 5), 퇴행성관절염 환자라면 연골세포를 생성하는 줄기세포를 집어넣는 것입니다. 또한 세포만으로 치료하기 어려운 근골격계나 심장과 같은 복잡한 조직은 줄기세포와 다양한 생체지지체 및 융합 기술을 이용하여 만든 조직공학 제품을 이식하는 방법이 있습니다. 생체 조직을 만드는 인큐베이터로 우리 몸 자체를 활용하는 치료법도 있습니다. 뼈를 만드는 물질, 성장인자, 세포를 몸에 함께 이식하여, 조직이 잘 만들어지면 턱뼈 등에 이식하는 치료법입니다. 이들 치료 방법을 성공시키는 것이 바로 줄기세포 치료를 추구하는 연구자들의 목표 중 하나입니다.

세포치료제 신약 개발 사례 가운데 하나로, 제가 약 10년 전에 진행한 연구를 소개해보고자 합니다. 피부에 있는 줄기세포를 꺼내서 체외세포 배양으로 세포수를 늘려 분사할 수 있는 튜브에 집어넣은 다음, 구멍이 뻥뻥 뚫린 스폰지형 콜라겐 지지체에 배양한 줄기세포를 스프레이처럼 뿌렸습니다. 그렇게 뿌려진 줄기세포가 과연 인체의 피부 조직을 만들 수 있는지를 살펴보기 위해 누드마우스의 등에 상처를 입힌 다음 이식해

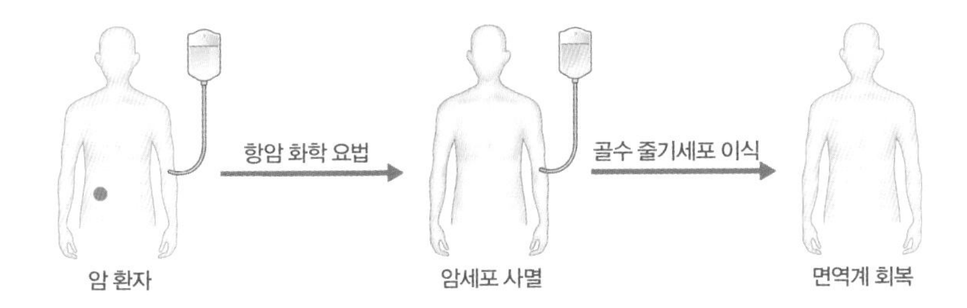

그림 4. 골수 이식 치료법. 줄기세포를 이용한 세포치료제로는 줄기세포치료제의 효시라고 할 수 있는 자가골수 이식법, 배아줄기세포를 신경세포로 분화시킨 후 이식하는 세포 이식법, 동물이나 다른 사람의 생체 지지체나 다양한 융합 기술로 재생한 조직을 환자에게 이식하는 방법 등이 있다.

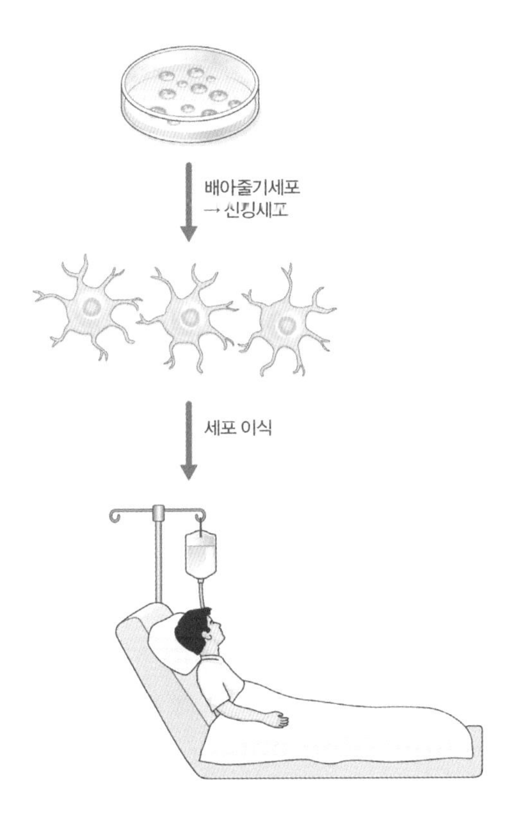

그림 5. 세포 이식법

보았습니다. 누드마우스는 면역결핍 쥐여서, 체세포에 면역거부반응을 나타내지 않으며, 인체 세포를 면역세포가 공격하지 않으므로 인체 세포가 실제로 어떻게 조직을 재생하는지를 확인해볼 수 있게 해주었습니다. 실험 결과, 누드마우스 등에 스프레이로 뿌린 인체 세포로 인간의 피부 조직이 만들어졌습니다. 동물 실험이 성공적이었기 때문에 인체를 대상으로 임상 시험이 이루어졌습니다. 화상 환자의 등에 환자 본인의 줄기세포를 스프레이로 뿌리자 환자의 피부 조직을 재생시킬 수 있었습니다. 이 세포치료제는 환자가 제공한 조직으로부터 세포를 분리하여 무균실에서 체외세포 배양을 한 다음 특수용기에 담아 스프레이처럼 화상 환자에게 뿌리는 화상치료제입니다. 이 치료제는 고가의 세포배양 비용, 무균실 작업, 살아 있는 세포 사용 등으로 고액의 의료 비용을 지불해야 하는 치료제입니다. 그래서 현재 몸의 40% 정도 큰 화상을 입은 산업재해 보험 환자들에게 사용되고 있습니다.

자가치유를 돕는 펩타이드 물질-P의 작용 기전

줄기세포를 이용한 치료제를 개발하면서 깨달은 것은 세포라는 것을 약으로 쓰는 것이 굉장히 어렵다는 사실이었습니다. 튜브에 잘 넣더라도 적정 온도를 유지하지 못하면 세포가 죽기 때문입니다. 이 문제를 어떻게 해결할 수 있을까, 하고 고민을 많이 했습니다. 그러다 개발한 것이 펩타이드로 이루어진 신약입니다. 이 펩타이드는 골수에 있는 줄기세포를 늘어나게 해서 그 세포가 핏속으로 흘러들어가 상처가 난 부위를 치료하도록 하는 물질입니다. 이 물질은 마치 리모콘처럼 몸 안의 자가치유 기능을 작동시키는 물질이라고 할 수 있습니다. 줄기세포를 이용해 자가치유

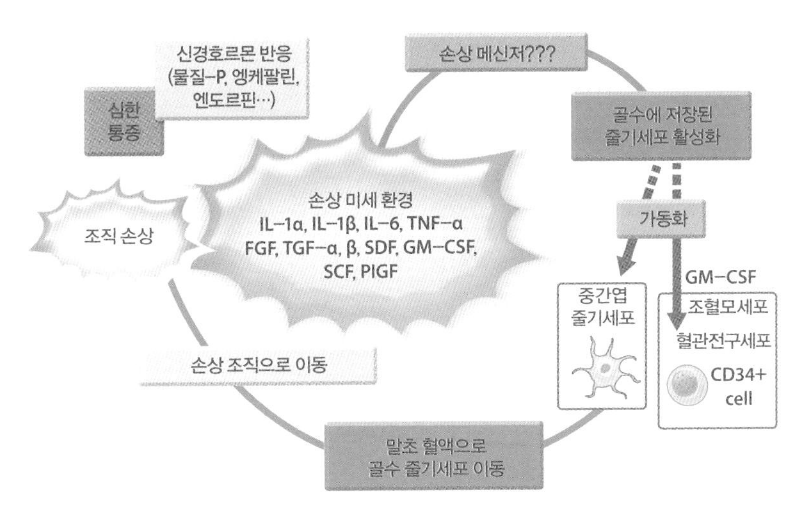

그림 6. 우리 연구실이 세운 자가치유 기전 가설은 다음과 같다. 상처가 나면 손상 조직과 혈소판 파괴로부터 여러 물질들이 나와 상처에 특유한 미세 환경을 형성하고, 이 중 일부는 피로 확산되어 혈류를 따라 우리 몸에 상처가 난 신호를 보내며, 이 신호는 골수의 줄기세포에까지 도달하여 골수 줄기세포가 상처 치유에 깊이 관여할 것이다.

를 할 수 있게 하는 것입니다. 이 기술에 대해 잠시 소개해보겠습니다.

엄마들은 자주 이렇게 얘기합니다. "아파야 낫는다." 과학적으로 보면 이 말은 맞는 말입니다. 통증을 느끼게 하는 물질이 생기면 상처가 낫는 것입니다. 우리 몸에는 통증을 인지하는 신경전달물질인 '물질-P'가 있습니다. 이 물질이 골수의 줄기세포로 하여금 상처 난 부위로 가서 상처를 낫도록 합니다.

처음에는 이렇게 생각했습니다. 골수는 여러 종류의 줄기세포가 있는 저장고이니 이 줄기세포를 꺼내서 치료제로 쓸 수 없을까? 가장 많이 사용하는 방식은 골수에 주사기를 꽂고 줄기세포를 뽑아내는 방법입니다. 대표적으로 골수이식이 이런 방법을 씁니다. 그런데 중간엽줄기세포나 혈관전구세포와 같은 세포들은 바닥에 들러붙어 있어 주사기로 뽑아내기 어렵습니다. 그래서 과학자들은 이들 세포를 떼어내기 위해 G-CSF라는 물질을 이용했습니다. 백혈구를 빨리 만들어내는 이 물질을 넣어주니 혈관전구세포를 말초 혈액으로 이동시켜 말초 혈액에서 골수 유래 혈관전구세포를 채취할 수 있었습니다. 과학자들은 이 말초 혈액으로부터 나온 줄기세포는 허혈성심근경색이 있는 부분으로 가서 혈관을 만들 것이라고 예상하였습니다. 그러나 심근경색을 치료하려면 단단한 혈관 재생뿐 아니라 심근세포의 재생이 동시에 필요하다는 것을 알게 되었습니다. 과학자들은 혈관내피세포와 중간엽줄기세포가 골수로부터 자동적으로 나오게끔 하는 방법을 고민하기 시작했습니다.

우리 연구실의 홍현숙 박사과정 학생은 매우 중요한 사실, 즉 생체 줄기세포가 자가치유 기전에 관여한다는 것을 발견했습니다. 홍 연구원은 물질-P(Substance-P. 11개의 아미노산으로 이루어진 펩타이드로, 통증을 느끼게 하는 물질임)가 상처 난 부위에서 나와서 혈류를 타고 골수로 도달하여, 골수의 중간엽줄기세포를 분열·이동시킴으로써 이들 줄기세포가 혈액으로 나오게 하고, 이렇게 혈액으로 나온 줄기세포는 손상 부위로 가서 상처 치유에 가담한다는 것을 알아냈습니다. 물질-P는 굉장히 이상적인 치료제라 할 수 있었습니다.

우리가 세운 가설은 이러했습니다(그림 6). '상처가 나면 손상된 조직으로부터 여러 물질들이 나올 것이다. 그 물질 중에 농도가 높고, 오랫동안 존재하는 물질은 손상 부위 혈액으로 확산되어 이것이 혈액에 섞일 것이며, 혈류를 통하여 이 물질은 온몸으로 퍼지고, 그중 혈류의 왕래가 가장 활발한 골수에 이 물질이 도달하면, 골수의 세포는 이 물질과 반응하게 될 것이다. 특히 골수 줄기세포가 이 물질에 반응한다면, 이것이 골수 줄기세포가 우리 몸의 말초에 일어난 손상을 감지하게 되는 기작이 될 것

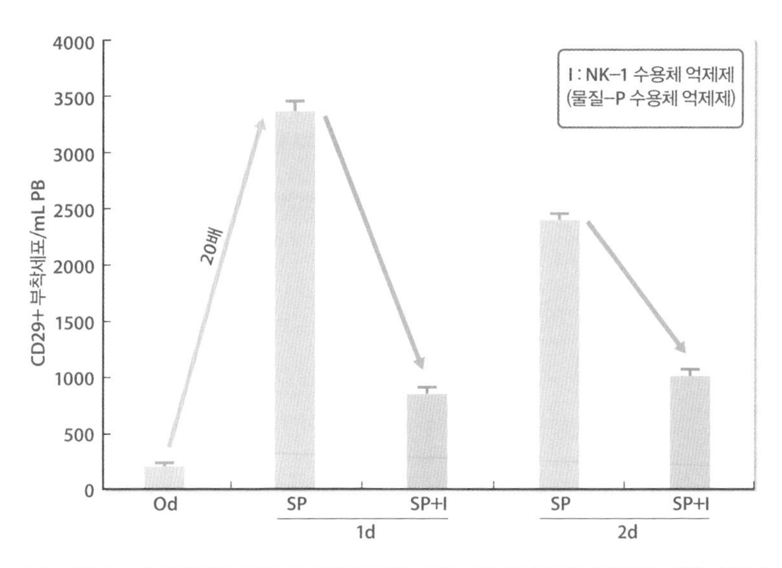

그림 7. 물질-P가 중간엽줄기세포의 이동을 촉진시키는 기능이 있음을 확인하는 실험. 상처가 날 경우 여러 물질이 분비되는데 그중 물질-P가 중간엽줄기세포를 이동·촉진시키는 기능이 있는지를 확인하기 위해, 상처를 내지 않고 물질-P를 혈액으로 주사해보았고, 골수의 줄기세포가 물질-P에 반응하여 혈액으로 이동하는 것을 확인할 수 있었다.

이다. 이 과정을 통해 조직 손상이 골수 내 줄기세포를 깨우는 자가치유 기전을 작동시키게 될 것이다.' 이 가설을 입증하기 위해 하나하나씩 실험해보았습니다.

먼저 물질-P가 조직 손상의 메신저임을 입증하기 위하여, 생쥐의 눈에 상처를 내고 상처 난 손상 부위와 혈액에서 여러 인자의 변화를 관찰해보았습니다. 그랬더니 물질-P를 비롯한 신경전달물질, 염증인자들, 성장인자들이 모두 손상 조직과 혈액에 올라가 있었습니다. 이 물질들 중 무엇이 우리의 가설을 뒷받침할지 명확히 알기 위해, 물질-P를 선택하여 이 물질이 과연 조직 손상을 알리는 메신저 역할을 하는지, 물질-P에 자극되어 골수의 줄기세포가 혈액으로 나와 손상 치유에 직접 참여하게 되는지를 실험해보기로 했습니다. 물질-P의 줄기세포 가동화

(mobilization) 기전을 입증하기 위해, 우리 연구실에서는 상처를 내지 않고 물질-P를 합성해서 혈액 내로 주사해보기로 했습니다. 가설이 맞다면, 골수는 혈액 속에 물질-P 양이 많아진 것을 감지하고, 이를 큰 상처가 났다는 신호로 받아들여 조직 손상을 회복할 많은 줄기세포를 혈액으로 내보낼 것이라고 생각했습니다. 정맥에 물질-P를 주사한 후 1일째 혈액 내에 골수 중간엽줄기세포가 평소보다 20배 이상 올라가 있었습니다. 물질-P 수용체 억제제(물질-P가 수용체에 못 붙게 하는 약)를 물질-P와 동시에 주사하였더니, 혈중 줄기세포수의 증가가 거의 억제되었습니다. 이 실험 결과로 혈액 속에 늘어난 물질-P가 매우 중요하고, 물질-P가 이들 수용체를 통하여 신호전달을 하며, 이러한 신호전달의 결과로 골수의 줄기세포가 혈액으로 유출된다는 것을 확인할 수 있었습니다. 즉 조직이 손상되었을 때 혈액 속에 증가되는 여러 물질 중 물질-P가 조직 손상을 알리는 메신저이며, 물질-P가 골수의 중간엽줄기세포를 혈액으로 이동하게 해서 이 줄기세포가 손상된 조직을 치유하게끔 하는 '자가치유 기전'이 존재하리라는 것을 짐작할 수 있었습니다(그림 7).

이 물질은 원래 중추신경계에 아프다는 것을 전달하는 신경전달물질이었습니다. 골수에 있는 중간엽줄기세포는 신경세포가 아니지만 물질-P에 대한 수용체를 갖고 있어서, 중간엽줄기세포는 물질-P에 반응할 수 있었던 것입니다.

우리가 물질-P가 '골수 줄기세포를 동원시키는 자가치유 기작'을 작동시킨다는 것을 입증하기 위해서는 증명할 것이 한 가지 더 있었습니다. 말초 혈액에서 얻은 중간엽줄기세포와 유사한 골수의 중간엽줄기세포가 과연 혈액으로 움직인 것인가 하는 것이었습니다. 중간엽줄기세포는 지방, 뼈, 연골을 잘 만드는 줄기세포인데, 혈액에서 얻은 줄기세포도 지방,

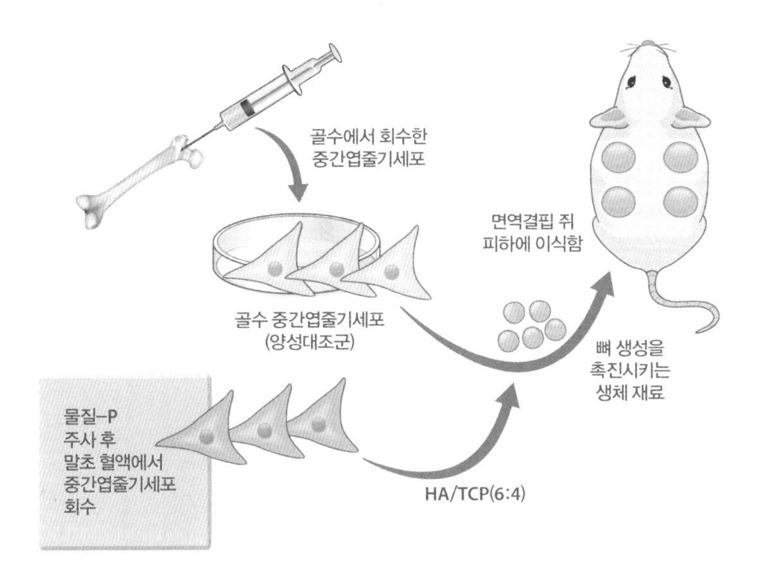

그림 8. 물질-P에 의해 혈액으로 이동한 세포가 골수 중간엽줄기세포인가를 확인하는 실험. 말초 혈액에서 분리한 세포를 HA/TCP(뼈를 형성하는 것을 도와주는 물질)와 섞은 후 면역결핍 쥐에 이식했더니, 뼈뿐 아니라 조혈 작용이 있는 골수까지도 만들어졌다.

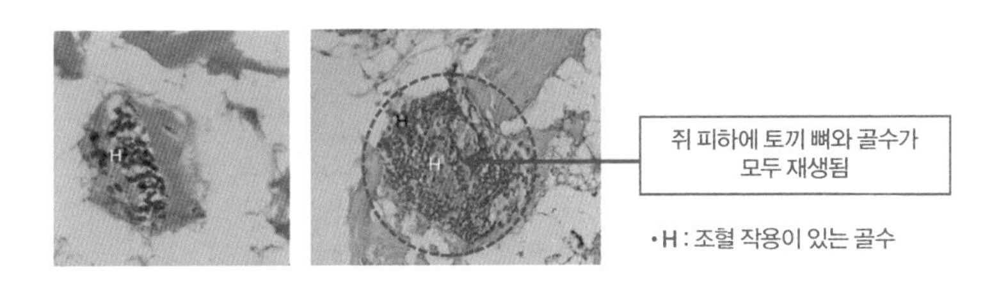

그림 9. 실험 결과, 말초 혈액에서 얻은 줄기세포는 지방, 연골, 뼈, 골수를 잘 만드는 줄기세포였다.

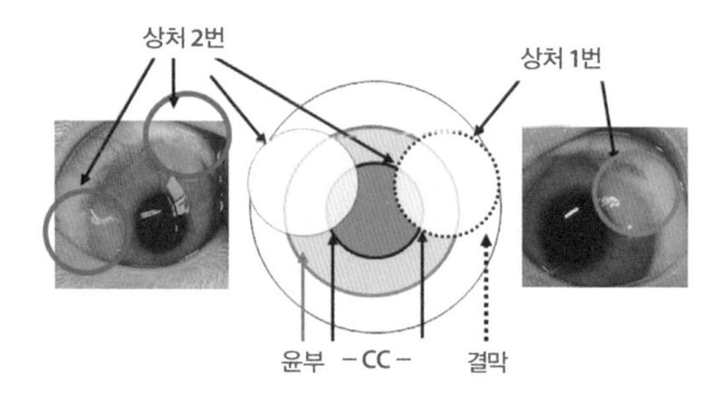

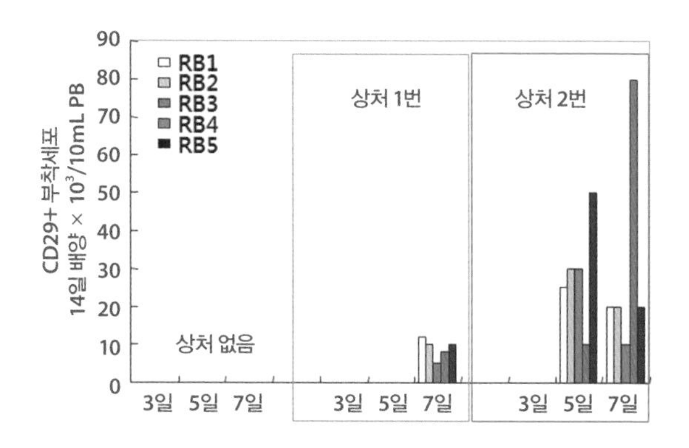

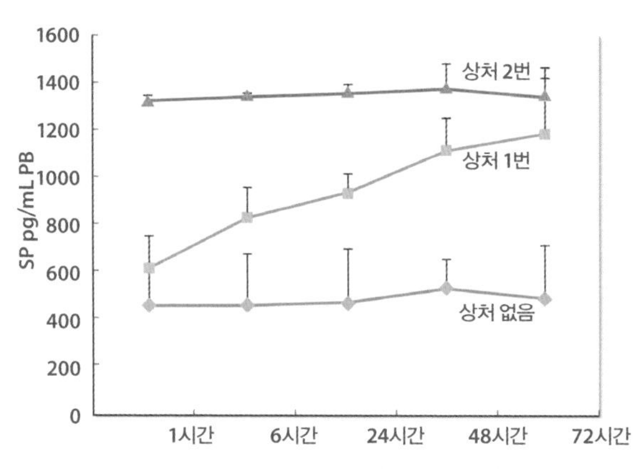

그림 10. 물질-P가 상처 메신저라는 사실을 입증하는 실험. 토끼 눈에 큰 상처와 작은 상처를 주고 물질-P가 혈액에 올라가는 시간과 농도를 측정했다. 또한 이에 따라 골수의 중간엽줄기세포가 혈액으로 이동하는 시간과 수를 측정했다. 그 결과, 상처가 크면 클수록 더 빨리 더 많은 양의 물질-P가 혈액에서 측정되었고, 상처가 클수록 더 많은 수의 중간엽줄기세포가 혈액으로 이동한다는 것을 확인할 수 있었다.

뼈, 연골을 잘 만들었습니다. 또한 면역결핍 쥐(nude mice)에 뼈를 만들 수 있는 물질과 섞어서 이식하였더니 뼈뿐 아니라 골수까지 잘 만들어졌습니다(그림 8~9). 이 실험을 통해, 물질-P를 주사한 후 혈액으로 가동화된 줄기세포는 골수의 중간엽줄기세포가 지닌 모든 특성을 만족시키는 중간엽줄기세포라는 것을 입증할 수 있었습니다.

그 다음으로 던진 질문은 이런 것이었습니다. "물질-P는 정말 상처로 인해 나오는 물질인가?" 만약 그렇다면 상처가 크면 클수록 물질-P의 양도 많고 빨리 만들어질 것이었습니다. 실험동물인 토끼의 눈에 여러 크기의 상처를 낸 후 물질-P의 양을 측정해보았습니다. 그랬더니 상처가 작을 때는 물질-P의 양이 약간 늘어났지만 상처가 클 때에는 급격하게 증가하였습니다. 즉 물질-P의 양은 손상 정도와 상처 크기에 비례하여 증가되었습니다. 또 상처가 크면 클수록 더 빨리 많은 수의 중간엽줄기세포가 혈액으로 이동한다는 것을 관찰할 수 있었습니다. 이를 통해 물질-P가 조직 손상을 알리는 메신저라는 결론을 최종적으로 내릴 수 있었습니다(그림 10).

그러면 상처가 잘 아물지 않을 때, 물질-P를 혈액으로 주사하면 상처가 빨리 아물게 될까요? 만약 그렇다면 약으로 쓰면 좋을 겁니다.

토끼 20마리를 대상으로 과연 물질-P가 상처 치유를 촉진시키는지를 확인하는 실험을 해보았습니다. 토끼 눈에 상처를 내고 물질-P을 주사한 그룹과 주사하지 않은 그룹으로 나눈 다음, 어느 그룹의 상처가 빨리 낫는지를 살펴보았습니다. 실험 결과 물질-P를 혈액으로 주사한 그룹이 그렇지 않은 그룹에 비해 상처가 훨씬 빨리 아무는 것을 볼 수 있었습니다. 그 결과는 맨눈으로도 잘 판단할 수가 있었습니다. 이때 우리 실험모델이 물질-P의 상처 치유 효과를 판단하기에 매우 적합하다는 확신을

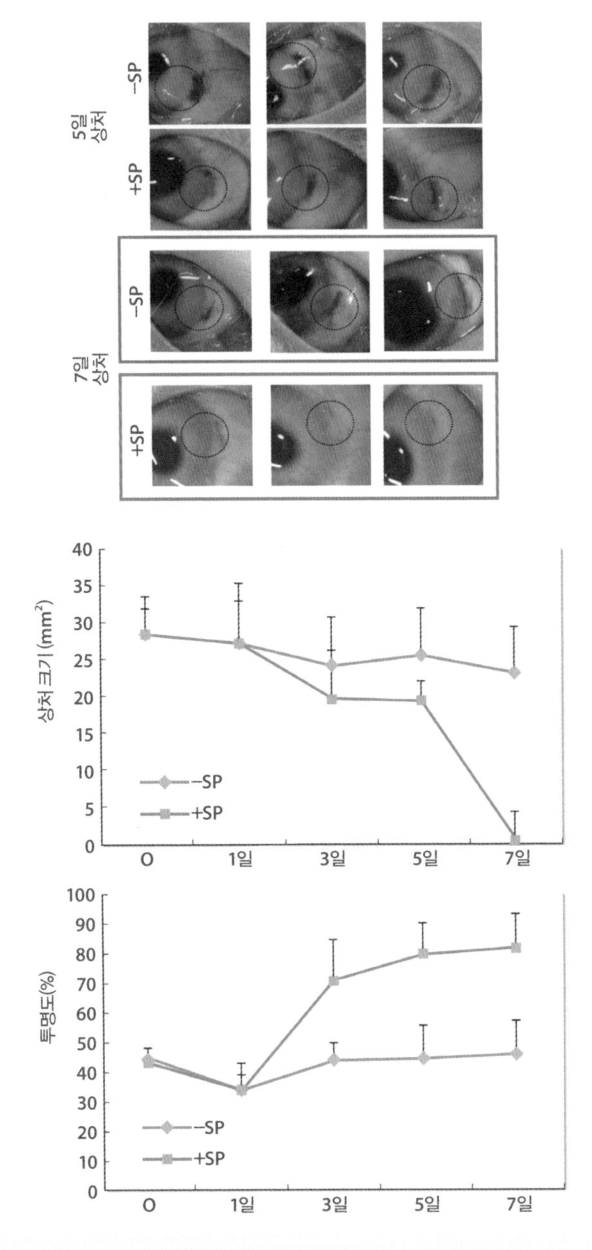

그림 11. 물질-P가 상처 치유를 촉진시키는 효과를 낸다는 것을 확인하는 실험. 토끼 눈에 알칼리 화상을 입힌 후 물질-P를 주사한 그룹(+SP)과 주사하지 않은 그룹(−SP)의 치유 속도를 비교해보았더니, 물질-P를 주사한 토끼의 경우 손상 치유가 훨씬 빠르게 나타났고, 주사 후 3일부터 두 그룹의 차이를 확연히 볼 수 있었다. 이 시간이 바로 골수 중간엽줄기세포가 혈액으로 이동하는 시기였다. 이 결과를 통해 중간엽줄기세포가 상처 치유에 기여하였을 것이라고 추측할 수 있었다.

가질 수 있었습니다(그림 11).

이 단계에서 우리는 물질-P가 상처를 빨리 아물게 하는 데에 최종적으로 골수에 있는 중간엽줄기세포가 상처 치유에 직접 관여하기 때문인지를 확인할 필요가 있었습니다. 그래서 이를 확인하기 위해, 상처가 났을 때 물질-P 대신에 토끼의 자가 중간엽줄기세포(물질-P로 혈액으로 움직인 줄기세포를 회수하여 배양한 자가 중간엽줄기세포)를 혈액으로 이식했습니다. 그런 다음 물질-P를 주사했을 때와 유사한 상처 치유 촉진 효과가 있는지, 또한 혈액으로 이식한 세포가 정말 손상 부위에 가서 조직 재생에 참여했는지를 관찰하였습니다. 물질-P 대신에 자가 중간엽줄기세포를 혈액으로 이식했을 때도 물질-P를 주사한 것과 유사하게 상처가 빨리 아물었고, 이식한 세포가 상처 부위로 몰려 그곳에서 조직을 재생시킨다는 것을 확인하였습니다. 즉 물질-P가 골수로부터 혈액으로 움직이게 만든 중간엽줄기세포가 최종적으로 상처 치유에 가담하게 된다는 결론을 내릴 수 있었습니다(그림 12).

여기서 또 하나의 질문을 던질 수 있습니다. 상처가 날 때마다 골수에 있는 줄기세포를 곶감 빼먹듯이 빼먹으면 골수가 텅 비게 되는 것일까요, 아니면 다시 채워지게 될까요?

결론부터 말하자면 다시 채워졌습니다. 물질-P는 먼저 골수 내에서 줄기세포수를 늘립니다. 마치 팝콘이 터지면 공간을 더 많이 차지하듯이, 세포수가 늘어서 골수에서 줄기세포들이 빠져나오게 됩니다. 그 세포들이 혈류를 돌면서 상처 난 곳으로 이동하여 손상 조직을 치유하는 것입니다.

요약하자면, 우리 몸은 골수에 있는 줄기세포를 동원하여 자가치유를 하는 기능을 갖고 있습니다. 상처가 나면 물질-P가 손상 부위에서 흘러

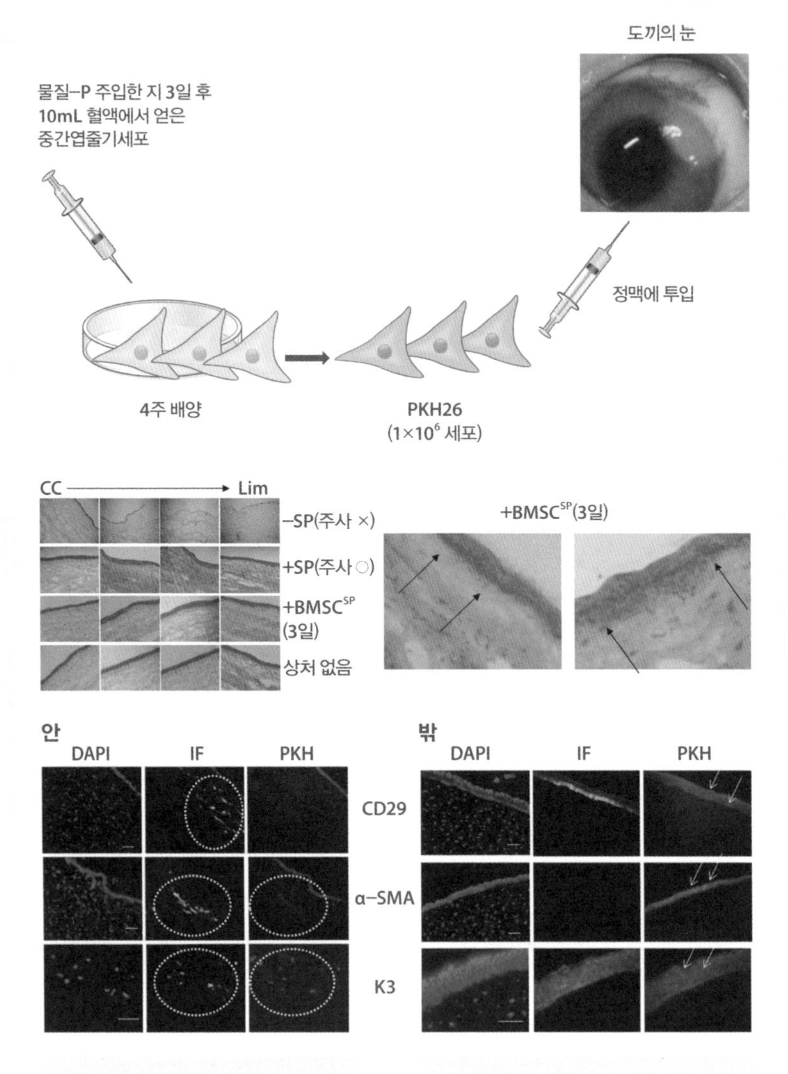

그림 12. 물질-P에 의해 혈액으로 이동한 골수 중간엽줄기세포가 직접 손상 조직으로 이동하여(homing), 손상 조직의 치유에 참여한다는 것을 확인할 수 있었다.

나와 골수까지 가서 골수에 있는 줄기세포를 분열·이동시켜 혈액으로 흘러들어가게 하고, 이 줄기세포가 직접 손상 부위로 이동하여 상처가 낫는 겁니다(그림 13). 만약 이 기능이 제대로 작동이 안 되면 어떻게 될까요? 상처가 잘 낫지 않습니다. 여러 난치성 궤양 등의 경우, 물질-P를 혈액에 주사하여 빨리 상처가 잘 낫게 할 수 있을 것입니다. 물질-P의 이런 원리는 골수에 있는 중간엽줄기세포를 치료 용도로 혈액으로부터 손쉽게 얻을 때에도 활용할 수 있습니다. 큰 주사기를 골수에 삽입하여 골수에 있는 중간엽줄기세포를 꺼내는 것은 매우 고통스럽고 어렵지만, 물질-P를 정맥주사한 후 혈액에서 자연스럽게 이동하여 나온 중간엽줄기세포를 채취하는 것은 상대적으로 어렵지 않습니다.

우리 연구팀은 물질-P가 중간엽줄기세포를 움직이게 만들어 상처 치유를 촉진시키며, 물질-P의 효과를 이용해 상처를 낫게 하는 제재에 대

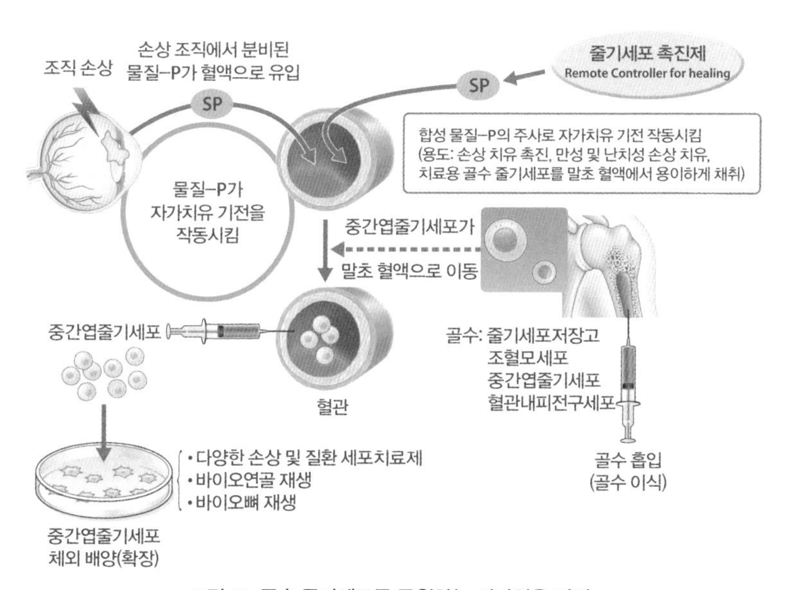

그림 13. 골수 줄기세포를 동원하는 자가치유 기전

해 우리나라를 비롯해 유럽, 미국, 일본, 중국에서 모두 특허를 받았습니다. 현재 척수 손상, 상처 치유, 방사선 손상, 허혈성심근경색, 뇌졸중, 염증 및 자가면역 질환 등 다양한 동물모델에서 물질-P의 효능을 평가하는 중이며, 물질-P를 전문의약품으로 개발하는 작업을 진행하고 있습니다.

우리 연구팀은 전문의약품으로서 물질-P의 안전성과 효능이 입증된다면, 여러 난치성 질환(뇌졸중, 척수 손상, 심근경색, 당뇨 등)에 중간엽줄기세포 대신 물질-P를 활용할 수 있을 것이라 예측하고 있습니다. 줄기세포치료제가 고가의 체외세포 배양 비용과 장기간의 세포 배양을 요구하는 것에 비해, 물질-P는 응급환자가 병원에 도착하는 즉시 주사하여 환자에 적용할 수 있는 장점이 있습니다. 그리고 이렇게 주사한 물질-P는 환자 본인의 골수 내 줄기세포가 분열·이동하도록 하여 직접 상처를 신속하게 낫게 해줄 것이라고 기대하고 있습니다.

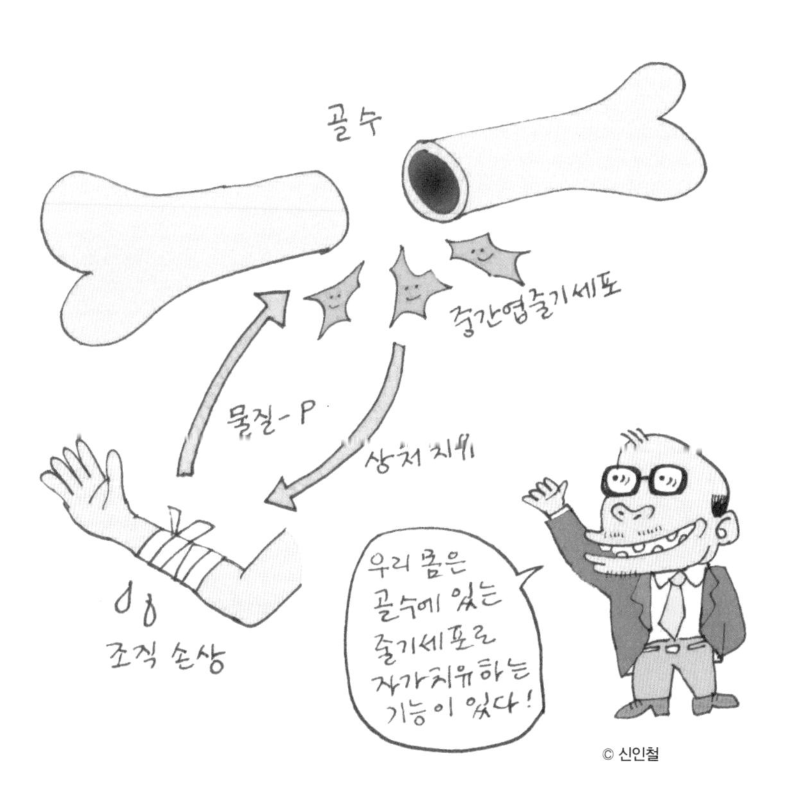

© 신인철

식물학으로 21세기의 문제를 푸는 방법은

이영숙 포항공과대학교 생명과학과 명예교수

서울대학교를 졸업하고 미국 코넷티컷대학교에서 박사학위를 받았다. 미국 하버드대학교와 코넷티컷대학교에서 박사후 연구원을 거쳐, 포항공과대학교 생명과학과 교수로 재직했다. 한국식물학회 논문상(1994), 과학기술우수논문상(2003), 올해의 여성과학자상(2003), 닮고 싶고 되고 싶은 과학기술인(2004), 한국 로레알-유네스코 여성생명과학 진흥상(2008), 한국식물학회 여성과학자상(2008), 마크로젠 여성과학자상(2009) 등을 수상했다. 저서로는 『식물생리학』(공저) 『생물학 실험』(공저) 등이 있다.

21세기의 문제는 지구에 사는 사람들이 굉장히 많기 때문에 생깁니다. 지금 지구 상에는 약 70억 명의 사람들이 살고 있습니다. 그런데 2050년이 되면 지구 상의 인구가 약 90억 명에 달할 것으로 보입니다. 이렇게 인구가 늘어나면 사람들이 먹을 것, 입을 것, 쓸 것 등을 다 생산해야 하기 때문에, 식량·에너지·환경 문제가 더욱 심각해질 것입니다. 식물은 사람들이 직면하게 될 식량·에너지·환경 문제를 해결하는 데 도움이 될 대안적인 자원 중 하나입니다. 이 자리에서는 어떻게 식물학이 이런 문제를 풀어 나가게 될지에 대해 설명해보도록 하겠습니다. 한 가지 덧붙이고 싶은 말은, 식물학이 여러 문제를 해결하는 열쇠일 뿐 아니라, 식물을 연구하는 것 자체가 아주 재미있는 일이라는 점입니다.

식물은 지구 상에서 가장 성공적인 생명체

식물은 지구 상에서 가장 성공적인 생명체입니다. 개체수로 보거나 종수로 보거나 차지하고 있는 면적을 보더라도, 식물이 그 어느 생명체보다도 경쟁력이 있다는 것을 알 수 있습니다. 식물은 어떻게 이렇게 성공하게 되었을까요?

식물은 먹을 것, 종이, 약, 거처, 산소 등 우리에게 제공해주는 것이 굉장히 많습니다. 이들 식물은 우리 인간과 너무나도 다릅니다. 우선 먹는 것부터 다릅니다. 아주 간단한 것을 먹고도 매우 다양하고 복잡한 물질을 만들어냅니다. 이를 테면 식물은 빛, 이산화탄소, 물(물속의 미네랄 포함)을 먹습니다. 만약 인간이라면 배고파서 살지 못할 것입니다. 그러나 이들 식물은 이런 간단한 것을 먹고는 목재, 기름, 단백질 등을 만들어냅니다. 이렇게 보면 식물이 지니고 있는 생화학적 능력은 인간보다 훨씬

식물은 지구 상에서 가장 성공적인 생명체다. 지구 상에는 엄청나게 많은 종의 식물이 다양한 환경에 적응하며 살고 있다.

더 복잡하고 다양하다는 것을 알 수 있습니다.

식물은 어떤 특징을 지녔는가

식물은 빛 에너지를 받아들이는 데 매우 적합한 구조를 지니고 있습니다. 과연 어떤 특징을 지녔을까요?

우선 표면적이 큽니다. 그래서 빛을 많이 흡수할 수 있습니다. 넓은 표면적을 지녔기 때문에 만일 움직인다면 마찰력과 저항을 크게 받을 것입니다. 즉 식물은 햇빛을 받아들이기 위해 운동성을 포기한 것이라고 볼 수 있습니다. 이렇게 넓은 표면적을 가지고 돌아다닐 수는 없는 것입니다. 반면 인간은 움직일 수는 있지만, 표면적은 식물과 비교할 수 없을 정도로 작습니다.

식물은 환경 변화에 매우 유연하게 반응한다. 같은 곳에 동일한 식물을 심어놓고 한쪽은 하루에 두 번씩 만지고 다른 쪽은 만지지 않았더니 식물의 성장에 큰 차이를 보이는 실험 결과도 보고되었다.

또 식물은 환경 변화에 매우 유연하게 대처합니다. 식물의 모양은 환경에 따라 굉장히 다릅니다. 예를 들어 콩은 아주 캄캄한 곳에서 키우면 노랗고 키가 큰 콩나물처럼 자라지만, 햇빛이 가득한 곳에 놓아두면 파랗고 작게 큽니다. 이처럼 식물의 발달 과정은 환경에 따라 달라집니다. 만약 인간이라면 어떨까요? 캄캄한 곳에서 성장한다고 해서 그 사람의 키가 더 커진다거나 하는 일은 없을 겁니다. 오히려 유전적으로 결정되는 부분이 많습니다. 그러나 식물의 발달은 환경에 의해 아주 많이 좌우됩니다.

'애기장대'라고 하는 모델식물의 예를 하나 들어보겠습니다. 이 식물을 두 곳에 심어놓고, 하나는 하루에 두 번씩 만지고, 다른 하나는 만지지 않았습니다. 그랬더니, 두 식물 사이의 성장에 큰 차이를 보였습니다.

온실에 심은 나무와 바깥에 심은 나무, 이 둘을 비교해보면 온실에 심은 나무의 키가 더 큽니다. 오히려 키가 계속 크다가 보면 잘못해서 넘어질 수가 있기 때문에, 온실 정원사들은 나무 망치로 나무나 화분을 '탕

탕' 하고 하루에 몇 번씩 때려줍니다. 그러면 식물들이 자극을 받아서 조금 더 옆으로 튼튼하게, 키는 좀 작게 자랍니다. 이처럼 식물은 자극과 환경에 따라 굉장히 유연하게 대처하고 반응합니다. 식물이 어떻게 자극을 인식하고, 어떤 방법으로 반응하는지 공부해보면 새로운 것을 많이 알게 될 것입니다.

식물의 전형성능

식물의 가장 큰 특징은 전형성능을 갖고 있다는 점이다. 꺾꽂이는 식물의 전형성능을 이용한 대표적인 복제 방법이다.

식물은 거의 모든 세포가 줄기세포 기능을 합니다. 식물의 가지를 꺾어서 촉촉한 땅에 꽂아두면, 유전자가 똑같은 다른 개체가 생겨납니다. 이렇게 한 식물에서 또 다른 식물을 그리 어렵지 않게 만들어낼 수 있습니다. 이것은 식물이 전형성능(totipotency)을 가졌기 때문입니다. 꺾꽂이는 식물의 전형성능을 이용한 대표적인 복제입니다. 복제(cloning)가 그만큼 쉽습니다. 이는 식물의 거의 모든 세포가 줄기세포처럼 기능하기 때문입니다. 그러면 왜, 어떻게 식물은 전형성능을 지니고 있는 것일까요? 만약 이것을 밝히게 된다면 동물 복제에도 응용할 수 있을 겁니다. 동물의 경우 현재 복제하기가 굉장히 어렵습니다. 이렇게 살짝만 들여다봐도 식물이 우리와 너무나도 다르고, 굉장히 재미있는 생명체라는 것을 알 수 있습니다. 이런 식물들은 과연 어떻게 인간의 문제들을 해결해줄 수 있을까요?

식량, 에너지, 그리고 환경의 딜레마

© Nobel Peace Center

미국의 식물학자 노먼 볼로그

식량·에너지·환경 문제는 서로 엉켜 있습니다. 에너지 문제를 해결하기 위해 바이오에너지를 사용하려고 하면 식량 문제가 심각해지고, 식량 문제를 해결하기 위해 나무를 베어 곡식을 심으면 환경 문제가 더 심각해집니다. 바이오에너지를 만들기 위해 식량이 될 식물을 사용하거나 환경에 피해를 주어서도 안 됩니다. 그러니까 환경파괴를 일으키지 않고, 작물 생산량을 감소시키지 않으면서도 식물 생산량을 늘릴 수 있는 방법을 찾아야만 하는 것입니다. 만약 여러분이 이 문제를 해결한다면 아마 노벨상을 받을 수 있을 겁니다. 이미 한 과학자가 식량 문제를 해결하는 데 일조했다는 공로로 노벨 평화상을 받았습니다. 그 과학자는 바로 미국의 식물학자 노먼 볼로그(Norman Borlaug)입니다. 영국 잡지 〈이코노미스트(*The Economist*)〉는 이분의 업적을 "피더 오브 더 월드(feeder of the world)"라고 소개했습니다. 세상을 먹여 살린 사람, 참으로 멋지지 않나요?

노먼 볼로그는 1952년 멕시코에서 밀 육종을 시도했고, 생산량이 3배나 많은 밀 품종을 개발해 1961년에 인도와 파키스탄 지역에 자신이 만든 밀 품종을 보급했습니다. 이 지역의 밀 수확량은 3배나 증가했습니다. 비단 이 지역뿐 아니라 전 세계 곳곳에서 노먼 볼로그의 밀 품종을 재배하기 시작했습니다. 이렇게 노먼 볼로그가 만든 밀 품종은 기아에 허덕이는 10억여 명의 생명을 살릴 수 있었고, 이 공로를 인정받아 1970년에 노벨 평화상을 수상했습니다. 지금 21세기는 식량뿐 아니라 에너지와 환경 문제도 심각하기 때문에, 식물을 연구하는 것은 더욱 중요한 일이 되었습니다.

식물과 환경 정화

우리 실험실에서 연구하고 있는 주제는 환경 정화, 식물의 스트레스·중금속·가뭄 저항성과 관련된 유전자 발견, 식물과 조류(藻類)를 이용한 바이오연료 개발입니다.

먼저 식물을 이용한 환경 정화에 대해 얘기해보겠습니다. 오염된 토양에 나무를 심으면, 나무가 오염 물질을 흡수합니다. 이 나무를 수확해 소각하면 재만 남는데, 이 재는 비교적 안전하게 처리할 수 있습니다. 만일 오염된 토양 전체를 퍼내고 이를 환경친화적으로 처리하고자 한다면 쉽지 않을 것입니다. 오염된 토양을 다른 곳으로 옮기려고 해도 반대하는 사람들이 많아서 아마도 불가능할 것입니다. 그런데 나무를 이용해 오염 물질의 체적을 줄이고, 소량으로 만들어버린다면 처리하기가 훨씬 쉽습니다.

환경 정화는 대충 눈 가리고 아웅 하는 식으로 접근하면 소용이 없습니다. 강원도의 폐광산 지역에서 실제로 일어난 일을 예로 들어보겠습니다. 이 지역의 흙은 폐광의 찌꺼기들을 모아둔 것이어서 독성이 매우 높았는데, 광산업자는 좋은 흙을 가져와서는 화분에 넣는 것처럼 소량씩만 넣고 나무를 심었습니다. 나무는 뿌리를 많이 내리지 못했고 얼마 못 가서 누렇게 되었는데, 그런 와중에 홍수가 났습니다. 뿌리를 뻗지 못한 나무들이 다 무너져서 쓸려 내려가버렸습니다.

식물을 이용해 오염된 토양을 정화하는 방법

식물의 중금속 저항성 기작

만일 오염 물질에 더 잘 견디는 식물이 있다면 어떤 유전자 때문일까요? 우리 실험실에서 찾은 유전자 중에는, 세포 안으로 중금속이 들어왔을 때 꼭 붙잡아서 중금속들이 마음대로 돌아다니지 못하게 하는 유전자들이 있었습니다. 중금속이 들어왔을 때 세포질 속에서 돌아다니지 못하게 액포 속으로 집어넣는 것도 있습니다. 액포는 활성이 낮은 곳이어서, 이렇게 되면 식물은 독성을 덜 받게 됩니다. 그 다음으로, 우리 연구실 연구원들은 세포 안에 들어온 중금속을 밖으로 내보내는 펌프 단백질, 산화 스트레스에 저항하는 황산화 물질, 열충격단백질(heat shock protein) 등 많은 것을 발견했습니다.

환경 정화 식물을 개발하기 위해 우리 실험실에서는 중금속 내성 유전자를 포플러에 넣어 발현시켜보았습니다. 아그로박테리움(*agrobacterium*)이라는 미생물을 이용해 포플러에 유전자를 넣어서 중금속 저항성 유전자를 발현하는 포플러를 만들 수 있었습니다.

ABC유전자가 들어간 포플러와 ScPDR13유전자가 들어간 포플러를 독성이 강한 흙에 심어보았습니다. 이 흙은 500ppm 납 용액에 담갔던 흙입니다. 그랬더니 ABC유전자와 ScPDR13유전자가 들어간 포플러가 오염된 흙에서 훨씬 더 잘 자란다는 것을 확인할 수가 있었습니다.

그러면 실험실이 아니라, 실제로 오염된 곳에서도 잘 자랄까요? 산림과학원의 노은운 박사의 도움으로 실제로 실험할 수 있었습니다. 실험이 이루어진 곳은 아연을 채굴하던 금호광산 지역이었습니다. 이곳의 흙은 겉에서 보면 황토이지만, 조금만 파도 시커먼 흙이 나옵니다. 흙에는 비소(As), 카드뮴(Cd), 구리(Cu), 납(Pb), 아연(Zn) 등이 아주 많이 포함되어 있었습니다. 더욱이 흙의 오염 정도가 너무 심해서, 보통 흙을 그곳에 섞어

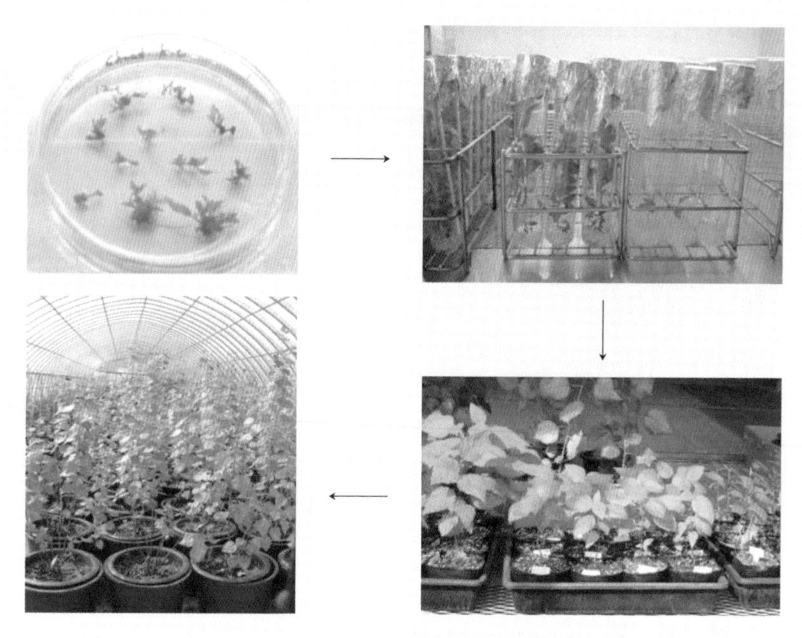

아그로박테리움 미생물을 이용해 유전자를 조작한 포플러

중금속 저항성 유전자 실험. ABC유전자를 발현하는 포플러는 독성이 강한 흙에 심어도 잘 견딘다. 왼쪽 4개 화분의 포플러는 야생종, 오른쪽 4개 화분의 포플러는 ABC유전자를 발현하는 형질 전환 포플러.

경북 봉화 금호광산 지역 토양의 중금속 함량(mg/kg)

As	Cd	Cr	Cu	Na	Ni	Pb	Zn
2170	43	2	72	20	2	446	2343

식물이 자라기엔 오염도가 심한 토양

일반 흙 섞기

아연을 채굴하는 금호광산에 어린 포플러 나무 600그루를 심었는데, 토양이 많이 오염되어 있었음에도 불구하고 잘 자랐다.

유전자가 조작된 포플러를 심어보았습니다. 이렇게 심은 포플러의 일부를 수확해 분석한 결과, 실험실에서 만든 유전자 조작 포플러 나무가 야생종에 비해 중금속 함유량이 훨씬 더 높았습니다.

식물과 바이오에너지

식물은 좋은 바이오에너지 자원입니다. 석유로 할 수 있는 모든 것을 식물에서 얻은 기름으로 할 수 있습니다. 지금까지는 식물성 기름이 훨씬 비싸서 사용하지 못했지만, 식물학자들이 식물성 기름의 생산 비용을

Bio Tip

식물학은 인간의 문제를 해결할 수 있다

21세기 인류의 가장 큰 문제 세 가지는 식량, 에너지, 환경 문제다. 몇 년 전 영국 잡지 〈이코노미스트〉는 "2050년의 인구는 90억 명 정도로 예상되는데, 이들을 먹여 살리는 일은 사상 유례없는 도전이 될 것이다. 이미 10억여 명의 사람들이 식량이 부족해 배가 고픈 상황이고, 이러한 상황은 앞으로 더욱 악화될 것이다"라고 언급한 적이 있다. 이렇게 식량이 부족해지면, 전 세계 곳곳에서 전쟁, 테러 등이 발생할 수 있다. 식물이 어떻게 여러 스트레스와 병충해들을 이겨내는지를 알아낸다면, 이것을 응용해 가뭄, 병균, 추위, 더위 등을 잘 견디면서도 수확량이 많은 작물을 만들어낼 수 있을 것이다.

화석연료를 대체할 수 있는 에너지 가운데 하나는 바이오에너지이다. 그중 바이오디젤은 석유 에너지와 비슷한 형태로 얻을 수 있을 뿐 아니라 다른 대체 에너지에 비해 에너지 효율이 높고 생산 과정에서 환경에 미치는 부정적인 영향이 적어 각광받고 있다. 청정 바이오 에너지 생산을 추구하는 기초 연구로는 기존 작물의 지방 생산량을 높이는 연구들과 식물성 플랑크톤에서 지방을 생산하려는 연구들이 있다. 이를 위해서는 식물과 식물성 플랑크톤들이 어떤 방법으로 지방을 만들고 저장하는지, 환경에서 오는 스트레스는 어떤 방법으로 견뎌내는지 등에 관한 근본적인 이해가 필요할 것이다.

환경 문제를 풀기 위해서는 환경 보존과 환경 정화가 함께 이루어져야 한다. 식물을 써서 여러 오염 물질들을 정화하는 방법은 2차 오염이 적고 비용이 저렴해서 시민들이 선호하는 방법이다. 식물이 환경에 있는 유독한 물질들을 어떻게 처리하여 스스로를 보호하는지를 이해한다면, 이 능력을 더 보강시켜 환경 정화 능력이 뛰어난 식물을 만들 수 있을 것이다.

낮출 수 있다면 에너지 문제를 상당 부분 해결할 수 있을 것입니다.

석유는 자동차의 연료로도 사용되고, 플라스틱이나 비닐의 원료가 될 뿐 아니라 윤활유로도 사용됩니다. 이런 기능을 옥수수 기름도 할 수 있을까요? 물론 가능합니다. 그러나 옥수수를 연료로 사용하면 옥수수를 먹던 사람들이 옥수수를 먹을 수 없게 될 수도 있습니다. 이렇게 되면 사회적으로 문제가 될 수 있습니다. 예를 들어 미국에서 옥수수 기름을 연료로 사용함에 따라 옥수수 값이 인상되었고, 이로 인해 멕시코 사람들이 또띠아를 전처럼 많이 먹지 못한다는 비난이 일었던 적이 있습니다. 멕시코인들이 먹는 또띠아에는 옥수수 가루가 들어가기 때문입니다.

그래서 물속의 조류(藻類)에서 바이오에너지를 얻으려고 하는 작업이 시도되었습니다. 조류는 기르기 쉽고, 음식이 아니기 때문에 곡물 가격에 영향을 미치지 않으며, 단위면적당 생산량이 높습니다. 그래서 조류를 키워 바이오에너지를 얻는 것에 의욕적으로 매달리는 연구자들이 꽤 많습니다. 조류는 대개 단위면적당 생산량이 육상 식물에 비해 뛰어납니다.

보트리오코커스(*Botryococcus*)는 자라면서 기름을 밖으로 분비하는 특징을 지닌 조류입니다. 그래서 밖으로 분비된 기름을 걷어내기만 하면 됩니다. 그런데 이 조류는 천천히 자란다는 단점이 있습니다. 4~5일에 한 번씩 분열합니다. 대장균이 1~2시간에 한 번씩 분열하는 것에 비하면, 굉장히 느린 것입니다. 보트리오코커스는 생산량이 낮기 때문에 바이오에너지 연료로 사용하기에는 적합하지 않습니다.

단세포 녹조류 클라미도모나스(*Chlamydomonas*)는 질소가 없으면, 즉 배가 고프면 기름을 많이 만들어냅니다. 만약 이 조류가 어떻게 기름을 많이 만들어내는지 그 원리를 알아내면 이 조류를 바이오에너지로 사용

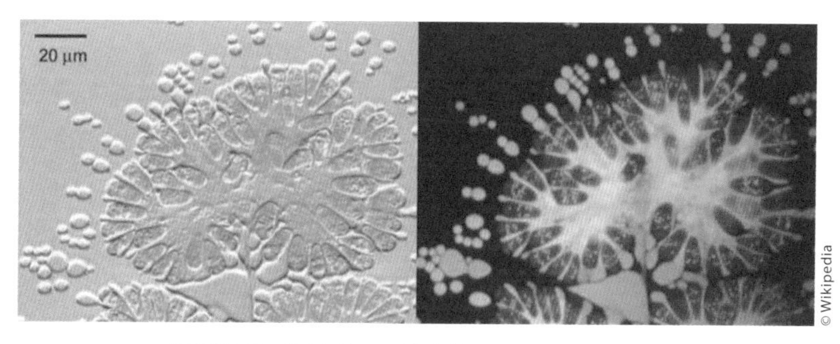

© Wikipedia

성장할수록 기름을 밖으로 분비하는 조류 보트리오코커스

할 수 있을 것입니다. 우리 실험실도 이 클라미도모나스에 주목하고 있습니다.

지구 상에 규조류는 1차 생산물의 20%를 차지할 정도로 많습니다. 바다에 사는 식물성 플랑크톤의 대부분이 규조류입니다. 규조류의 세포벽에는 이산화 규소(실리카)가 많이 포함되어 있습니다. 그래서 규조류는 실리카가 없는 곳에서는 분열하지 못하고, 기름을 많이 만들어냅니다. 우리 실험실에서도 이 규조류를 키운 적이 있습니다. 찬물을 좋아해서 온도가 섭씨 20도만 넘어가도 잘 크지 않았는데, 이것은 바이오에너지의 원료가 되는 데에 문제가 되는 부분이었습니다. 물이 따뜻해져도 잘 크는 규조류를 찾아낸다면, 그 규조류에서 바이오에너지로서의 가능성을 찾을 수

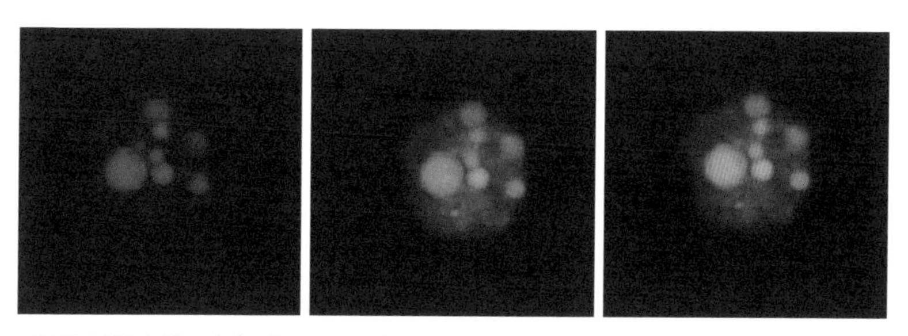

기름을 만들어내는 단세포 녹조류 클라미도모나스. Nile red라는 형광염색약으로 기름을 염색하였을 때 보이는 작은 동그란 방울들이 세포 안에서 생긴 기름 방울이다.

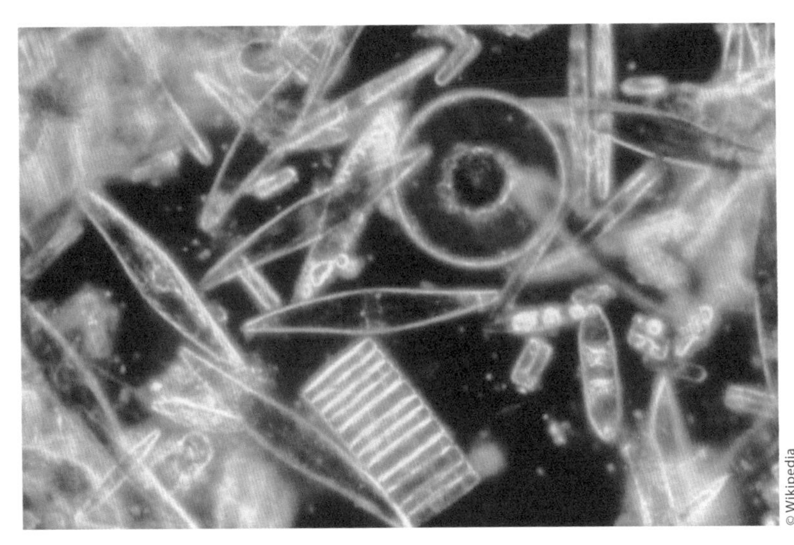

다양한 종류의 조류

있을 것입니다.

조류에서 기름을 만들어내려고 하는 건 우리 연구실만이 아니라, 아주 많은 연구실이 관심을 갖고 집중적으로 투자하고 있습니다. 정유회사 엑손(Exxon), 다우(Dow), 미국 정부도 수천만 달러를 투자해 기름을 만들 수 있는 유전자 조작 합성 생명체를 만들려고 하고 있습니다.

지난 2011년에 독일 항공사 루프트한자는 바이오에너지와 기존의 등유를 반씩 섞어 비행기를 띄울 수 있는지 시험했습니다. 루프트한자가 사용한 바이오에너지는 순수 바이오매스(생물자원)에서 추출한 것입니다. 비행기는 날아야 하기 때문에 연료로 무거운 배터리를 사용할 수 없으며, 오직 기름만 사용할 수밖에 없기 때문에 많은 항공사들이 식물성 바이오연료에 관심을 기울이는 상황입니다.

조류에서 경제적인 바이오에너지를 얻으려면

그러면 미세조류에서 바이오에너지를 얻으려면 어떤 성능이 개선되어야 할까요? 여러 미세조류 가운데 가장 효율적인 것을 선택하는 것이 중요합니다. 강한 태양광에서 광합성 효율을 유지할 수 있는 조류여야 할 것입니다. 조류 중 꽤 많은 종류가 강한 햇빛을 견디지 못하기 때문입니다. 인간에게 필요한 조류는 빛을 강하게 받아서 그것을 전부 당으로 변화시키고, 그 당을 기름으로 변화시키는 조류입니다. 또한 자연환경이 척박하더라도 생존력이 강해야 합니다. 활성산소와 같은 여러 스트레스에 잘 견디면서도 기름을 잘 만드는 조류일수록 인간에게 더 유용할 것입니다.

우리 실험실에서 실험을 진행하다 보니, 지금껏 다룬 조류는 스트레스를 받았을 때에만 기름을 만드는 조류였습니다. 스트레스가 없는 공간에서 조류는 기름을 잘 만들지 않았습니다. 그래서 요즘에는 어떻게 하면 행복한 상황에서 조류가 기름을 만들게 할 수 있을까, 하는 것을 연구하고 있습니다. 그리고 보트리오코커스처럼 자라면서 기름을 바깥으로 분비해주는 성질을 갖도록 하는 방법도 찾아보고 있습니다.

현재 전 세계의 많은 학자들이 바이오에너지 연구를 진행하고 있습니다. 조류의 종류별로 어떤 종류의 기름을 만드는지, 어떤 조건에서 많은 양의 기름을 만들어내는지, 어떻게 방출하도록 하는지, 유전공학을 사용해 기름 생산량과 배출량을 늘릴 수 있는지를 살피고 있습니다. 물론 이런 연구는 조류의 구조와 생활사, 먹이 등 기초적인 연구가 선행되어야 가능합니다.

어떤 분야이든 연구는 이 세상에서 아무도 모르는 것을 새로 발견하는 것이기 때문에 쉽지 않습니다. 그 어려움을 즐겁게 받아들이고 끊임없이 연구할 수 있는 열정이 있어야 연구자로서 자기 나름의 기여를 할 수 있습니다. 많은 이들이 이런 도전을 받아들여서 '21세기의 지구를 내기 디 행복하게 하겠다' 하는 큰 꿈을 품고, 날마다 성실하게 노력하는 과학자가 된다면, 전 세계 지구인이 조금 더 행복하게 살 수 있는 세상이 될 것입니다.

조류(藻類)
애쓴다.
좀더 힘좀써봐.
내 스포츠카가
움직여야 할 거 아녀.

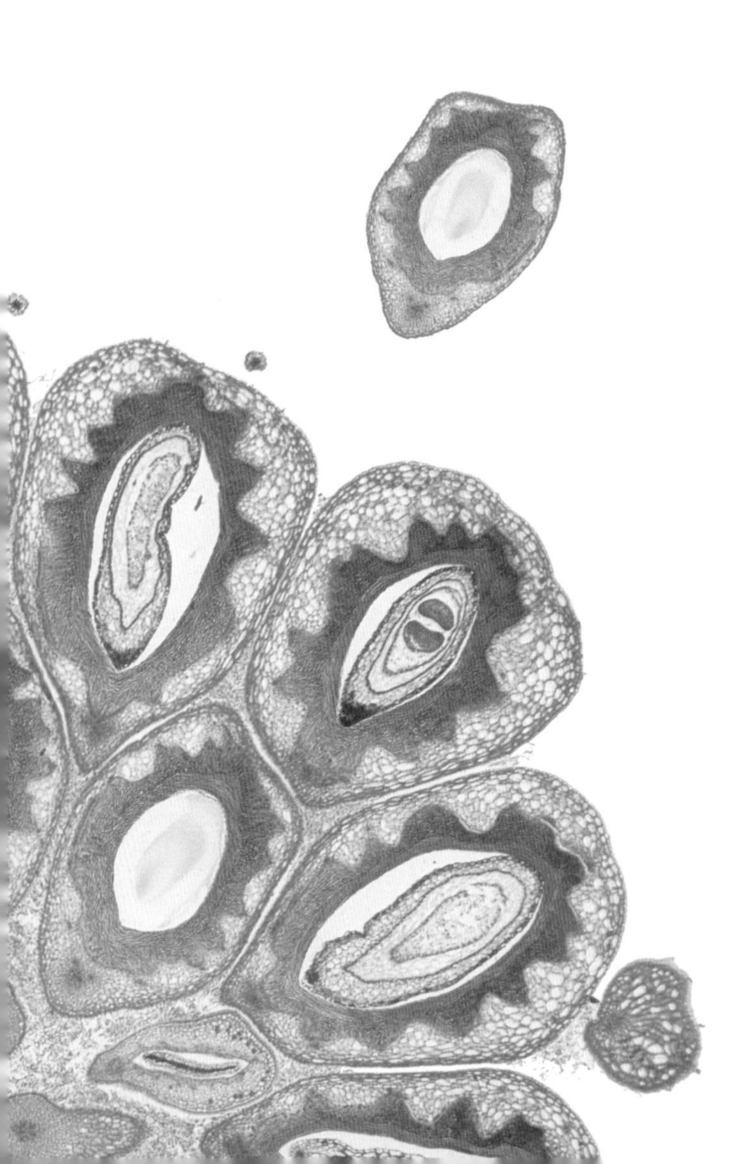

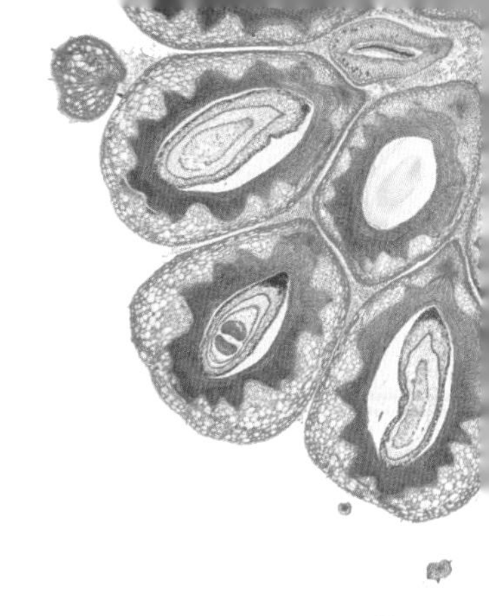

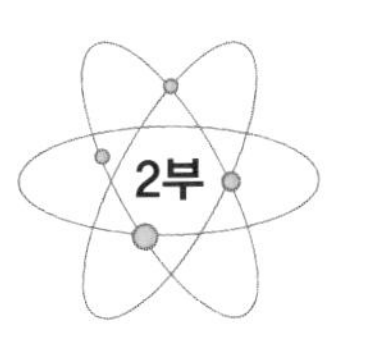

복잡성, 다양성, 실용성

현대 도시처럼 세포 안은 분주하다. 이곳저곳으로 굉장히 빠른 속도로 단백질이 운반된다. 들여다보고 있으면 어지럼증을 일으킬 만큼 세포 안에는 바쁘게 움직이는 물질들로 가득하다. 또 얼마나 복잡하고 다양한가! 외부로부터 유입되는 수많은 자극에 따라 신호를 전달하고 그에 맞게 단백질을 만들고, 또 그렇게 만들어진 단백질을 가차 없이 없애는 세포 공동체에 경이를 느끼게 만든다. 세포 속의 분자들은 눈으로 직접 볼 수 없기 때문에, 분자 수준에서 세포의 생명 현상을 완전하게 이해하는 데에는 시간이 더 필요하다. 2부에서는 장내세균과의 공생, 분자 구조와 신약 개발과의 관계, 면역세포의 기능, 생쥐 연구가 지닌 가치, 결핵균과의 전쟁 , 면역 시스템의 특성 등 우리 몸속에서 소란스럽게 이루어지고 있는 세포의 다양한 기능과 생물학 연구가 지닌 실용적 측면을 만나보게 될 것이다.

장내세균은 우리의 친구인가, 적인가

이원재 서울대학교 생명과학부 교수

경북대학교를 졸업하고, 프랑스 파리6대학(피에르와 마리 퀴리 대학)에서 박사학위를 받았다. 파리6대학 생화학연구소 연구원, 파스퇴르연구소 연구원, 연세대학교 교수, 이화여자대학교 교수를 거쳐, 현재 서울대학교 생명과학부 교수로 재직 중이다. 마크로젠 신진과학자상(2006), 교육과학기술부 이달의 과학자상(2007), 한국분자·세포생물학회 생명과학 학술상(2009), 경암학술상(2010), 한국생화학분자생물학회 동헌학술상(2013) 등을 수상했다.

아르놀트 뵈클린의 〈역병(The Plague)〉(1898)

여러분 혹시 흑사병이라고 들어보았나요? 흑사병은 세균 감염에 의해 피부가 까맣게 변하는 병입니다. 흑사병이 유명한 이유는 지금까지 이 질병으로 2억 명 정도가 목숨을 잃었고, 특히 14세기 유럽에서 인구의 3분의 1이 흑사병으로 죽었기 때문입니다. 19세기 말까지 사람들은 이 질병이 왜 일어나는지 몰랐습니다. 병의 원인도 모르고, 주변 사람들 상당수가 죽으니 사회 분위기가 아주 어두웠습니다. 그 당시의 그림을 보면 해골이 등장하고 악마가 거리를 휩쓸고 지나갑니다. 이 질병의 병원체는 1894년에 프랑스 세균학자인 알렉산드르 예르생(Alexandre Yersin)이 발견했습니다. 세균의 이름인 예르시니아 페스티스(*Yersinia pestis*)는 이 세균학자의 이름을 딴 것입니다.

이 균이 발견되기 전까지는 병의 원인을 몰라서 사회적·종교적 문제뿐 아니라, 인종 문제까지 일어났습니다. 유럽에서는 사람들이 떠돌아다니는 집시와 유태인들이 이 질병을 옮긴 것이라고 생각해 이들을 박해했습니다.

지금은 이 나쁜 세균이 어떻게 인간에게 전염되는지, 또 어떤 경로로 전해지는지 다 알고 있습니다. 먼저 벼룩이 페스트균에 감염된 쥐의 피를 빨아먹고, 그 벼룩이 다른 쥐뿐 아니라 사람의 피까지 빨아먹는 과정에서 페스트균을 옮기면 이로 인해 사람은 흑사병에 걸립니다. 그리고 특정 페스트 균주의 경우에는 사람과 사람 사이에서 호흡기를 통해서도 감염을 일으킬 수 있습니다. 지금은 병의 원인과 감염 경로를 알고 있기 때문에 전 세계에서 흑사병이 거의 사라진 상태입니다. 그러나 사람들이 악용하려고 한다면, 호흡기 감염이 가능한 페스트균을 이용해 바이오테러를 일으킬 가능성도 없진 않습니다.

미생물이 모든 병의 원인이다

위의 흑사병의 경우처럼 질병의 원인을 모를 때에는 질병을 예방할 수 없습니다. 미생물 병원설(Germ Theory of Disease)은 미생물이 질병을 일으킨다는 이론입니다. 이 개념이 우리 머릿속에 들어온 건 불과 100여 년 전입니다. 이전의 기나긴 시간 동안 인류는 병을 일으키는 것이 미생물인지도 모르고 살았던 것입니다. 미생물 병원설을 처음 제시한 학자는 이탈리아의 곤충학자인 아고스티노 바시(Agostino Bassi) 박사입니

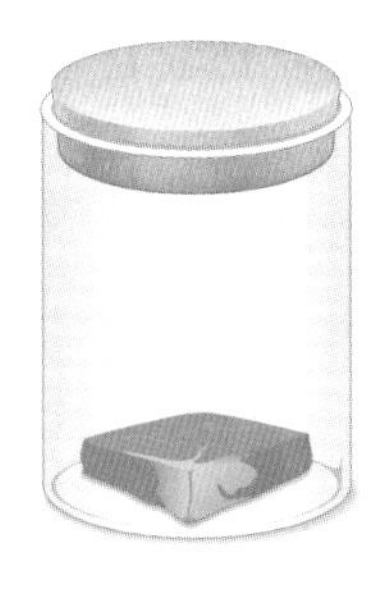
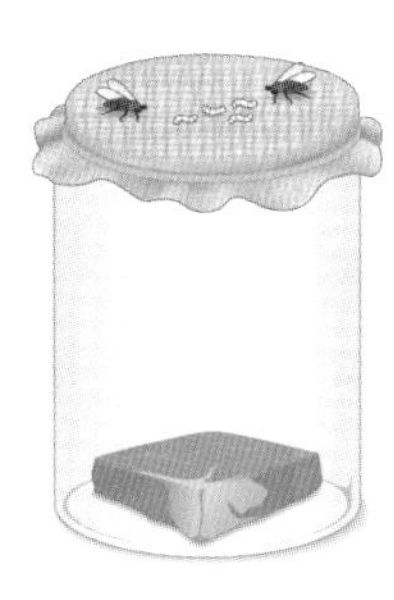

프란체스코 레디의 실험. 뚜껑이 없는 용기 속의 고기는 파리가 통과할 수 있어서 벌레가 생겨난다. 하지만 뚜껑이 닫혀서 파리가 통과하지 못하는 용기 속에서는 벌레가 발견되지 않는다. 프란체스코 레디는 이 실험을 통해 벌레가 고기에서 자연발생하는 것이 아니라는 것을 증명했다.

다. 바시 박사는 죽은 누에고치 주위엔 항상 솜 모양의 물체가 있다는 것을 관찰하고는 이 솜 모양의 물체가 살아 있으며 누에고치를 죽였다고 생각했습니다. 그래서 솜을 연구하던 바시 박사는 솜 모양의 물체가 곰팡이라는 것을 발견했습니다. 이 곰팡이는 보베리아 바시아나(*Beauveria bassiana*)라는 곰팡이였습니다. 바시 박사의 연구가 위대한 것은 단순히 누에고치에만 이 관찰 결과를 적용한 것이 아니라, 사람도 균들에 의해 병이 날 것이라는 가능성을 제시했기 때문입니다. 물론 바시 박사는 이 가설을 직접 증명하지는 못했습니다. 그 가능성 증명은 다른 학자들 몫이었습니다.

프랑스의 유명한 과학자 루이 파스퇴르(Louis Pasteur)는 평소에 아고스티노 바시 박사를 굉장히 존경해서 사무실 벽에 바시 박사의 사진을 걸어놓고 연구했다고 합니다. 파스퇴르의 업적 가운데 하나는 자연발생설이 잘못된 가설이라는 사실을 증명한 것입니다. 19세기까지만 해도 유럽에서는 자연발생설을 믿고 있었습니다. 가령 뚜껑이 없는 병에 고기를 놓아두면 고기에 벌레가 들끓게 됩니다. 그래서 사람들은 고기에서 애벌레가 자연적으로 발생한다고 생각했습니다. 그러나 프란체스코 레디

(Francesco Redi)라는 과학자는 그것을 믿지 않았습니다. 고깃덩어리에서 생명체가 생길 리 없다고 생각한 것입니다. 그래서 이를 증명하기 위해 고깃덩어리가 들어가 있는 병을 막거나, 뚜껑 대신 모기장을 쳤습니다. 그랬더니 모기장을 친 병의 고기에는 벌레가 들끓지 않는다는 것을 확인했습니다. 자연적으로 고기에서 벌레가 발생하는 것이 아니라고 생각할 수 있는 결과였습니다. 그러나 레디는 고기가 왜 썩는지에 대해서는 설명할 수 없었습니다. 그 당시에는 눈에 보이지 않는 미생물이 있다는 것조차 몰랐기 때문입니다. 이를 완벽하게 증명한 과학자는 파스퇴르였습니다. 파스퇴르는 백조목처럼 S자로 구부러진 플라스크를 만든 다음, 그곳에 자연 상태로 놔두면 썩게 되는 액체를 집어넣었습니다. 파스퇴르는 공기 중에 떠돌아다니는 생명체가 물질을 썩게 만들기 때문에, 그 생명체가 들어가지 않으면 썩지 않을 것이라고 생각했습니다. 실험 결과, 실제로 백조목 모양의 플라스크에 들어가 있는 액체는 썩지 않았습니다. 마치 밀봉한 통조림 안의 음식물이 썩지 않은 것처럼 말입니다. 파스퇴르는 대조군 실험을 진행했습니다. 백조목 모양의 플라스크를 시계 방향으로 90도 기울여서 플라스크 속의 액체가 주둥이 속으로 살짝 들어가게 한 후 다시 세웠던 것입니다. 그랬더니 그 플라스크 속의 액체는 썩기 시작했습니다. 플라스크를 기울였을 때 미생물이 들어갔던 겁니다. 통조림을 땄다가 다시 닫아놓은 것과 비슷합니다. 파스퇴르는 이런 실험으로 공기 중에 있는 미생물들이 물질을 썩게 함으로써, 자연발생설이 틀린 가설이라는 사실을 증명합니다.

파스퇴르의 실험은 간단하긴 했지만, 사람들이 생각하지 못했던 실험이었습니다. 이후에 사람들은 응용하기 시작했습니다. 대표적인 응용 사례는 포도주입니다. 옛날부터 프랑스 경제에서 포도주 산업은 굉장히

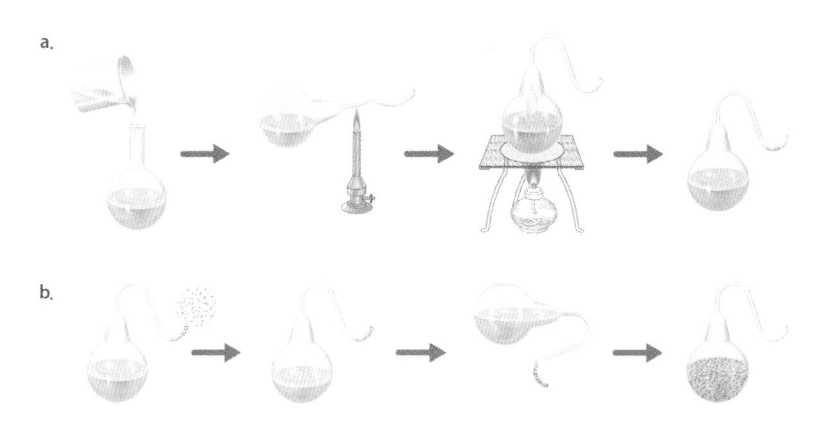

a. 루이 파스퇴르는 구부러진 백조목 모양의 플라스크를 만들어, 실험적으로 자연발생설이 잘못되었다는 것을 증명했다. b. 파스퇴르는 대조군 실험으로 플라스크를 기울여서 플라스크 속의 액체가 미생물에 오염되어 썩는다는 것을 관찰했다.

중요한 산업이었습니다. 그런데 포도주 맛이 좋아야 하는데 그 당시에 자꾸 맛이 시큼하게 변하는 이상한 일들이 벌어졌습니다. 그래서 나폴레옹 3세가 파스퇴르를 불러 원인을 밝혀보라고 했습니다. 파스퇴르는 포도주와 맥주의 맛을 좋게 하면서 알코올을 만드는 어떤 균이 있을 것이라고 생각했습니다. 그리고 포도주와 맥주의 맛이 바뀌는 것은 공기 중의 나쁜 균이 들어왔기 때문이라고 생각했습니다. 파스퇴르는 좋은 균은 놔두고 나쁜 균을 없애는 방법을 고안했습니다. 바로 저온 살균입니다. 파스퇴르는 여러 차례 조사한 다음에 섭씨 55~56도에서 순간적으로 살균하면, 좋은 균은 영향을 받지 않는다는 것을 알아냈습니다. 이런 파스퇴르 살균법으로 프랑스 포도주 산업은 다시 활기를 찾았습니다.

파스퇴르는 같은 원리로 누에 농사에도 기여했습니다. 누에들이 하나씩 죽어나가자, 파스퇴르는 누에를 죽이는 미생물이 있다고 생각했습니다. 그래서 현미경으로 일일이 누에를 확인했습니다. 현미경으로 보았을

© Wikipedia

결핵균이 결핵의 원인이라는 것을 증명한 로베르트 코흐

때 미생물이 발견되면 그 누에를 다 버렸습니다. 그러고는 균들이 없는 알들만 모아서 키우도록 했습니다.

동시대 사람인 로베르트 코흐(Robert koch)는 여기서 한 걸음 더 나아갔습니다. 코흐는 결핵균이 결핵의 원인이라는 것을 증명했습니다. 코흐는 이를 증명하기 위해 독특하게 코흐의 공리(또는 가설)를 사용했습니다.

1. 병원균은 그 병을 앓는 실험동물에게서 반드시 분리된다.
2. 병원균은 순수 분리되며 배양할 수 있다.
3. 건강한 실험동물에게서 순수 분리된 병원균을 접종하면 동일한 병을 일으킨다.
4. 실험적으로 감염시킨 동물에게서 반드시 접종한 병원균과 동일한 병원균이 재분리된다.

코흐의 가설은 지금의 현대 의학에서도 사용하고 있는 방법입니다. 가령, 아픈 쥐가 있다고 해봅시다. 코흐는 아픈 쥐에게서 병원성 미생물이 나와야 하고, 병을 일으키는 균을 순수하게 분리할 수 있어야 하며, 이 분리된 균을 건강한 다른 쥐에게 주입하면 이 쥐를 아프게 해야 하고, 이 쥐에게서 처음과 같은 균을 분리할 수 있어야 병원균이 병을 일으킨다는 사실을 증명한다고 생각했습니다. 이런 가설을 토대로 코흐는 결국 결핵균이 사람에게서 결핵을 일으킨다는 것을 증명했습니다. 그리고 이 업적으로 1905년 노벨상을 받았습니다.

나쁜 균과 좋은 균

일리야 메치니코프

프랑스의 파스퇴르 연구소에 있던 일리야 메치니코프(Elie Metchnikoff)는 여기서 더 나아갑니다. 메치니코프는 인간에게 병원균이 들어온다고 해서 항상 병에 걸리는 것이 아니고 우리 몸도 저항한다는 '면역' 개념을 제시했습니다. 우리 몸의 세포가 병원균과 싸우거나 잡아먹기도 한다는 겁니다. 메치니코프는 이 면역 개념으로 1908년에 노벨상을 받았습니다. 1882년 불가사리 유충으로 실험을 진행한 메치니코프의 실험노트에는 다음과 같이 적혀 있습니다.

> 우리 집의 작은 정원. 나는 정원에서 장미 가시 몇 개를 뽑았다. 그 가시를 물처럼 투명하게 보이는 불가사리 유충에 찔렀다. 신경이 예민해져서는, 실험 결과를 기다리면서 간밤에 한숨도 못 잤다. 다음날, 아주 이른 아침에 기쁘게도 실험이 성공했다는 것을 알았다.

이때 메치니코프가 발견한 것은 면역반응, 즉 면역세포들이 이물질이나 균을 먹는 현상이었습니다. 메치니코프는 이처럼 면역세포가 균을 삼켜 분해시키는 '식균작용(phagocytosis)'을 발견해 노벨상을 수상했습니다.

이후 메치니코프는 연구 방향을 바꾸어서 장수이론을 발전시켰습니다. 노벨상을 받기 전에는 우리 몸이 나쁜 균에 어떻게 반응하는가에 관심을 기울였다면, 이후에는 어떻게 좋은 균을 많이 섭취해서 오래 살 수 있을까에 관심을 기울였던 것입니다. 메치니코프는 발칸 반도의 장수마을 등을 돌아다니면서, 공통적으로 장수마을은 유산균이 든 음식을 굉

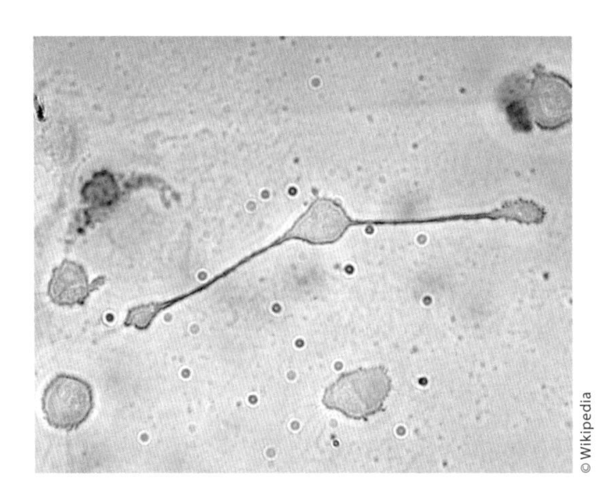

메치니코프는 면역세포가 몸속으로 들어온 병원균과 싸우거나 잡아먹음으로써, 우리 몸이 병원균에 저항한다는 '면역' 개념을 최초로 제시했다. 사진은 두 방향에서 이물질을 포식하는 대식세포의 모습을 보여준다.

장히 많이 섭취한다는 것을 알게 되었습니다. 그래서 이런 유산균과 장수와는 상관관계가 있을 것이라고 생각했습니다. 이렇게 유산균처럼 생명체에 유익한 영향을 주는 세균을 프로바이오틱(probiotic)이라고 합니다.

메치니코프의 장수이론은 기존의 미생물 병원설과는 확연한 시각 차이를 보여줍니다. 그전까지 미생물은 병을 일으키는 존재였는데, 메치니코프는 몸에 좋은 미생물을 얘기했던 겁니다. 메치니코프가 위대한 것은 좋은 균과 나쁜 균의 개념을 확립했다는 점에 있습니다. 메치니코프는 이런 말도 했습니다. "모든 생명체의 죽음은 장에서 시작된다." 간단히 말해, 장은 세균들이 굉장히 많이 들끓는데 그 장에 나쁜 세균이 많이 있으면 장이 부패하기 시작하면서 독소들을 많이 분비해 생명체에 악영향을 줄 것이라는 얘기입니다. 그래서 메치니코프는 장을 깨끗하게 하기 위해서는 좋은 균을 계속 넣어주는 방법밖에 없다는 논리를 폈습니다. 유산균 음료를 많이 섭취하라는 것은 이런 메치니코프의 장수이론에서 비롯된 것입니다.

세균과의 평화로운 동거

우리는 세균과 동거하고 있습니다. 우리 몸의 전체 세포수는 대략 10조 개입니다. 그러면 세균은 얼마나 있을까요? 코, 입, 피부, 장, 생식기에 있는 세균들의 세포수는 무려 100조 개에 달합니다. 종류도 500~1000종으로 다양합니다. 세포는 인간이 지닌 DNA 총량의 100배가 넘는 유전정보를 지니고 있습니다. 그러니까 우리 유전정보가 아닌 세균의 유전

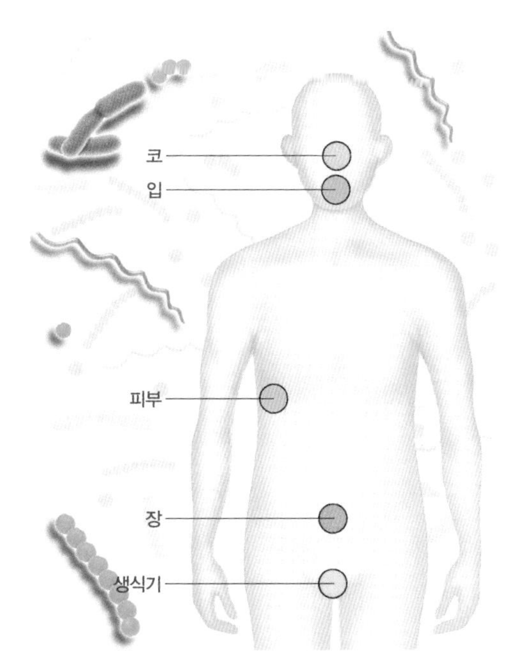

우리 몸속에서 공생하고 있는 세균들의 세포수는 약 100조 개에 달한다. 세균들은 외부와 통하는 코, 입, 피부, 장, 생식기 등에 가장 많다.

정보를, 그것도 100배나 많은 유전정보를 우리는 몸 안에 지니고 다니는 겁니다. 장내세균의 총 무게는 1.5kg입니다.

자, 그러면 질문을 하나 던져보겠습니다. 왜 우리는 1.5kg에 해당하는 세균을 뱃속에 넣고 다녀야 할까요? 도대체 장내세균은 무슨 좋은 영향을 미칠까요?

1932년 스웨덴 학자 고스타 글림스테드트(Gösta Glimstedt) 박사는 기니아 피그를 무균으로 키워보았습니다. 이 기니아 피그의 장에는 균이 없습니다. 그랬더니 기니아 피그의 키가 작았습니다. 해부를 해보았더니 다양한 장기들이 정상 동물에 비해서 크기가 작다는 것을 발견했습니다. 글림스테드트 박사는 장내세균이 동물의 성장 및 장기의 크기에 굉장히 중요한 역할을 한다는 결론을 내렸습니다. 장내세균이 동물의 성장에 영향을 미친다는 것을 최초로 발견한 셈입니다. 장내세균 연구는 무균 동물을 만들어서 실험을 해야 하기 때문에 인간을 대상으로 수행하기는 힘듭니다. 그러면 장내세균은 어떤 동물을 이용해서 연구할 수 있을까요? 실험동물로는 침팬지, 쥐, 과일 초파리, 예쁜꼬마선충, 지브라피시 등이 사용되곤 하는데, 우리 실험실의 실험동물은 초파리입니다.

초파리를 선택한 이유는 초파리가 유전학적으로 연구하기가 굉장히 편하기 때문입니다. 실험동물로서의 초파리는 역사가 깊습니다. 초파리를 연구에 처음으로 사용한 과학자는 토머스 헌트 모건(Thomas Hunt Morgan)이었습니다. 모건은 유전이 염색체를 통해 일어난다는 것을 밝힌 공로로 1933년에 노벨상을 받았습니다. 초파리는 유전자 조작을 가장 쉽게 할 수 있는 동물 중 하나입니다. 초파리 과학자들이 개발한 유전자 스위치 기법을 통해 과학자들은 원하는 시간과 원하는 장기에 초파리의 유전자 스위치를 켜거나 끌 수 있습니다.

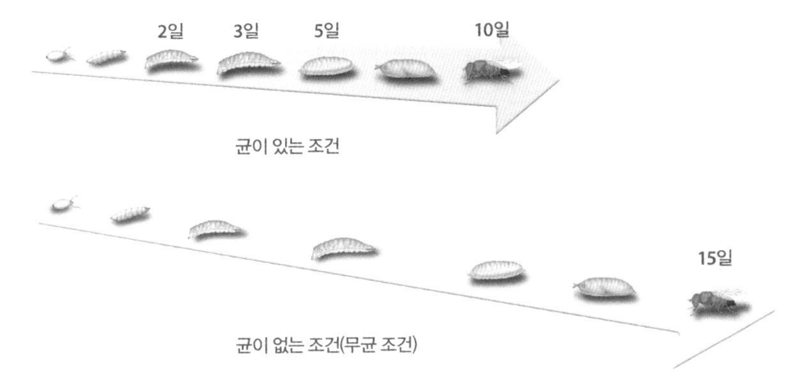

특정 배지 조건에서 동물들은 성장 저하 현상을 보인다. 초파리를 대상으로 실험한 결과, 장내세균이 있는 조건에서 초파리는 10일 만에 초파리가 되었지만, 무균 조건에서 초파리는 15일 만에 초파리가 되었다.

우리 연구실에서는 초파리를 대상으로 글림스테드트 박사의 실험이 맞는지 한번 재현해보았습니다. 우선 초파리 알을 세척해서 무균으로 만들었습니다. 대부분 실험실에서 사용하는 초파리는 장내세균이 5종류 정도여서 조사하기가 수월했습니다. 만일 장내세균의 종류가 500~1000종가량 됐다면, 이 균들을 조사하는 데 꽤 힘이 들었을 겁니다.

무균 초파리의 알에 5종류의 세균을 넣어주었더니, 특정 배지 조건에서 10일 후에 초파리가 됐습니다. 그런데 무균 초파리의 알일 경우에는 15일 만에 초파리가 됐습니다. 인간의 눈으로 보면 5일 차이지만, 초파리의 시각에서 보면 5일은 굉장히 큰 차이입니다. 인간으로 말하자면 엄마 뱃속에서 열 달이 아니라 열다섯 달 만에 태어나는 것과 비슷합니다. 장내세균이 초파리에게 아주 큰 영향을 준다는 사실을 확인할 수 있었습니다.

이런 연구 결과로, 우리는 장내세균이 무엇에 이로운지 알 수 있게 되었습니다. 지금 우리에겐 1.5kg의 장내세균은 꼭 필요한 세균들인 것입

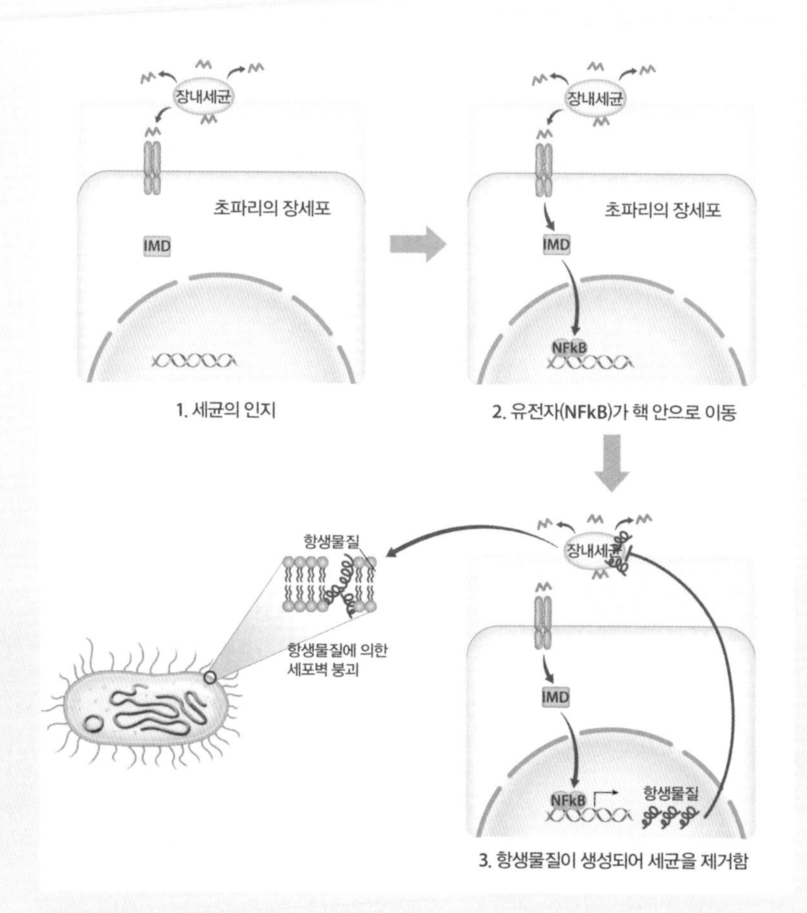

세균을 제거하는 면역 시스템. 1) 세균을 인지한다. 즉 세균의 세포막의 당 구조를 인지한다. 2) 신호전달을 통해 항생물질을 생성한다. 구체적으로, IMD 신호전달 체계가 활성화되어서 항생물질을 만드는 데 중요한 유전자 스위치 단백질(NF-kappaB)이 핵 안으로 이동한다. 3) 세균을 제거한다. 핵 안으로 이동된 유전자에 의해서 항생물질이 생성되어서 세균을 제거하는 것이다.

니다.

여기서 한 가지 의문 사항이 생길 것입니다. 우리 몸은 외부의 세균이 들어오면 싸우고 죽입니다. 면역반응을 일으키는 겁니다. 몸속의 면역세포들과 세균이 싸우고 난 결과로 염증이 일어납니다. 우리 몸은 세균을 죽일 수 있는 항생물질을 만들어내서, 세균이 들어오면 격렬하게 반응합니다. 그러면 어떻게 1.5kg의 세균들은 우리 몸속의 장에서 공생할 수 있게 된 것일까요? 왜 면역세포들은 장내세균들을 공격하지 않는 것일까요? 이런 의문을 초파리를 이용해서 연구해보았습니다.

우선 면역 시스템이 어떻게 작용하는지 간략히 설명해보겠습니다. 항생물질(항생펩타이드)은 포도주 병따개를 닮았는데, 이 물질은 포도주의 코르크 마개를 뚫듯이 세균의 막을 뚫습니다. 그러면 어떻게 항생물질을 만들까요? 초파리는 매일 항생물질을 만드는 것이 아니라 균이 침입하면 그때 만들어냅니다. 그리고 세균의 세포막에 있는 특이하게 생긴 당 구조를 보고 세균을 인지합니다. 당 구조를 파악하는 단백질이 초파리에 있는데 그것이 당 구조를 보고 세균이 들어온 것을 알아채는 겁니다. 세포는 비상사태라는 신호를 전달합니다. 그러면 NF-kappaB라는 유전자 스위치 단백질 하나가 DNA가 있는 세포의 핵 안으로 황급히 들어갑니다. 그런 다음 항생물질을 만드는 유전자 앞에 가서 스위치를 켭니다. 그러면 RNA가 만들어지고, 항생물질 항생펩타이드가 세포 밖으로 배출되어서 균을 없앱니다. 쉽게 말해 3단계입니다. '세균을 인식하고, 신호전달을 해서 항생물질 유전자 스위치를 켜고, 항생물질을 만들어서 균을 제거한다.'

친구를 보호하고 적은 물리친다

이런 면역 시스템 덕분에, 장이라고 해도 모든 박테리아가 살 수 있는 건 아닙니다. 나쁜 균들은 면역 시스템을 통해 없애기 때문입니다.

그러면 이 시점에서 다음과 같은 질문을 던져볼 수 있을 겁니다. 도대체 어떻게 좋은 균들을 가만히 놔두는 것일까요?

결론부터 말하자면, 생명체의 몸은 장의 면역반응(항균작용)을 줄여서 좋은 균들을 보호해야만 건강을 유지할 수 있습니다. 좋은 장내세균을 보호해야만 메치니코프의 장수이론처럼 오래 살 수 있는 겁니다. 이것을 어떻게 증명할 수 있는지 초파리 연구를 더 자세히 들여다보겠습니다.

우선 이런 가설을 세워보았습니다. '좋은 균들이면 항균 유전자 스위치가 꺼질 것이다.' 그렇게 해야지 항균물질을 만들지 않고 좋은 세균을 보호할 것이라는 생각에서 세운 가설입니다. 그러기 위해서는 NF-kappaB라는 유전자 스위치 단백질 하나가 핵 속으로 들어가지 않으면 유전자 스위치가 켜지지 않을 것이라고 생각했지만, 이 가설은 맞지 않았습니다. 실험을 해보니, 좋은 균이 들어와도 세포는 세균으로 인지하고 유전자 스위치 단백질이 핵 안으로 들어가 유전자 스위치를 켰습니다. 그렇다면 무균 상태의 세포는 어떤 반응을 일으킬까 실험해보았습니다. 그랬더니 무균 상태에서는 유전자 스위치 단백질이 핵 안으로 들어가는 것이 관찰되지 않았습니다. 즉 세포는 좋은 세균이든지 나쁜 세균이든지 구별 없이 세균을 인지하고 유전자 스위치 단백질을 핵 안으로 들여보내서 유전자 스위치를 켜는 것입니다.

그래서 가설을 다시 세웠습니다. '유전자 스위치는 켜졌지만 항생물질은 만들어지지 않는다.' 아마도 균을 보호하기 위해서 그렇겠죠? 어떤 이유로 항생물질이 만들어지지 않는지 증명할 필요가 있었습니다. 이유는

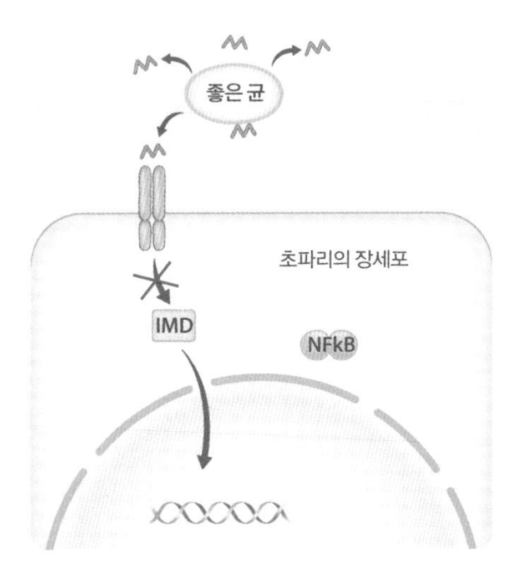

장내 면역반응에 대한 첫 번째 가설 : 장내에 좋은 균들에 대해서는 항균 유전자 스위치가 꺼져 있어 항생물질이 생성되지 않아서 좋은 균을 보호할 것이다.

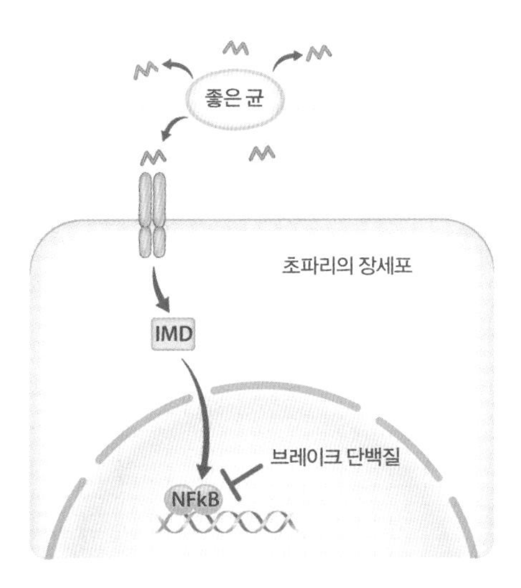

장내 면역반응에 대한 두 번째 가설 : 장내 좋은 균에 의해서 유전자 스위치는 켜지지만 브레이크 단백질이 존재하여 항생물질은 만들어지지 않는다.

Bio Tip

장의 면역력은 어떻게 작동할까?

장의 면역력은 두 가지 측면으로 작동한다. 첫 번째 측면은 해로운 균을 제거하기 위한 강력한 면역 작동자를 발현시키는 방법이다. 장에서 작동하는 가장 빠르고 정확한 면역 작동자는 활성산소와 항균물질이다. 그래서 장에서는 해로운 균이 들어오면, 면역세포가 이를 인지하여 신속하게 살균성 활성산소를 분비하여 균을 죽인다. 더불어 항균물질이 균 제거를 돕는다.

두 번째 측면은 유익한 유산균을 보호하기 위해 면역의 활성을 억제하는 방법이다. 장 속에 유익한 균이 많을 때에는 좋은 세균을 보호하기 위해 면역 작동자의 활동이 억제되고, 좋은 세균에 대한 공격을 피하는 것이다.

그래서 면역력이 약화되어 나쁜 세균을 제대로 제거하지 못하면 변비, 설사를 비롯해 염증 질환을 앓게 되고, 반대로 면역력이 무차별적으로 강화되면 좋은 세균까지 제거하는 부작용을 낳는다. 좋은 세균이 없어지면, 이들 세균이 담당했던 면역력 보조 기능이 상실되기 때문에 궁극적으로는 장 건강에 해로운 영향을 미치고, 결국 면역력이 약해지게 된다. 좋은 세균을 정확하게 인지하여 작동하는 장내 면역 시스템이 중요한 것은 이 때문이다.

하지만 아직까지는 좋은 세균을 보호하기 위해 면역 활성을 억제하는 방법과 나쁜 세균을 죽이기 위해 면역 활성을 촉진하는 방법이 과학적으로 완전히 규명되지 않고 있다.

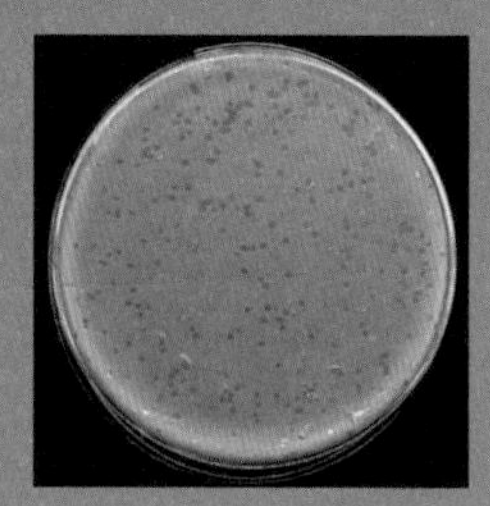

어떤 특정 단백질, 즉 스위치를 끄는 단백질이 있기 때문이었습니다. 마치 자동차의 사이드브레이크처럼, 유전자의 스위치를 켜도 브레이크를 걸어놓는 단백질이 있었던 것입니다. 이를 증명하기 위해 브레이크 단백질을 없애보았습니다. 그랬더니 항균 유전자가 만들어지기 시작했습니다.

다시 한 번 정리하자면, 우리 몸은 성장에 도움을 주는 유익한 균을 보호합니다. 이 균과 싸울 수 있는 항생물질을 만들지 않습니다. 항생물질을 만드는 유전자 스위치가 켜지지만, 이 스위치에 브레이크를 걸어놓는 것입니다.

그러면 브레이크가 없다면 어떤 일이 일어날까요? 우선은 균들을 조사할 필요가 있었습니다. 균들의 분포를 보니 위계가 있었습니다. 수가 많은 것에서 수가 적은 것까지 작은 사회를 형성하고 있었습니다. 조금 뒤에 설명하겠지만 이 세균의 분포와 항생물질 사이에는 밀접한 관계가 있습니다.

우리 연구팀은 브레이크가 없는 초파리의 경우 항생물질이 너무 만들어져서 장내세균을 파괴할 것이라고 생각했습니다. 무균 상태가 되어 성장 저하를 일으킬 것이라고 생각한 것입니다. 그런데 실험 결과는 그렇지 않았습니다.

브레이크가 있는 초파리와 브레이크가 없는 초파리를 비교해보았더니 균들의 숫자가 비슷하게 나왔습니다. 어떻게 된 것일까요? 브레이크가 없다면 항생물질이 많이 나와서 균들이 없어져야 되는 것 아니었을까요? 다음에는 균들의 분포를 관찰했습니다. 그랬더니 브레이크가 없는 초파리의 경우, 5종류의 균 가운데 완전히 없어진 균도 있고, 원래 적었던 균이 많이 만들어지기도 했습니다. 장내세균의 수가 변동되는 것이 아니라 장내세균의 분포가 변동되는 것이었습니다. 브레이크가 없어 항생물질

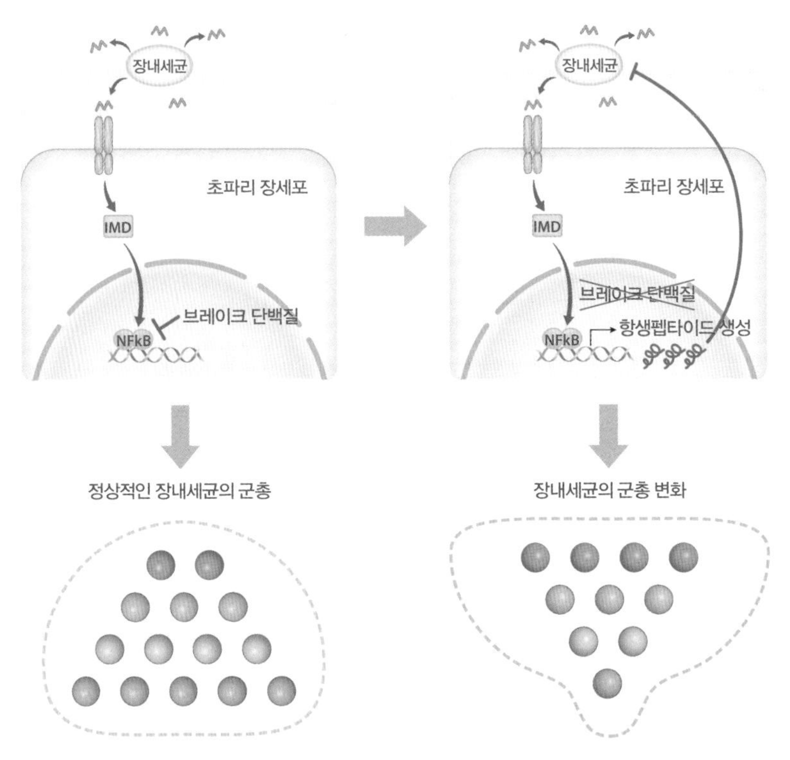

항생물질의 합성과 그에 따른 장내세균 분포의 변화. 왼쪽 : 정상 초파리의 경우 브레이크 유전자가 기능하여 항생물질이 만들어지지 않게 되고 장내세균들이 정상 분포를 갖게 된다. 오른쪽 : 브레이크 유전자를 없앤 초파리에서는 항생물질이 만들어져 장내세균 집단의 분포에 변화가 생겼다.

이 나오면 장내세균 사회의 구조가 깨지는 것이었습니다. 가장 많은 균들이 없어지고, 그렇게 위세를 떨던 균이 사라지니 그 아래에 있는 세균들의 수가 확 늘어났습니다. 그러면 장내세균 사회의 구성원이 변동되는 것(G707이 많아지는 것)이 건강에 어떤 영향을 미치는 것일까요?

위 그림에서 왼쪽은 정상 초파리이고, 오른쪽은 브레이크가 없는 초파리입니다. 오른쪽의 브레이크가 없는 초파리의 경우는 항생물질이 나와서 균들 사회의 구조가 변해 있는 상태입니다.

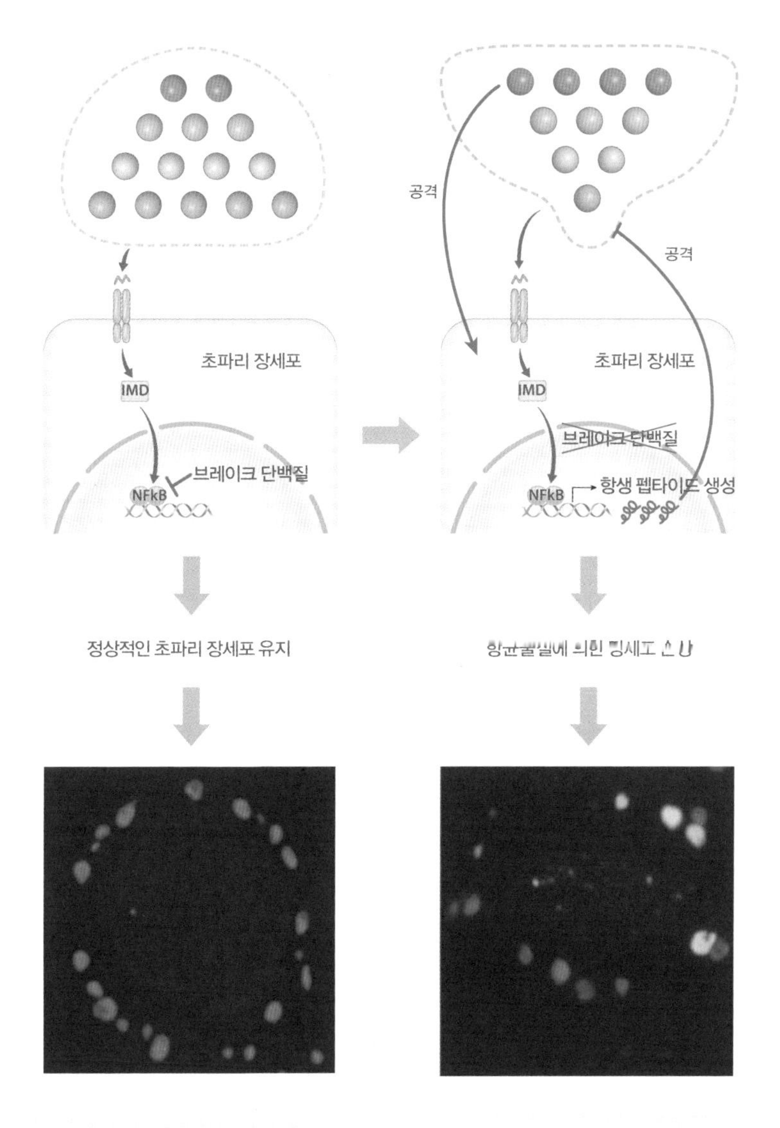

항생물질로 인해 장내세균의 분포에 변화가 생기고, 변동된 장내세균으로 인하여 장세포가 손상된다. 그림 맨 아래쪽의 왼쪽 사진은 정상 초파리의 장세포이고, 오른쪽 사진은 브레이크 단백질이 없는 초파리의 장세포이다. 파란색은 정상 상태의 장세포를 나타내는 것이고, 밝은 초록색을 띠는 세포는 죽은 세포이다.

그랬더니 왼쪽 정상 초파리의 경우에는 손상된 세포가 거의 없었습니다. 그런데 브레이크가 없는 초파리의 경우 부서지거나 손상된 세포들이 많았습니다. 이는 장내세균 분포의 변화 때문에 일어난 것입니다. 이를 증명하기 위해 왼쪽과 오른쪽의 초파리를 무균 상태로 바꾸어보았습니다. 장 청소를 한 것입니다. 그랬더니 모두 정상으로 돌아갔습니다.

좀더 자세히 설명하자면, 왼쪽 정상 초파리의 경우에는 나쁜 균이 있는 것은 알지만 좋은 균을 보호하기 위해 브레이크를 활용해 균을 공격하지 않았습니다. 그런데 인위적으로 브레이크를 없앤 오른쪽의 경우에는 항균물질이 균을 공격했습니다. 그랬더니 장내세균들 간의 위계 질서에 변화가 생겼으며(그로 인해 빨간색 균이 많이 번식함), 동시에 항생물질에 의해 세포도 손상되었습니다. 염증반응이 일어난 것입니다. 이렇게 장내세균들 간의 변화가 장세포를 아프게 한다는 것을 증명하기 위해 장 청소를 해보면 건강한 상태로 되돌아갑니다. 면역반응이 일어나도 세균이 없기 때문에 염증을 일으키지 않게 되는 것입니다. 결국 장내세균 간의 위계 구조가 잘못되면 건강에 해롭다는 것이 증명된 것입니다.

초파리는 보통 80일 정도 삽니다. 그런데 브레이크 유전자가 없는 초파리의 경우에는 52일 만에 죽습니다. 항생물질을 많이 만들 뿐인데, 초파리의 수명이 훨씬 짧은 것입니다. 그러면 이것을 치료하는 방법은 무엇일까요? 브레이크 유전자를 넣어주면 정상 초파리가 될 것입니다. 아직 사람의 경우에는 유전자 치료가 힘들지만, 초파리의 경우에는 가능합니다. 우리 연구실에서 브레이크 유전자를 한번 넣어보았더니, 돌연변이 초파리의 60%가 52일이 지나도 생존했습니다.

그러면 장내세균 가운데 좋은 균은 오래 살려두고, 나쁜 균을 없애는 방법으로는 무엇이 있을까요? 가장 좋은 방법은 나쁜 균만 골라서 죽이는 것일 겁니다. 그러나 아직까지, 적어도 초파리의 경우에는 나쁜 균만 죽이는 약은 개발되지 않았습니다. 다른 방법이 있다면, 장을 깨끗이 청소한 다음 좋은 균만 골라서 넣어주는 방법이 있을 겁니다. 실제로 장 청소를 한 다음 좋은 균(빨간색 균을 제외한 균들)을 골라서 넣어주었더니 정상 초파리하고 똑같아졌습니다. 그만큼 장에서 세균은 중요한 역할을 합니다.

잠시 요약해보겠습니다. 장 속에는 수없이 많은 균이 살고 있으며, 몸에 좋은 작용을 하는 균과 나쁜 작용을 하는 균이 함께 존재합니다. 그래서 건강하고 면역력이 좋은 사람은 해로운 균으로부터 스스로를 잘 보호하면서 몸에 좋은 균들과 평화롭게 공생합니다. 하지만 장의 면역력이 떨어지면, 나쁜 균이 많아지면서 평형상태가 깨지게 됩니다. 그러면 장의 상태가 나빠져 각종 면역 질환이 생깁니다.

또 어떤 이유에서건 항생물질이 많이 나오게 되면, 장내세균 사회의 변화가 생깁니다. 장내세균 사회에서 균들은 서로 팽팽하게 주도권을 두고 경쟁하는데, 항생물질에 의해 일부 세균이 죽으면 수가 많지 않았던 세균들이 번성하게 됩니다. 이런 세균 가운데에서는 평소에 수가 적었을 때에는 전혀 문제를 일으키지 않다가 수가 많아지면 악영향을 미치는 세균들이 있습니다. 건강에 굉장히 나쁜 영향을 미치는 것입니다.

예를 들어 여러분이 파란 세균만을 죽이는 항생제를 일주일 동안 먹었다고 생각해봅시다. 그러면 장 속의 파란 세균이 다 없어지기 때문에, 다른 세균들이 많이 늘어나게 될 것입니다. 장내세균 사회의 구조에 변화가 일어나는 것입니다. 이런 변화가 여러분의 건강에 아무런 영향을 안 미칠 수도 있지만 나쁜 영향을 미칠 수도 있습니다. 그래서 항생제 투여, 방사선 치료 등 장내세균에 영향을 줄 수 있는 치료를 받을 경우, 장 트러블

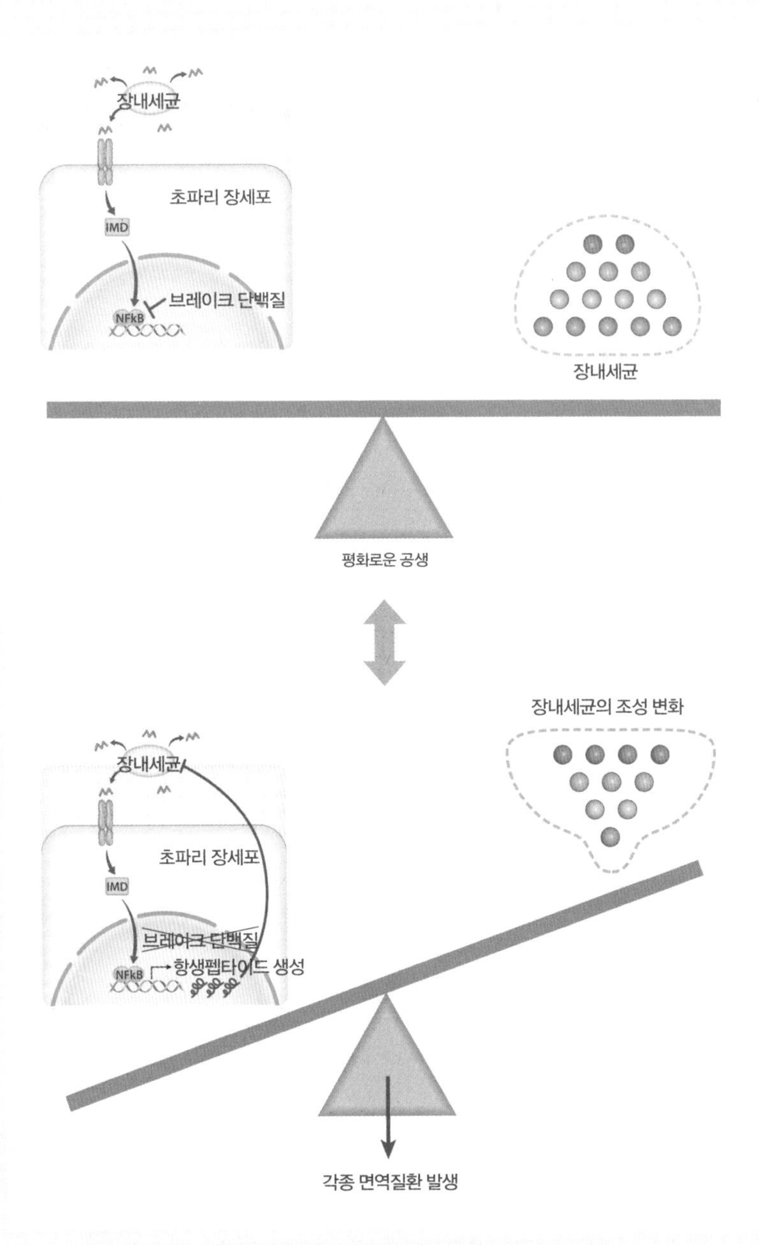

장내세균 사회의 균형이 깨지면 장의 상태가 나빠져 각종 면역 질환을 일으킨다.

이 생기는 경우가 많습니다.

염증성장질환은 그 원인이 정확히 밝혀지지 않은 질병입니다. 다만 장내세균이 장의 건강을 해치게 하는 주요 원인이라는 정도로 알려져 있습니다. 이런 질병은 어떻게 고칠 수 있을까요? 이 질환은 면역반응이 너무 강하게 일어나서 생기는 질환입니다. 균들의 사회에 변화가 생겼고, 그것이 염증성장질환을 일으켰던 것입니다. 그래서 앞서 설명했던 것처럼 항생물질을 억제하는 브레이크를 넣어주거나, 아니면 장 청소를 하는 방식으로 치료할 수 있을 것입니다. 물론 가장 좋은 치료법은 항생제를 써서 문제가 되는 세균만 골라서 죽이는 방법일 것입니다. 그러나 아직은 원인 세균이 무엇인지 정확히 밝혀지지 않았습니다.

대개 과도한 염증반응은 염증 질환을 일으킵니다. 초파리를 이용한 실험의 경우, 과도한 염증반응은 장내세균 사회의 구조에 변화를 만들어 염증 질환을 일으킵니다. 이런 사실은 우리가 효과적으로 장 질환을 치료하는 데 새로운 개념을 제시해줄 수 있을 것 같습니다.

생물학은 생명 현상을 밝히는 기초학문입니다. 이 기초학문은 작은 호기심에서 출발합니다. 그리고 이 작은 호기심으로 인해 발견된 과학적 지식은 인류에 크나큰 공헌을 합니다.

프랑스 미생물학자 루이 파스퇴르는 의사가 아니었습니다. 심지어 정통 의학 연구를 수행한 과학자도 아니었습니다. 미생물병원설을 연구하다가, 맥주와 와인이 왜 상하는지를 연구하고, 그러던 중 누에도 고치게 되고, 그러다가 동일한 개념을 적용해 콜레라, 탄저병, 광견병 백신을 가장 먼저 발견한 과학자가 되었습니다. 파스퇴르는 광견병 개에 물린 아홉 살 난 조셉 마이스터에게 광견병 백신을 맞추려고 했는데, 의사가 아니어서 동네 의사가 대신 백신 주사를 놓아주었습니다. 이 아홉 살짜리 꼬마는 다행히도 살았습니다. 그 후 파스퇴르의 백신은 수많은 사람들의 생명을 구하였으며 이와 같은 업적으로 파스퇴르는 세계 기금을 받아 파스퇴르 연구소를 세웠습니다. 이 연구소는 지금까지 인류 질병을 위해 일하는 연구소로서 인류에 기여하고 있습니다. 아주 작은 호기심으로 시작한 과학이지만, 때로는 위대한 업적을 남길 수가 있습니다. 미래의 여러분도 그런 일을 하게 되기를 기대합니다.

뱃속에서 뭔가 재미있는 일이 일어나고 있는 것 같은 이 느낌은 뭐지?
우리가 장속에서 나쁜균들을 물리쳐주기 때문에 숙주(?)가 건강한 거야.
득실 득실
아.. 너무 많다. 도망가야겠다..
© 신인철

X-선으로 본 분자는 무엇을 말해주는가

이지오 포항공과대학교 생명과학과 교수

서울대학교를 졸업하고, 미국 하버드대학교에서 박사학위를 받았다. 메모리얼 슬로언 케터링 암센터, 하워드 휴즈 연구소, 메릴랜드대학교, 한국과학기술원을 거쳐, 현재 포항공과대학교 교수로 재직 중이다. 올해의 과학인상(2007), 올해의 KAIST인상(2008), 한국과학재단 이달의 과학자상(2008), 듀폰코리아 듀폰과학기술상(2008), 포항가속기연구소 심계과학상(2008), IEIIS Nowotny Science Prize(2010) 등을 수상했다.

과학자들의 꿈 중의 하나가 분자를 보는 것입니다. 분자는 아주 작습니다. 작은 생수 한 병에는 아보가드로수만큼의 분자가 들어 있습니다. 분자가 굉장히 작아 아주 좁은 공간 속에 굉장히 많은 수의 분자가 들어 있는 것입니다. 세포의 기능은 단백질이 담당하고 있기 때문에 단백질 분자들을 볼 수만 있다면 생물학에서 다루는 문제들 상당수가 해결될 겁니다. 그런데 단백질 분자를 눈으로 볼 수 있는 적절한 방법은 아직 없습니다. 그렇다고 방법이 아예 없는 것은 아닙니다. 완벽하진 않지만, X-선 결정학은 분자를 볼 수 있는 방법 가운데 하나로, 단백질 분자 구조 연구에 주로 사용하는 방법입니다. 여기서는 X-선 결정학적 방법을 주로 다룰 텐데, 그 전에 먼저 과학자들이 분자를 보기 위해 사용하는 여러 다양한 도구들을 소개해보도록 하겠습니다.

원자현미경, 핵자기공명분광법, 전자현미경

분자를 보는 방법 중 가장 최근에 고안된 것은 원자현미경(Scanning Probe Microscopy)을 통해 보는 방법입니다. 스위스 IBM연구소에서 원자현미경의 존재를 처음으로 세상에 알렸을 때, 저는 마술 같다고 생각했습니다. 원자현미경은 시료의 표면을 더듬어보는 도구였습니다. 물질의 표면은 원자들이 배열되어 있어서 올록볼록합니다. 캔틸레버(cantilever)에 연결된 아주 가느다란 탐침이 표면에 아주 가까이 다가가면 원자와 원자 사이의 끌어당기는 힘 때문에 캔틸레버가 휘어집니다. 휘어지는 정도는 아주 작습니다. 그러나 현대 기술이 충분히 측정할 수 있는 정도입니다. 레이저 빔으로 얼마만큼 휘어졌는지 측정하면, 물체의 표면에 있는 올록볼록한 원자의 모양을 컴퓨터 화면에 구현할 수 있습니다. 다만,

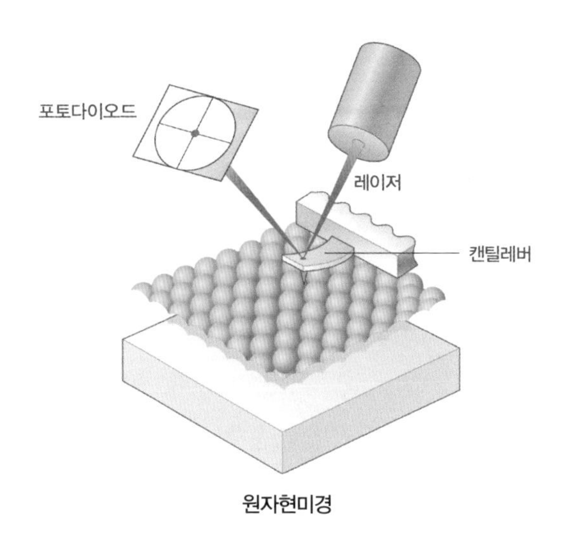

원자현미경

생물학 분야에서는 단백질처럼 아주 부드러운 시료들을 보려고 하기 때문에 충분한 해상도의 이미지를 얻을 수 없습니다. 그래서 주로 원자현미경은 재료 분야에서 사용하고, 생물학 분야에서는 한정적으로 사용합니다.

핵자기공명분광법(NMR spectroscopy)은 약 50~60년가량 된 기술로, 화학자들이 주로 사용합니다. 이 방법은 원자핵이 갖고 있는 특성을 이용하며, 원자핵 주변에 있는 화학적 환경을 알 수 있도록 해줍니다. 핵자기공명분광법을 사용하면 단백질 분자가 지닌 탄소, 수소, 산소 등이 어떻게 배치되어 있는지 파악할 수 있습니다. 현재 이 방법으로 많은 연구가 이루어지고 있지만, 분자량이 큰 분자인 경우에는 이용하기가 어렵습니다. 생체 분자는 분자량이 큰 종류의 분자이기 때문에, 이 방법으로 생체 분자를 분석하는 데에는 상당한 한계가 있습니다.

전자현미경에는 주사전자현미경(SEM)과 투과전자현미경(TEM)이 있습니다. 압력을 강하게 한 상태에서 전자를 아주 빠른 속도로 가속시키

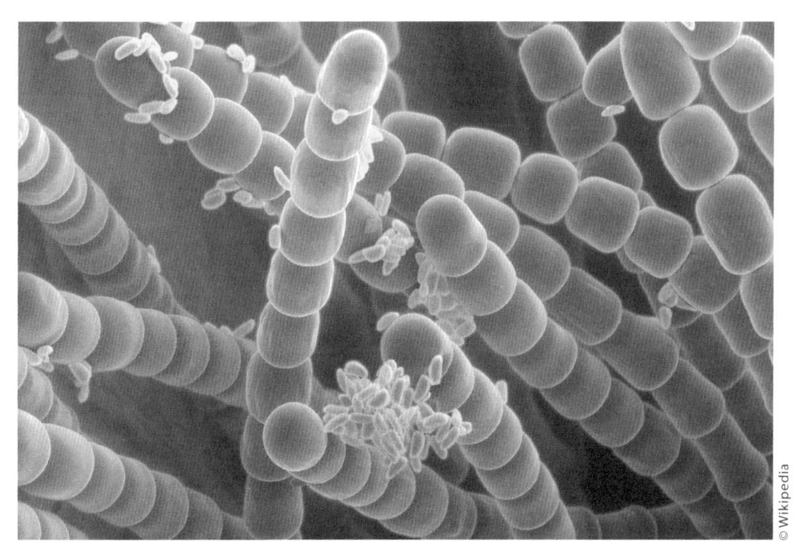
© Wikipedia

주사전자현미경을 이용해서 얻은 트라데스칸티아(*Tradescantia*)의 수술과 꽃가루 이미지

는 방법을 이용합니다. 전자는 입자와 파동의 성격을 둘 다 갖고 있는데, 이 전자현미경은 파동의 성격을 띠는 전자의 특성을 이용합니다.

투과전자현미경을 예로 들면, 위에서 전자 빔을 쏘면 전자는 시료를 투과해 자기장을 거치고, 탐지기는 그 정보를 수집해 이미지로 만듭니다. 그러면 세포 모양 같은 이미지를 볼 수 있습니다. 여러 가지 플라스틱이나 단단한 재질의 금속 같은 것들은 원자 수준으로도 볼 수 있습니다. 그러나 생체 분자들은 단단하지 않은데다가, 아주 빠른 속도로 가속된 전자가 단백질에 부딪치면 단백질 시료가 타버려서, 전자현미경을 통해 생체 분자를 고해상도로 보기는 어렵습니다. 화학이나 생화학에 적용하기에는 해상도가 떨어지는 게 사실입니다. 현재 수준에서는 고해상도의 이미지가 필요한 연구에는 다소 부적합합니다.

X-선 회절을 이용한 분자 구조 분석

가장 많이 이용되고 있는 방법은 X-선 회절(X-ray diffraction)을 이용해 분자를 보는 방법입니다. X-선을 사용한 일종의 현미경이라고 할 수 있습니다. 다만 가시광선을 이용하는 광학현미경에는 상(像)을 만들어 주는 렌즈가 있지만, X-선을 이용할 때에는 렌즈가 없습니다. X-선의 투과력이 워낙 좋아서 이에 맞는 렌즈를 만들 수 없기 때문입니다. 그래서 회절된 빛을 탐지기에 모은 다음 그것을 계산해서 상(像)을 만들어냅니다.

그러면 왜 X-선을 이용하는 것일까요? 흔히들 작은 분자일지라도 아주 좋은 렌즈로 확대하면 보일 것이라고 생각할 겁니다. 그러나 분자는 아무리 확대해도 잘 보이지 않습니다. 해상도가 낮습니다. 물리학자들은 이론적으로 가능한 현미경의 최대 해상도는 빛의 파장의 절반 정도라는 것을 알게 되었습니다. 분자의 경우를 보면, 탄소-탄소 간의 거리가 1.5Å(옹스트롬, $1Å=10^{-10}m$)이고, 탄소-수소 간의 간격은 1.1Å입니다. 그러니까 분자를 보려면 옹스트롬 정도 되는 파장을 갖고 있어야 할 것입니다. 전자기파 가운데에서는 X-선 정도가 적합합니다.

X-선 회절을 이용한 분자 구조 분석이 바로 X-선 결정학입니다. 결

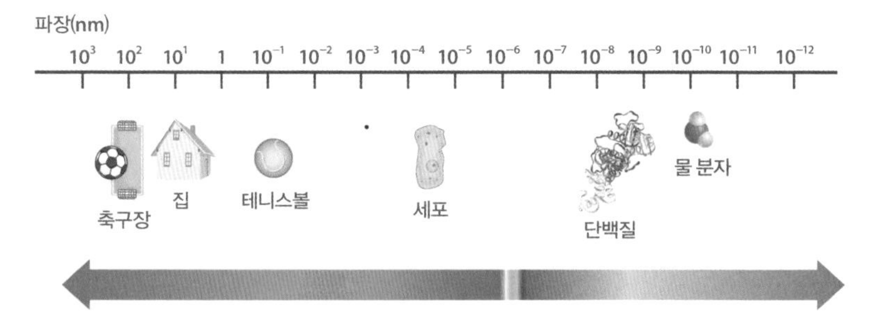

물질의 크기에 따라, 물질을 관찰할 수 있는 전자기파가 다르다.

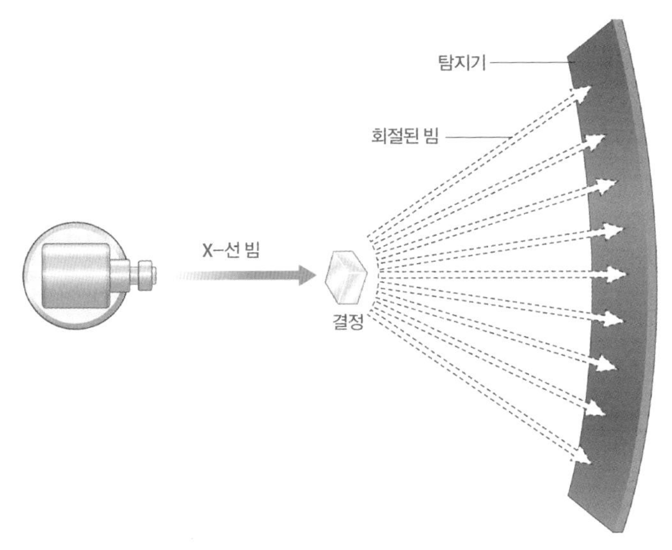

X-선 회절을 이용한 분자 구조 분석에는 결정(crystal)이 필요하다.

정학이라고 불리는 이유는 회절된 빛을 모을 때 결정(crystal)을 필요로 하기 때문입니다. 그러면 결정은 도대체 어떤 종류의 물질이기에 쓸모가 있는 것일까요? 결정은 아무리 큰 결정이라고 해도 작은 단위로 조각낼 수 있다는 특징을 지닙니다. 기본적인 작은 단위들이 질서정연하게 반복되어 큰 결정을 이루고 있습니다. 여기서 가장 작은 기본 단위를 '유닛셀(unit cell)'이라고 부릅니다. 그리고 이런 유닛셀이 반복되어 있는 것이 결정입니다.

가령 단백질 결정을 보면, 날카로운 모서리가 있고, 면과 면들 사이의 각도도 아주 일정합니다. 아주 작은 단위 결정들이 수백수천 개 이상 모여 있으면 그것이 결정인지 아닌지 눈으로 알기 어렵지만, 고배율로 보면 유닛셀이 반복되어 이루어진 결정의 모습을 확인할 수 있습니다. 즉 결정은 특별한 특성을 지닌 고체입니다.

X-선을 이용할 때 결정이 필요한 이유는, X-선이 결정을 통과할 때 각 유닛셀의 분자들이 빛을 회절시키는데 그것들이 합쳐지면 분자의 모습을 파악할 수 있도록 해주기 때문입니다. 유닛셀들이 일정한 간격으로 놓여 있다고 할 때, 첫 번째 분자가 회절하는 빛, 두 번째 분자가 회절하는 빛, 세 번째 분자가 회절하는 빛 등 결정 속에 있는 수천억 개의 분자들이 회절하는 빛은 모두 한 방향으로 다 합쳐집니다. 각 분자들의 빛들에서 공명(共鳴, 진동하는 계 고유의 진동수와 외부에서 가해지는 힘의 진동수가 가까워질 때 일어나는 현상. 진동하는 계의 진폭이 급격하게 늘어남)이 일어나면, 그 수천억 개의 빛들이 전부 더해집니다. 원래 분자 하나가 만들어내는 빛은 아주 약해서 측정할 수 없지만, 이것이 합쳐지면 측정할 수 있게 됩니다. 이것이 바로 결정이 필요한 이유입니다. 결정이 아닌 고체는 X-선을 쪼여주어도 분자들의 빛들이 제각각으로 나오기 때문에 합쳐지지 않는데, 결정은 분자들의 빛들이 합쳐지기 때문에 우리가 측정할 수 있는 빛이 됩니다. 간단히 말하자면 결정은 빛을 증폭시키는 데 필요한 것이라고 보면 됩니다.

결정을 만드는 실험 자체는 아주 쉽습니다. 간단한 예를 들면, 단백질 용액에 결정을 만들 수 있는 물질을 1:1로 섞은 다음 기다리면 결정이 만들어집니다. 다만 수만 혹은 수십만 가지의 조건을 훑어보아야 한다는 점이 어려운 부분입니다. 요새는 이런 것들을 로봇이 대신 해줍니다.

라이소자임 결정을 예로 한번 들어보겠습니다. 라이소자임(Lysozyme)은 단백질 효소인데, 폴리에틸렌글리콜(polyethylene glycol)과 같은 물질을 1 : 1로 섞어서 기다리면, 결정이 만들어지는 것을 볼 수 있습니다. 조건만 잘 맞으면 뾰족한 모서리가 있고 각도도 일정한 결정이 만들어집니다.

X-선 결정학과 방사광 가속기

X-선은 주로 방사광 가속기를 이용할 때 만들어지는 것을 사용합니다. 예전에는 빌헬름 뢴트겐(Wilhelm Roentgen)처럼 X-선 튜브를 사용했습니다. 그러나 빛이 강하면 강할수록 실험 결과가 더 좋게 나오기 때문에 가속기가 요즘 많이 사용되고 있습니다.

가속기는 양성자, 전자 등 전하를 띤 입자를 가속시키는 장치입니다. 입자물리학자들은 양성자가 무엇으로 만들어졌는지 궁금한 나머지 그것을 깨보기로 했습니다. 양성자를 깨려면 아주 빠른 속도로 가속시킨 두 개의 양성자를 부딪히게 하면 됩니다. 두 개가 깨지면 입자들이 튀어나오고, 그 입자들을 연구하면 되는 것입니다. 양성자를 거의 빛의 속도로 가속시키려면, 입자가 지나다니는 길에 자기장을 걸어주면 됩니다. 그러면 속도가 더 빨라집니다. 일(一)자형으로 가속기를 만들면 장비가 커지기 때문에 원형으로 만들었습니다. 그러자 부가적인 현상이 하나 생겼습니다. 입자가 방향을 바꿀 때마다 에너지를 잃어버렸는데, 그 에너지가 X-선이 되어 방출되었던 것입니다. 그래서 실험하는 데 X-선이 필요했

© Synchrotron Soleil

방사광 가속기

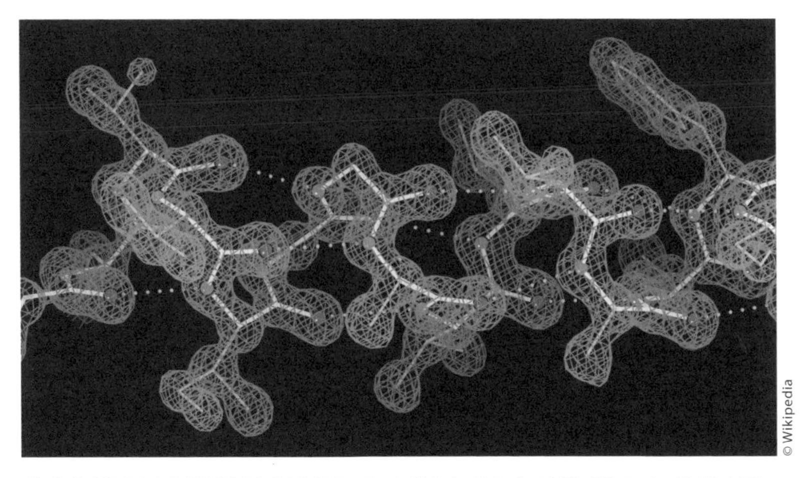

회절 패턴을 푸리에 변환을 통해 전자밀도로 나타낼 수 있으며, 이 전자밀도 지도로 분자 구조를 유추할 수 있다.

던 생물학자들이 가속기 옆에서 실험하기 시작했습니다. 양성자나 전자가 가속기 안을 돌 때 각도가 꺾일 때마다 X-선 빔이 나오는데, 그 빛을 이용해서 실험하는 것입니다. 생물학 분야의 실험을 하기 위해 가속기를 만들기도 했습니다. 방사광 가속기가 바로 그것입니다.

X-선을 결정에 쐬어주면 신호가 탐지기에 잡힙니다. 신호는 점들로 찍힙니다. 만일 렌즈로 모아줄 수만 있다면 단백질 모양이 나왔을 겁니다. 그러나 앞서 언급했듯이 X-선에 맞는 렌즈는 아직 없습니다. 그래서 과학자들은 점들의 위치와 강도를 측정한 후, 푸리에 변환을 이용해 상을 만들었습니다. 푸리에 식은 사인(sin), 코사인(cosin)으로 만들어진 식으로, 이 식을 이용해 계산하면 상을 만들 수 있습니다. 결정을 조금씩 돌려가면서 많이 찍은 다음, 점들의 위치와 강도를 나타내는 데이터를 수백만 개씩 모아서 푸리에 변환을 하는 것입니다. 그러면 점들이 전자 밀도로 나타납니다. 밀도가 높은 곳에 원자를 배치하는 식으로 분자모델링을

진행합니다. 이 과정을 통해 분자의 구조를 알게 되는 것입니다.

분자 구조 연구의 목표

왜 분자의 구조를 연구하는 것일까요? 바로 생명 현상을 연구하기 위해서입니다. 생명 현상이 어떻게 일어나는지, 어떤 메커니즘을 갖고 있는지를 고해상도로 보려고 하는 것입니다.

예를 하나 들어보겠습니다. 세포에서 일어나는 모든 현상들은 결국 DNA에서 RNA가 만들어지는 것으로부터 시작합니다. RNA 중합효소(RNA polymerase)는 DNA에서 RNA를 만드는 효소입니다. 과학자들은 DNA에서 RNA가 어떻게 만들어지고 있는지를 유추할 수는 있었지만 시각화하는 데에는 어려움이 많았습니다. 그러나 X-선 결정학적 연구로 이 과정이 어떻게 이루어지는지를 볼 수 있게 되었습니다. 몸에서 어떤 효소가 만들어져야 할 때, 전사조절인자(transcription factor)에 의해 이 효소의 정보가 담긴 구역의 DNA 이중나선이 풀리고, RNA 중합효소가 이중나선이 풀린 곳으로 들어와 미끄러지면서 전사(transcription)를 진행하면 mRNA 합성이 이루어집니다. 이 mRNA는 핵을 빠져나와 리보솜(Ribosome)으로 향하고, 번역(translation) 과정을 통해 단백질이 만들어집니다. 세포질에 있는 리보솜의 구조도 X-선 회절로 밝혀졌습니다. 리보솜은 굉장히 큰데다 복잡한 구조를 가진 분자 가운데 하나입니다. 이스라엘의 화학자 아다 요나스(Ada Yonath)는 단백질 합성 공장이라고 할 수 있는 리보솜의 3차원 구조를 밝혀서 2009년에 노벨 화학상을 받기도 했습니다.

우리가 생체 내 과정이 아주 빠른 속도로 이루어진다는 사실을 알

© Wikipedia

2009년 노벨 화학상 수상자 아다 요나스. 아다 요나스는 리보솜의 구조를 X-선 회절로 밝혔다.

수 있는 이유는 단백질이 어떻게 생겼는지, DNA가 무엇과 결합하고 있는지, RNA가 어떻게 결합하고 있는지 등을 X-선 회절로 다 밝혔기 때문입니다. 이 X-선 회절을 통해 우리는 세포 안에서 어떤 일이 일어나는지를 알 수 있게 되었습니다. 이처럼 X-선 결정학은 생명의 기본적인 현상을 연구할 수 있도록 해준 방법, 즉 분자를 볼 수 있도록 해준 방법이라고 할 수 있습니다.

X-선 결정학과 신약 개발

과학자들이 X-선 결정학에 관심을 갖는 이유 중 또 하나는 신약 개발을 하는 데 유용한 도구가 되기 때문입니다. X-선 결정학을 통해 원자들이 어떻게 배치되어 있는지, 분자의 구조가 어떠한 모습인지를 파악할 수 있게 되자, 과학자들은 원자를 더 용이하게 조작할 수 있게 되었습니다.

약의 90%는 단백질이 하는 일을 방해하는 것이 대부분입니다. 트롬빈(Thrombin)이라는 단백질을 예로 들어보겠습니다. 상처가 나면 피가 나고, 시간이 지나면 피가 멈춥니다. 상처에 딱지가 생기면서 피가 멈추는데 이것은 혈전이 생겼기 때문입니다. 트롬빈이라는 단백질은 혈전 생성에 스위치 역할을 하는 단백질입니다. 즉, 트롬빈이라는 단백질이 작동하면 혈전이 생기는 겁니다.

그런데 이 트롬빈의 작동이 항상 반가운 것만은 아닙니다. 상처가 나지 않았는데도 혈전이 생성되면 문제가 됩니다. 조그만 핏덩어리들이 혈관 속을 돌아다니다가 아주 가는 혈관 속으로 들어가면 혈관을 막아버릴 수 있습니다. 대부분의 뇌졸중은 혈전이 뇌의 모세혈관을 막아서 생깁니다. 뇌의 모세혈관이 막히면 피가 안 통하니까, 피를 통해 영양소와 산소를 공급받지 못한 세포들은 다 죽어버립니다. 갑작스런 심장마비도 마찬가지입니다. 혈관 속에 작은 핏덩어리가 돌아다니다가 심장의 혈관을 막아버리면 심장이 서버립니다. 트롬빈 억제제는 이 같은 혈전 생성을 막는 약입니다. 이 약을 개발할 때 트롬빈의 구조를 알면 아주 큰 도움이 될 겁니다. 트롬빈 분자에 달라붙을 수 있는 부분이 어디인지 알 수 있고, 그것에 맞는 분자를 찾아낼 수 있기 때문입니다. 컴퓨터 상에서 수많은 분자들을 트롬빈 분자와 맞춰본 다음, 그에 딱 맞는 분자를 찾아내면 좀더 정교하게 디자인해서 합성할 수 있습니다. 이후 트롬빈과 실제로 결합하는지, 트롬빈의 기능을 억제시키는지, 혈전 생성을 방해하는지를 테스트할 수 있습니다. 분자 구조는 이처럼 신약 개발에 굉장히 중요한 정보입니다.

X-선 회절 연구의 선구자들

X-선 연구는 뢴트겐에서부터 시작합니다. 1895년 X-선을 발견하기 전, 뢴트겐은 당대의 최첨단 연구라고 할 수 있는 음극선을 연구하고 있었습니다. 뢴트겐은 쉰 살 가까이 될 때까지 특별한 연구 성과가 없는 물리학자였습니다. 당시에는 많은 과학자들이 음극선을 만들어서 연구했습니다. 진공 유리관의 전극을 만들고 전압을 걸어주면 전자가 튀어나옵니다. 지금은 그렇게 튀어나오는 것이 전자라는 것을 알고 있지만, 당시에는 그것이 전자인지 몰랐습니다. 무엇인가 튀어나온다는 것만 알고 있

었습니다. 음극에서 나오는 빛 때문에 '음극선(陰極線)'이라고 불렀습니다. 당대 사람들은 음극선이 두꺼운 종이를 투과하지 못한다는 것을 알고 있었고, 음극선관의 표면을 종이로 막으면 어떤 일이 일어나는지 궁금해했습니다. 뢴트겐은 이 음극선관 표면을 두꺼운 종이로 막아 연구했습니다. 그런데 어느 날 뢴트겐은 아주 두꺼운 마분지로 완전히 둘러도 음극선관 밖으로 무엇인가가 나온다는 것을 알아차렸습니다. 실험실로부터 먼 곳에 황화아연(zinc sulfide)이 있었는데 그것이 검게 변했던 것입니다. 이 황화아연은 빛이 닿으면 검게 변하는 성질을 갖고 있는 물질입니다. 뢴트겐은 무엇인지는 모르지만 빛이 나온다고 생각해서 그것을 X-선이라고 불렀습니다.

뢴트겐은 계속된 실험을 통해, 이 X-선이 책은 통과하지만 금속은 통과하지 못한다는 것을 알게 되었고, 아내의 손도 찍어보았습니다. X-선으로 찍은 아내의 손은 뼈와 반지만 보였습니다. 의사들은 모두 기절할 정도로 놀랐습니다. 살아 움직이는 사람의 뼈를 눈으로 본 것은 그때가 처음이었기 때문입니다. 제1차 세계대전 때 총에 맞은 사람들을 X-선으

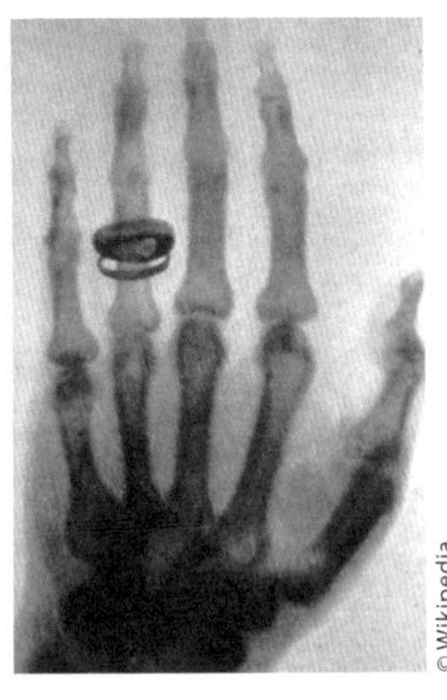

빌헬름 뢴트겐이 X-선으로 찍은 아내의 사진

로 찍어보았더니 총알이 어디 박혀 있는지 알 수 있었습니다. 실제로 X-선으로 아주 많은 사람들을 살려낼 수 있었고, 뢴트겐은 일약 스타가 되었습니다.

X-선 회절 연구에서 미국의 화학자 라이너스 폴링(Linus Pauling)을 빼놓을 수 없습니다. 폴링은 양자역학과 화학을 적절하게 연결시켜 현대 화학의 기초를 다진 학자로, 물리학 분야에서의 아인슈타인만큼 화학 분야에서는 아주 중요한 과학자입니다. 미국 과학계의 대표적인 과학자입니다. 폴링은 캘리포니아 공과대학에서 화학을 공부했는데, 하루에 10개씩 새로운 아이디어가 떠오른다고 해서 아주 유명했습니다. 그렇게 새로운 아이디어 가운데 어느 것을 연구해야 할지가 그의 고민이라고 할 정도였습니다. 천재가 과학에 기여한 대표적인 경우입니다. 폴링의 업적 가운데

미국의 대표 화학자 라이너스 폴링. 알파나선 구조를 띤 단백질 구조의 기본 틀을 처음으로 밝혔다.

하나는 알파나선 구조(α-helix)를 띤 단백질 구조의 기본 틀을 처음 밝힌 것이라고 할 수 있습니다.

다음으로 소개할 과학자는 막스 페루츠(Max Perutz)입니다. 막스 페루츠와 존 켄드류(John Kendrew)는 X-선 회절을 사용해 최초로 단백질 분자의 구조를 규명함으로써 1962년에 노벨 화학상을 받았습니다.

그 당시의 분위기를 전하자면, 원자 5개 정도 되는 분자의 구조를 X-선 회절로 밝히면 노벨상을 수상하던 때였습니다. 그런데 페루츠는 헤모글로빈의 구조를 밝히겠다며, 고집스럽게 아주 복잡한 연구에 뛰어들었습니다. 헤모글로빈은 약 1만 5000개 정도의 원자로 구성된 큰 분자입니다. 만약 뒤늦게나마 컴퓨터가 개발되지 않았다면 페루츠는 연구를 끝내지 못했을 것입니다. 헤모글로빈의 분자 구조를 분석하려면 사인과 코사인 함수로 이루어진 푸리에 변환을 이용해야 하는데, 계산기 없이 그것을 계산하려면 백만 번 이상 계산해야 했습니다. 이것은 거의 불가능에 가까운 계산이었습니다. 다행히 집채만 한 컴퓨터가 등장해 그를 계산의 수렁에서 구해주었습니다. 전선을 1만 개 정도 꽂으면 컴퓨터가 아주 간단하게 계산해주었습니다. 마침내 페루츠는 헤모글로빈의 구조를 처음으로 밝혔습니다. 단백질 생화학의 기본 원리들은 이 연구에서 다 나왔습니다.

제임스 왓슨과 프랜시스 크릭은 DNA 구조를 처음으로 밝힌 과학자들입니다. 이 두 명의 유명한 과학자는 DNA의 이중나선 구조와 DNA의 복제 원리를 밝혀 노벨상을 탔습니다. DNA가 지닌 상보성(相補性), 즉 한쪽 가닥을 알면 다른 쪽 가닥을 알 수 있다는 사실을 밝혔습니다.

DNA 구조를 밝힐 때 결정적으로 중요한 역할을 했던 것은 한 장의 X-선 사진이었습니다. 왓슨의 말에 따르면, 케임브리지 캐번디시 실험실

DNA의 이중나선 구조를 처음으로 밝힌 프랜시스 크릭(왼쪽)과 제임스 왓슨(오른쪽)

Bio Tip

단백질 구조는 왜 밝히기 어려운가?

단백질은 수십에서 수천 개의 아미노산들이 일정한 서열을 가지고 펩타이드 결합으로 연결되어 있는 선형 고분자이다. 일반적인 인공 고분자와 달리 상온 수용액 상태에서 일정한 입체 구조를 가지는 것이 특징이다. 단백질이 분자로서 어떤 기능을 가지는지는 이런 입체 구조에 의해 결정된다. 그래서 단백질의 입체 구조 연구는 지난 60년간 생화학의 핵심 연구 주제로 다뤄져왔다.

대개 20종류의 아미노산이 펩타이드 결합으로 연결된 단백질은 하나 이상의 폴리펩타이드 사슬로 되어 있다. 이 수십 혹은 수천 개의 아미노산들이 만든 사슬은 순식간에 입체화된 구조로 변하는데, 그 과정은 마법처럼 빠르게 이루어지면서도 굉장히 복잡한 구조를 형성한다. 단백질은 긴 사슬 모양의 1차 구조에서 나선 구조 혹은 병풍 구조로 바뀌는 2차 구조를 거쳐, 수소 결합, 이온 결합, 소수성 결합, 반데르발스 힘을 통해 3차 구조를 형성한다. 어떤 단백질들은 3차 구조물들이 여러 개 모여 4차 구조를 형성하기도 한다.

이처럼 단백질은 엄청나게 크고 구조가 복잡하기 때문에, 그것의 입체 구조를 밝히려면 특별한 연구 방법뿐 아니라 많은 시간과 노력이 필요하다. 의학적으로 아주 중요한 단백질일지라도 구조를 밝히지 못한 것들이 아직도 수두룩하다. 지금의 기술로는 구조 규명이 불가능한 경우도 있다.

단백질 분자의 입체 구조를 밝히는 데 가장 많이 사용되는 연구 방법은 X-선 결정 회절 분석 방법이다. 결정 상태의 단백질에 X-선을 비춰서 얻은 회절 패턴을 푸리에 변환 방법을 이용해 분석한 다음, 이를 통해 파악된 전자밀도로 단백질을 구성하고 있는 원자의 위치를 예측하는 방법이다.

에서 함께 연구하던 왓슨과 크릭은 DNA 분자 모형을 만들어보려고 애쓰고 있었습니다. 학계에서는 미국의 라이너스 폴링이 DNA 구조를 연구하기 시작했다는 소식이 돌고 있었습니다. 그러던 어느 날 라이너스 폴링의 아들인 피터 폴링이 왓슨과 크릭의 연구실에 들렀을 때 아버지인 라이너스 폴링의 원고 사본을 보여주었습니다. 거기엔 세 가닥으로 된 DNA의 구조에 대해 적혀 있었고, 왓슨과 크릭은 라이너스 폴링이 헤매고 있다는 사실을 알게 되었습니다. 그 무렵 왓슨과 크릭은 로절린드 프랭클린이 찍은 DNA X-선 결정 사진을 보았습니다. 그러고는 DNA 구조 모형을 여러 가지 방식으로 만들기 시작했습니다. 수소 원자들의 배치를 바꾸고 염기 결합의 모양도 바꾸는 식으로 말입니다. 그러다가 티민(T)과 아데닌(A), 사이토신(C)과 구아닌(G)이 서로 짝을 이루는 염기 결합은 찾았고, 이를 통해 왓슨과 크릭은 유전정보가 어떻게 복제되는지를 알아차렸습니다.

선천성 면역 단백질 구조 연구

이제 우리 실험실에서 진행하고 있는 연구에 대해 잠시 소개해보도록 하겠습니다. 우리 실험실에서는 선천성 면역 단백질의 구조를 연구하고 있습니다.

인간은 박테리아나 바이러스와 같이 살고 있습니다. 우리에게 적절한 방어 시스템(면역)이 없었다면 우리는 살 수 없었을 겁니다.

면역은 선천성 면역과 적응성 면역(후천성 면역), 이 두 가지로 구분할 수 있습니다. 적응성 면역의 경우, 항체가 생기는 데에는 시간이 좀 걸립니다. 많은 과학자들이 항체가 생겨나기 전에 무슨 일이 일어나는지에 관

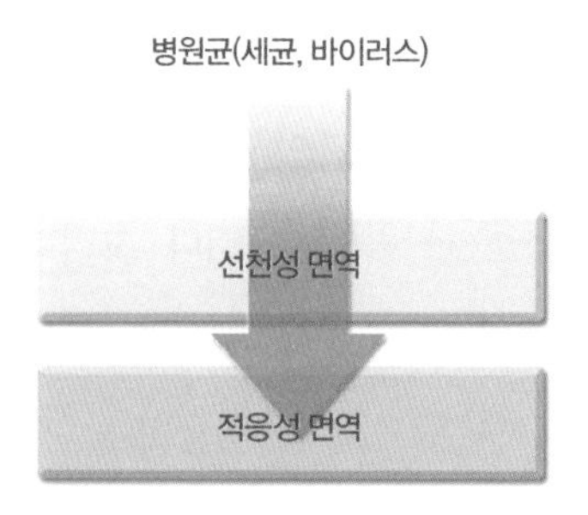

우리 몸의 방어 체계는 선천성 면역과 적응성 면역으로 구분할 수 있다.

심을 가졌습니다. 어떻게 몸은 병원균을 감지하는지, 어떻게 병원균에 적절한 반응을 보이는지 등 적응성 면역계를 활성화시키는 메커니즘을 규명하고자 했고, 그 과정에서 적응성 면역계를 활성화시켜주는 면역계가 있다는 사실을 알게 되었습니다.

여기서 중요한 역할을 하는 단백질은 톨-유사수용체(TLR, Toll-like Receptor) 단백질이었습니다. 톨-유사수용체는 세포 표면에 나와 있는 단백질로, 병원균의 분자들이 톨-유사수용체에 달라붙으면 구조적인 변화가 일어납니다. 그러면 세포 안의 여러 단백질들이 차례차례 활성화되면서 결국 새로운 유전자가 발현되고, 그로 인해 단백질이 만들어집니다.

사이토카인(Cytokine)이라는 단백질이 만들어지면 면역세포 밖으로 배출되면서 주변의 다른 면역세포를 활성화시킵니다. 사이토카인은 극미량의 박테리아가 들어오더라도 전체 면역계를 활성화시켜 추가 감염이 안 되도록 방어 작용을 합니다.

구체적으로 보면 이렇습니다. 박테리아가 피부와 같은 1차 방어 시스템을 뚫고 몸 안으로 들어오면 톨-유사수용체가 결합합니다. 이 톨-유사수용체는 세포 안의 신호전달 단백질들과 연결되어 있어서, 박테리아가 톨-유사수용체와 결합하면 IKK, NFkB 등 신호전달 단백질들이 차례

차례 활성화됩니다. NFkB 단백질이 세포의 핵 안으로 들어가 사이토카인 유전자 등을 활성화시켜 단백질을 만들어내면, 이 사이토카인 단백질이 세포 외부로 배출되어 다른 면역세포들을 활성화시킵니다.

톨-유사수용체의 분자 구조는 다양합니다. 지난 10년간 과학자들의 노력으로 박테리아와 톨-유사수용체가 어떻게 결합되는지, 그리고 톨-유사수용체가 어떻게 활성화되는지 등에 대해 많은 것을 알게 되었습니다.

신약을 개발하는 입장에서 보면, 톨-유사수용체 시스템은 우리가 살아가는 데 아주 중요한 것입니다. 이 시스템이 작동하지 않으면 세균 감염으로 인해 우리가 살 수 없기 때문입니다.

그러나 톨-유사수용체 시스템이 우리를 보호해주는 장치이기도 하지만, 조절이 안 되면 문제가 생깁니다. 톨-유사수용체 시스템이 지나치게 활성화되는 경우, 패혈증을 일으킵니다. 세균 감염에 면역세포가 활성화되는 것까지는 괜찮은데, 우리 몸이 감당할 수 없는 수준으로까지 활성화되면 면역계가 자신의 몸을 공격하기 시작하는 것입니다. 패혈증은 자신의 장기와 조직을 망가뜨리는 아주 무서운 질환입니다. 면역계는 워낙 강력하기 때문에 장기가 파괴됩니다. 패혈증으로 인한 사망률은 거의 40~60%에 달합니다. 패혈증으로 인한 쇼크로 혈압이 갑자기 떨어지면서 사망하는 사례가 많습니다. 패혈증 환자는 응급실에서 심장마비 환자 다음으로 매우 다급한 환자입니다. 현재까지 패혈증에는 쓸 만한 치료제가 없습니다. 항생제로 박테리아를 죽일 수도 있지만, 패혈증의 원인은 박테리아가 아니라 환자의 면역계이기 때문에 원인을 치료하는 방법이라고 할 수는 없습니다.

현재 패혈증 치료제로 개발되는 것 가운데 톨-유사수용체의 반응을 막는 신약이 개발되는 중입니다. 톨-유사수용체와 결합할 수 있는 분자를 디자인해서, 패혈증을 일으키는 면역반응을 중지시키는 전략을 사용한 신약입니다. 그러나 약효가 충분하지 않다는 임상 시험 결과 때문에 중단된 것으로 알고 있습니다. 새로운 패혈증 치료제를 개발하는 게 시급한 실정입니다. 톨-유사수용체의 구조를 알게 되면 신약을 개발하는데, 즉 분자 구조를 디자인하는 데 도움이 될 것입니다.

빵!!!
X-선
COOH
NH2
이 X-선 회절법을 이용해야 나(단백질)의 구조를 정확히 알수 있다!
그런데 결정 만들기가 너무~ 어려워.

녹아웃 마우스로 무엇을 할 수 있는가

이한웅 연세대학교 생명시스템대학 생화학과 교수

연세대학교를 졸업하고, 미국 알버트아인슈타인 의과대학에서 박사학위를 받았다. 메모리얼 슬로언 케터링 암센터 연구원, 알버트아인슈타인 의과대학 박사후 연구원 및 선임연구원, 서울대학교 조교수, 성균관대학교 의과대학 부교수를 거쳐, 현재 연세대학교 생화학과 교수로 재직 중이다. 삼성생명과학연구소 우수논문상(2003, 2005), 연세대학교 우수강의교수상(2008, 2012), 연세대학교 암연구소 박병규김병수 암연구상(2009) 등을 수상했다. 지금까지 마우스를 이용하여 암과 노화에 관한 연구 결과를 〈셀〉, 〈네이처〉 등을 포함한 학술지에 110여 편 논문으로 발표했다.

생명이란 무엇일까요? 정신적인 부분과 물질적인 부분을 나눠서 생각할 수 있습니다. 생명과학자들은 생물과 무생물을 성장, 생식, 정보 전달, 자극에 대한 반응, 화학반응 등을 수행할 수 있느냐 없느냐를 기준으로 구분합니다. 그러나 아직 그 누구도 생명 현상을 완전하게 이해하고 있지는 못합니다.

생명 연구는 끝이 보이지 않는 길로 여행을 떠난 것과 비슷합니다. 인간은 우주왕복선을 구성하는 아주 작은 부품과 그 기능을 속속들이 완벽하게 알고 있지만, 정작 인간 자신에 대해서는 완벽하게 아는 것이 별로 없습니다. 많은 연구가 진행되었지만, 단백질, 탄수화물, 지방이라는 세 가지의 중요한 요소도 아직 정확히 파악하지 못했습니다. 생명과학은 끝이 없는 학문입니다. 연구자들뿐 아니라 여러분이 지금 알고 있는 생물학 지식은 무수한 것의 티끌에 불과합니다. 그만큼 생명과학이란 방대한 학문입니다. 유전학을 비롯해 생화학, 면역학, 발생학, 조직학, 해부학, 내분비학, 분자생물학 등으로 전공이 세분화되어 있지만, 서로 다 연관되어 있어서, 생명 현상을 다루는 연구자들의 전공은 모두 '생명과학'이라고 할 수 있습니다.

우리 실험실의 경우, 노화와 암을 연구하다가 신경학 부분에서 새로운 발견을 하게 되어서, 신경학 학술지에 논문을 발표한 적이 있습니다. 그래서 저를 신경학자로 보는 연구자들도 있었습니다. 마치 소가 뒷걸음질 치다가 쥐를 잡는 식의 연구도 많습니다. 생명과학 분야에서는 이런 일이 굉장히 비일비재하게 일어납니다.

생명과학은 생명체의 생로병사를 다룹니다. 태어나고 늙고 병들고 죽는 것의 메커니즘 하나하나를 연구하는 것이 생명과학인 것입니다. 여기서 중요한 것은 유전과 환경입니다. 많은 것이 유전자의 영향을 받습니다. 생명과학 연구자들 상당수가 우리가 눈으로 보거나 경험하게 되는 질병과 현상이 과연 어떤 유전자에 의해 일어나는지를 살펴보고 있습니다. 말하자면 어느 유전자가 어느 표현형을 만들어내는지를 찾고 있는 것입니다.

왜 생쥐인가?

우리가 인간의 생명 현상과 질병에 관심이 있다고 해도, 직접적으로 인간을 대상으로 실험을 진행할 수는 없습니다. 사람의 유전자를 마음대로 변형시킨다는 것은 윤리적으로 불가능하기 때문입니다. 그래서 많은 연구자들이 생쥐를 대상으로 실험하고 있습니다.

처음에는 돌연변이 생쥐를 만든 다음, 이 생쥐들을 교배시켜서 어느 유전자에 고장이 났는지를 나중에 찾아내는 연구가 많았습니다. 보통 10여 년이 걸리는 연구였습니다.

그러다 1990년대에 유전자 조작이 가능해지면서, 훨씬 빠른 속도로 유전자의 기능들이 밝혀지고 있습니다. 예를 들어 1994년에 만들어진 녹아웃마우스 중 하나는 유전자 하나가 고장 나 뚱뚱하게 되는 쥐였습니다. 이 쥐는 한 종류에 어떤 업체가 200억 원에 사갈 정도로 주목을 받았습니다. 그뿐 아니라 암을 만들어내는 쥐도 여러 종 만들어졌습니다. 이는 암유전자(Oncogene)의 기능을 활성화시키거나, 암억제유전자(Tumor Suppressor Gene)의 기능을 없애버리는 방식으로 만들 수 있습니다. 이렇게 유전자 하나를 변형시켜서 만드는 쥐를 유전자변형쥐(Genetically Engineered Mouse, GEM)라고 합니다. GEM에 대해서는 뒤에 다시 언급하도록 하겠습니다.

인간의 몸을 이해하기 위해서는, 사실 쥐보다는 침팬지나 원숭이를 연구하는 게 더 정확할 것입니다. 그러나 침팬지나 원숭이는 가격이 매우 비쌀 뿐 아니라, 키우기가 어렵고, 세대가 길며, 자식의 수도 적습니다. 또한 침팬지나 원숭이는 사람 얼굴을 기억하기 때문에 다른 사람에게 실험을 부탁하면 말을 듣지 않는 등 실험을 진행하기 어려운 동물들이라고 할 수 있습니다. 반면 생쥐는 비교적 저렴하고, 세대가 짧으며(성체는 생후 5주, 평균수명 2~3년), 크기가 작고(25~30g), 자손의 수(임신 기간 3주, 7~15마리)도 많습니다. 더욱이 DNA 염기쌍 수가 약 32억 개로 사람과 거의 똑같습니다. 사람에게 있는 거의 모든 유전자를 쥐에게서 발견할 수 있습니다. 유전학적 배경도 잘 알려져 있으며, 유지 비용도 다른 포유류에 비해 상대적으로 저렴합니다. 아울러 유전, 생리, 기관, 조직, 세포 등에서 인간과 굉장히 비슷합니다.

연구실에서 많이 사용되고 있는 실험용 쥐

생쥐의 가장 큰 장점은 유전자 변형이 가능하다는 것입니다. 사람의 질병과 동일한 질병을 앓는 쥐를 유전자 변형을 통해 똑같이 만들어낼 수 있습니다. 그러나 다른 동물에 비해 실험실용으로 사용되기에 용이하지만, 쥐를 키울 때에는 주의해야 할 것들도 많습니다. 온도(20~26℃), 습도(40~60%), 소음, 빛, 냄새 등 아주 다양한 요소들이 쥐에 영향을 미칩니다. 환경에 영향을 받는 인간과 똑같다고 보면 됩니다. 박테리아, 기생충 등에 쥐가 오염되면 실험 결과를 신뢰할 수가 없게 되기 때문에 조심해야 합니다. 우리 실험실의 경우만 해도 1년에 최소한 4번씩 20~30종의 병원균 테스트를 진행합니다.

생쥐가 실험동물이 된 데에는 미국의 리처드 팔미터(Richard Palmiter)

2007년 노벨 생리의학상을 수상한 마리오 카페키, 마틴 에번스, 올리버 스미시스

박사와 랠프 브린스터(Ralph Brinster) 박사의 역할이 컸습니다. 이들은 최초로 특정 유전자를 더 많이 발현하게 하여 정상보다 훨씬 몸집이 크고 몸무게가 무거운 생쥐를 만들었고, 이것은 유전자의 기능을 밝히는 데 생쥐를 모델동물로 활용할 수 있다는 가능성을 보여주었습니다.

2007년 노벨 생리의학상은 배아줄기세포와 유전자(DNA) 재조합을 이용해 녹아웃마우스를 개발한 마리오 카페키(Mario Capecchi), 마틴 에번스(Martin Evans), 올리버 스미시스(Oliver Smithies), 이 세 명의 과학자에게 수여되었습니다.

GEM이 과학사적으로 의미가 있는 것은, 원하는 대로 특정 유전자 하나를 변형시킬 수 있고, 이것은 유전자 하나하나가 지닌 기능을 알아낼 수 있다는 것을 의미하기 때문입니다. 또 유전자변형쥐는 사람과 유사한 상태의 질병을 나타내도록 만든 '질환모델 실험동물'로서, 인간 질환의 의학적 연구 및 신약 개발에 필수적인 실험 자원이 되었습니다.

유전자변형쥐와 질환모델 실험쥐

그러면 어떻게 유전자변형쥐를 만들 수 있을까요? 어떻게 특정 유전자

Bio Tip

생쥐는 어떻게 실험실 쥐가 되었을까?

생쥐와 사람의 공통조상은 약 1억 년 전의 생물인 에오마이아 스칸소리아(*Eomaia scansoria*)라고 알려져 있다. '마우스'라는 단어의 어원은 '훔치다'라는 뜻을 가진 산스크리트어 'mush'이다. 생쥐가 실험실쥐가 된 데에는 재미난 일화가 있다.

실험실쥐는 처음엔 팬시 생쥐(fancy mice)였다. 19세기 말 미국 메인주에 살던 은퇴한 교사 애비 래스롭(Abbie Lathrop)은 털 색깔이 예쁜 쥐들을 교배시켜, 애완용 쥐로 팔았다. 1897년 하버드 의과대학의 윌리엄 하케(William Haacke) 박사는 이 애비 래스롭으로부터 쥐를 얻어서, 멘델의 유전법칙이 포유류인 쥐에게도 적용이 되는지를 실험해보았고 이를 증명했다. 1909년에는 윌리엄 캐슬(William Castle)의 연구팀이 최초의 순종 마우스인 실험쥐를 탄생시켰으며, 1921년에 클레런스 리틀(Clarence Little) 박사는 근친교배를 통해 C57BL이라는 마우스를 탄생시켰다. 이 C57BL의 유전자를 지닌 생쥐 DNA 염기서열은 2002년 12월 마우스게놈프로젝트에 의해 완전히 밝혀졌다.

1982년 미국의 리처드 팔미터 박사와 랠프 브린스터 박사는 아연을 먹였을 때 성장호르몬을 많이 분비하도록 조절한 유전자를 수정란에 이식시키는 방법을 통해 최초의 유전자변형쥐를 만들었다. 이들의 실험은 생쥐가 유전자의 기능을 밝히는 데 활용할 수 있는 동물이라는 사실을 확인시켜주었다.

하나만을 변형하거나 제거할 수 있을까요?

유전자변형쥐는 배아줄기세포를 이용해 만들 수 있습니다. 배아줄기세포에 전기 펄스를 이용해 유전자를 주입하면, 낮은 확률로 유전자 적중(gene targeting)이 일어나고, 이 과정을 통해 적중 배아줄기세포의 순수한 군집체를 만들어낼 수 있습니다. 그리고 적중 배아줄기세포를 생쥐 미분화 세포에 주입해 대리모에 착상시키고 키메라 생쥐를 탄생시킨 다음, 이 키메라 생쥐와 정상 생쥐를 교배시키는 복잡한 과정을 통해 최종적으로 유전자변형쥐를 만들어낼 수 있습니다. 여기서 중요한 것은 이렇게 만들어진 쥐가 어디가 아픈지 찾아내는 것입니다. 눈으로 관찰하기 쉬운 것도 있고, 그렇지 않은 것도 매우 많습니다.

1994년 미국 록펠러대학교의 제프리 프리드먼(Jeffrey Friedman) 교수는 Ob라는 유전자를 없앤 생쥐를 만들었고, 이 생쥐가 정상 생쥐보다 2배 이상 뚱뚱한 비만 생쥐라는 사실을 관찰했습니다. 골격은 똑같은데 지방이 많아진 생쥐였습니다. 전 세계 신문에서 이 소식을 떠들썩하게 전했습니다. 이 소식을 듣고 뚱뚱한 사람들이 모여 비만이 자신들의 탓이 아니고 유전적인 것이므로 비행기 삯을 2배로 내는 것은 불공평하다며 피켓을 들고 데모를 하기도 했습니다. 그러나 불행히도 유전자 때문에 비만인 사람은 비만 인구 중 1%밖에 안 되는 것으로 나타났습니다. 유전자 때문이 아니라면 환경 혹은 신경의 문제로 비만이 나타날 수 있을 겁니다. 그러나 이 과학적 발견은 비만이 나태나 식습관 때문이 아니라 유전적 요인에 의해 발생할 수 있다는 인식으로 생각을 전환시키는 데 크게 기여했습니다. 프리드먼 교수는 '암젠'이라는 제약회사에 마우스 특허를 2천만 달러에 양도했습니다.

사람의 질병을 앓는 '질환모델 실험쥐'의 예를 소개해보도록 하겠습니

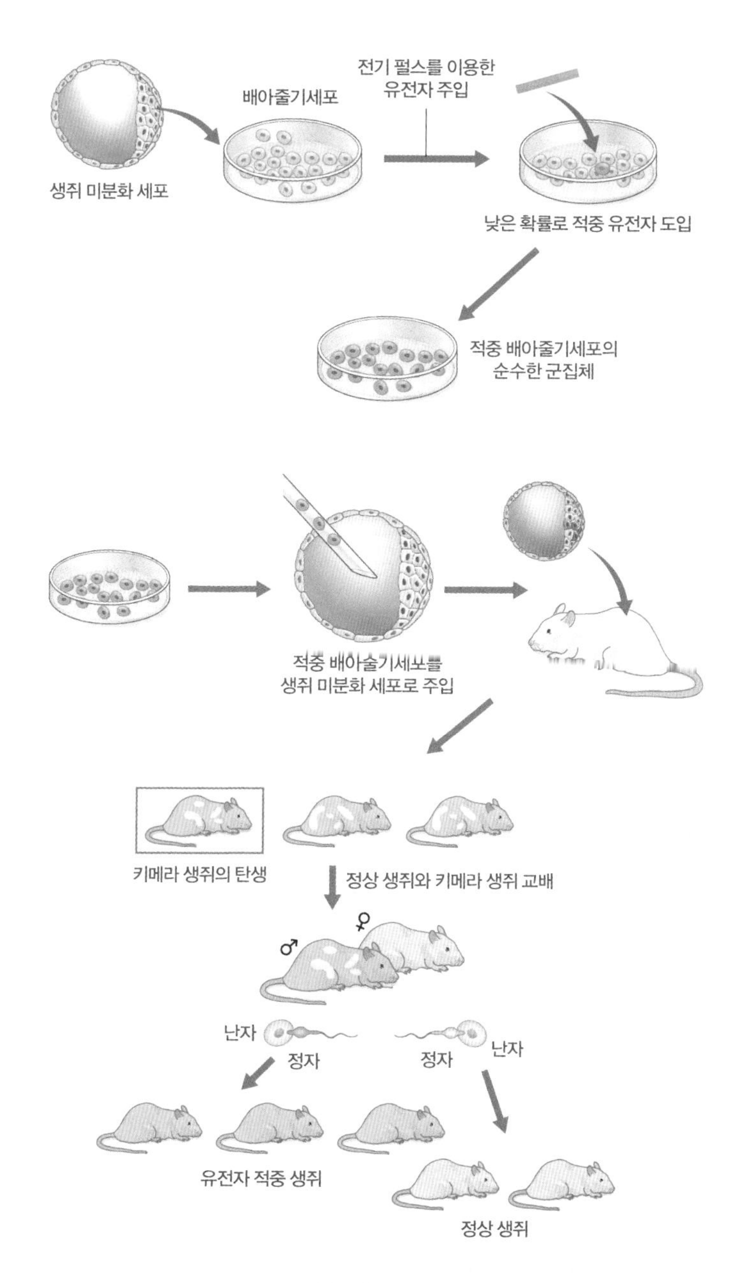

유전자변형쥐를 만드는 과정

다. 우리 실험실에서 만든 생쥐 중 하나는 눈에 이상이 생긴 채 태어났습니다. 이 쥐는 백내장 증세를 보였으며, 유전자 하나를 조금 없앴더니 눈에 백태가 끼었습니다. 이 유전자를 완전히 없애면 태어난 쥐에 눈이 아예 없는 경우도 있었습니다. 원인을 살펴보니, 유전자를 없애면 눈의 렌즈를 만드는 데 중요한 단백질인 크리스탈린에 문제가 생겼던 것입니다.

심장에 문제가 있는 생쥐 모델동물도 있습니다. 특정 유전자 하나를 녹아웃시켰더니 심장이 커진 것입니다. 이러한 질병은 인간에게도 마찬가지로 나타납니다. 이밖에 학습장애 모델동물, 당뇨병 모델동물, 지나치게 공격성을 띠는 모델동물 등 많은 종류의 모델동물들이 있습니다.

이들 모델동물들은 인간의 질병을 연구하는 데에 필수적인 만큼 그 가치가 대단히 높습니다. 그러면 얼마나 많은 모델동물들이 필요할까요? 유전자가 약 2만 2000개 정도라면, 그 각각이 발현하는 정도가 다르고 질병도 굉장히 많으므로, 무한히 많은 모델동물이 필요할 것입니다.

그래서 전 세계의 유명한 과학자들이 2004년에 모여 글로벌 컨소시엄을 설립했습니다. 유전자변형쥐의 제작·생산·관리를 범세계적으로 운용하자는 취지에서 설립된 컨소시엄입니다. 이 컨소시엄에 참여한 과학자들은 생쥐 유전자를 전부 녹아웃시킨 다음에 이를 공개하고, 이것을 실험에 이용하겠다는 연구자들에게 모두 제공하자는 데 합의하고는 그 내용을 국제 학술지 〈네이처 지네틱스(*Nature Genetics*)〉에 공개했습니다. 생쥐 종합병원도 생겼습니다. 우리나라에서도 이미 시작했습니다.

한 유전자의 결핍으로 백내장을 앓게 된 쥐

신약 개발에 녹아웃마우스가 필요한 이유

신약 개발과 관련하여 주목할 만한 두 가지의 일화가 있습니다. 유방암 치료제 가운데 허셉틴(Herceptin)이라는 약이 있습니다. 이 약은 ErbB2라고 하는 유전자에 달라붙어서 기능을 못하게 하는 약입니다. 이 약을 투여하면 암덩어리가 사라집니다. 그런데 어느 날 이 약을 투여받은 한 환자가 죽었습니다. 부검을 해보니 심장이 아주 커져 있었습니다. 환자 가족들은 허셉틴이라는 약의 부작용이라며 제약회사 글로벌 파머슈티컬스 사(Global Pharmaceuticals Company)에 소송을 제기했습니다. 대기업과의 소송이었지만 환자 가족이 재판에서 이겼습니다. 국제저널 〈네이처〉에 ErbB2 유전자가 없는 쥐에 심장 이상이 일어난다는 논문이 발표되었기 때문입니다. 제약회사는 이 약이 ErbB2 유전자의 기능을 없앰으로써 암이 없어진다는 것을 알았지만, 이 약의 부작용을 확인하지 않았다는 잘못이 있었습니다. 만약 녹아웃마우스를 만들어서 확인해보았다면, 상황은 달라졌을 것입니다.

비슷한 사례가 또 있습니다. 유명한 우울증 치료제인 프로작(Prozac)과 관련된 사례입니다. 프로작을 처방받은 고등학생이 자살한 사건입니다. 이 고등학생은 미식축구도 잘하고 꽤 씩씩한 학생이었는데, 약간의 우울증을 겪고 있었습니다. 의사 선생님은 프로작이라는 새로운 약으로 약을 한번 바꿔보자고 권했습니다. 그런데 이 약을 처방받은 지 얼마 지나지 않아 이 고등학생이 자살하고야 말았습니다. 약을 먹으면 더 호전되었어야 할 텐데, 더 악화되었던 것입니다. 환자 가족은 소송을 제기했습니다. 프로작이라는 약은 세로토닌 수송체(serotonin transporter) 유전자를 억제하는 기능을 하는 약입니다. 때마침 이 유전자를 없앤 녹아웃마우스에 대한 논문이 국제 학술지 〈사이언스〉에 실렸습니다. 이 녹아웃마

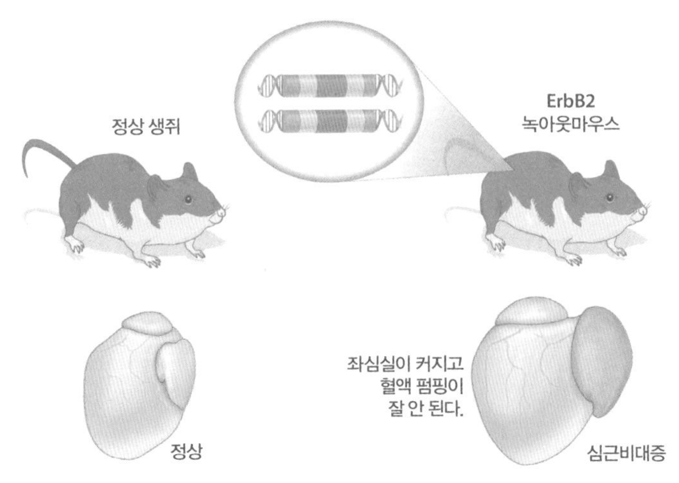

ErbB2 유전자의 기능을 막는 단일항체. 이 신약은 유방암을 막는 데에는 효과적인 약이지만, 심근비대증 발생과 같은 문제를 일으킬 수 있다. *Nature Medicine*(2002) 참조.

우스는 '우울한 마우스'라고 불릴 만큼 불안한 모습을 보여주었습니다. 이 유전자를 없애면 불안 증세가 더 심해졌던 것입니다. 이 사례에서도 환자 가족이 소송에서 이겼습니다. 이후 이 약에는 처방할 때 유의해야 한다는 단서가 붙었습니다. 이 두 가지는 사례는 유전자변형쥐 실험이 얼마나 중요한지를 단적으로 보여줍니다. 어떤 신약이든 상용화되기 전에 동물 실험이 반드시 필요합니다.

인간의 약을 개발하는 데 수많은 생쥐들이 희생됩니다. 생쥐의 희생이 동물학대라며 동물 실험을 반대하는 동물보호 단체도 있습니다. 가치관의 문제이겠지만, 한 면만 보기보다는 다른 면도 볼 필요가 있다고 생각합니다. 이렇게 희생된 동물들 덕분에 우리의 가족과 지인들이 더 건강한 삶을 살 수 있는 것입니다. 미국의 《아카데미 오브 사이언스(*Academy of Sciences*)》라는 잡지에 실린 포스터 문구처럼, 생쥐는 119보다 더 많은 사람을 구합니다.

그러길래 녹아웃 마우스 실험결과를 좀 보고 투약을 결정하지…
으.. 억울하다.. 이런 부작용이 있으리라고는 생각 못했는데..
© 신인철

우리는 어떻게 건강할 수 있는가

전창덕 광주과학기술원 생명과학부 교수

경북대학교를 졸업하고, 경북대학교에서 박사학위를 받았다. 일양약품 중앙연구소 연구원, 원광대학교 의과대학 교수, 미국 하버드 의과대학 혈액연구센터 박사후 연구원, 하버드 의과대학 객원교수, 경북대학교 의과대학 생리학교실 교수를 거쳐, 현재 광주과학기술원 생명과학부 교수로 재직 중이다. 광주과학기술원 면역시냅스 연구소 부소장도 맡고 있다. 국제생화학분자생물학회(FAOBMB) 젊은 과학자상, 한국분자생물학회 박사학위 논문상(1996), 국제 Nitric Oxide 학회 젊은 과학자상(1997), 원광대학교 공로상(2002), 광주과학기술원 우수연구성과상(2007), 국가개발주요성과 50선(2012) 등을 수상했다.

우리 몸속에는 백혈구라는 경찰과 같은 역할을 하는 세포가 있습니다. 오늘 이 자리에서는 백혈구의 이동과 만남, 그리고 면역을 주제로 여러분들과 이야기를 나누고 싶습니다.

먼저 질문을 하나 던지면서 본 내용을 시작하고 싶습니다. 우리는 왜 건강할 수 있을까요? 우리가 살고 있는 환경에는 바이러스, 세균, 기생충, 진딧물, 곰팡이 등 너무나도 많은 침입자들이 있습니다. 그런데 우리 몸은 이들 침입자들에 맞서 어떻게 안전하게 스스로를 지켜나갈 수 있을까요?

외부 침입자와 몸의 방어

인체는 성(城)과 굉장히 유사하다고 할 수 있습니다. 성을 보면, 가장 바깥쪽 외벽은 아주 튼튼한 벽돌로 이루어져 있습니다. 그래서 외부에서 쉽게 침입할 수가 없습니다. 우리 몸도 마찬가지입니다. 우리 몸의 가장 바깥쪽은 피부라는 아주 특수한 조직으로 이루어져 있습니다. 침입자들은 이 피부의 저항을 뚫어야만 우리 몸으로 들어올 수 있습니다. 우리가 아무리 더러운 것을 만지더라도, 병원균이 피부 속으로 들어오지 못하고 걸러질 수밖에 없는 이유도 여기에 있습니다.

다시 성(城) 비유로 돌아가면, 성 안에 사는 사람들은 밖으로부터 어떤 물자를 공급받아야 살아갈 수 있습니다. 그래서 성벽에는 반드시 외부로 열려 있는 통로가 있을 수밖에 없습니다. 이 통로를 통해 수많은 물자들이 오고갈 수가 있습니다. 그러나 문제는 이 통로를 통해 아군들의 물자뿐만 아니라 적군도 들어올 수 있다는 것입니다.

우리 몸에도 코, 입, 항문 등 외부로 열려 있는 통로들이 많이 있습니다. 우리는 코를 통해 숨을 쉬고, 입을 통해 여러 음식물을 섭취합니다. 그래서 코와 입을 통해 많은 미생물들이 들어올 수 있습니다. 이들 미생물 중에는 몸에 유익한 미생물도 있지만 몸에 해로운 미생물도 많이 있습니다.

우리 몸을 구성하고 있는 세포는 10^{13}개 정도입니다. 즉 약 100조 개의 세포가 우리 몸을 구성합니다. 그러면 우리 몸에 살고 있는 미생물은 얼마나 될까요? 과학자들이 계산한 바에 의하면 우리 몸속에는 10^{14}개 정도의 미생물이 살고 있다고 합니다. 우리 몸을 구성하고 있는 세포보다 약 10배 이상의 미생물이 우리 몸속에 살고 있는 것입니다. 달리 말하자면, 우리 몸은 미생물의 서식지라고 할 수 있습니다. 우리는 몸을 우리 것으로 생각하고 있지만, 실제로 우리 몸은 미생물의 것인지도 모릅니다. 만일 우리 몸속에서 어떤 특별한 작용이 일어나지 않는다면 우리 몸은 금방 미생물이 번식하는 곳이 될 것입니다. 그렇다면 우리 몸속에 이렇게 많은 미생물이 살고 있는데도 우리는 어떻게 건강하게 살아갈 수 있는 것일까요?

이것은 성벽의 안쪽 면이 튼튼한 벽돌로 구성된 것처럼, 우리 몸 안도 튼튼한 피부 점막질로 이루어졌기 때문입니다. 그래서 몸속에 비록 많은 미생물이 산다고 하더라도, 미생물이 쉽사리 점막질을 뚫고 들어올 수 없습니다. 그러면 어떠한 상황이 진정으로 미생물이 침입할 수 있는 상황일까요?

미사일이나 폭탄이 투하되면 성벽이 무너집니다. 우리 몸도 크고 작게 몸에 상처가 나면 그 상처를 통해 미생물이 들어올 수 있습니다. 말라리아 모기나 일본뇌염 모기가 피를 빨면 이때도 병원균이 몸 안으로 들어올 수 있습니다. 즉 우리 몸에 상처가 나거나 모기와 같은 곤충이 피를 빨 때 세균이나 바이러스들이 마치 무너진 성벽으로 적군이 들어오듯 우리 몸 안쪽으로 들어올 수 있는 것입니다. 그러면 다시 처음의 질문으로 돌아가, 왜 상처가 나도 대부분의 우리 몸은 괜찮을까요? 왜 손가락을 조금 다쳐도, 감기에 걸려도 큰 문제가 없는 것일까요?

상처와 감염

상처가 나면 피가 빠르게 지나다니는 혈관 속에서 백혈구라는 면역세포가 움직이기 시작합니다. 백혈구는 혈관을 빠져나와 상처가 난 곳으로 이동합니다. 우리 몸을 보호하는 작용을 하기 위해서입니다. 만일 우리 몸에서 이런 작용이 일어나지 않는다면 미생물이 굉장히 빠른 속도로 증식할 것이며 이는 곧 죽은 사람이 빨리 부패하는 이치라고 할 수 있습니

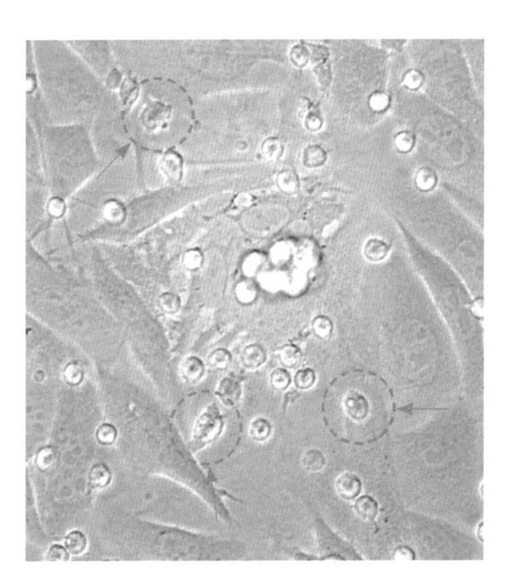

화살표로 표시한 세포가 면역세포다. 상처가 생기면, 면역세포는 상처가 난 곳으로 이동한다. 우리 몸은 세균에 저항하면서 세균의 증식을 막는 정교한 면역 시스템을 갖추고 있다.

다. 세균은 20~30분 간격으로 한 번 분열하기 때문에, 아무런 제한 조건 없이 세균에게 하루 정도의 시간을 준다면 순식간에 번져서 지구를 다 덮어버릴 수 있습니다.

그러면 몸속에서 세균이 번식하지 못하게 하려면 어떻게 해야 할까요? 우리 몸 안에 특별한 시스템이 있어야 합니다. 그 시스템이 바로 면역 시스템입니다. 면역세포가 혈관을 빠져나와 상처 난 부위로 가서 특정 역할을 해내야만, 세균의 증식을 막을 수 있습니다. 제가 평생 동안 연구하기로 마음먹은 주제도 바로 이 면역 시스템입니다.

그러면 백혈구는 어떻게 그렇게 혈류가 빠르게 흐르고 있는데도 혈관을 빠져나갈 수 있는 것일까요? 세포의 차원에서 보면 백혈구가 이동하는 거리는 굉장히 먼 거리입니다. 또 백혈구는 상처가 난 부위를 어떻게 알고 찾아가는 것일까요? 상처가 난 부위로 가서 과연 무슨 일을 할까요? 백혈구는 어떤 방식으로 우리 몸을 지키는 것일까요?

면역세포의 더듬이와 팔다리

면역세포는 상처가 났다는 것을 어떻게 알까요? 굉장히 간단한 답이 있습니다. 곤충은 더듬이를 이용해 외부에 무엇이 있는지 파악합니다. 마찬가지로, 면역세포에도 더듬이가 있습니다. 이 더듬이를 케모카인 수용체라고 부릅니다.

상처가 난 곳에는 케모카인이라는 물질이 많이 분비됩니다. 그리고 백혈구 앞에 케모카인이라는 물질을 놓아두면 백혈구 세포가 케모카인 쪽으로 움직입니다. 이것은 백혈구 세포 자체에 케모카인을 인지할 수 있는 수용체가 있다는 뜻입니다. 케모카인 수용체는 세포의 막에 존재하는데,

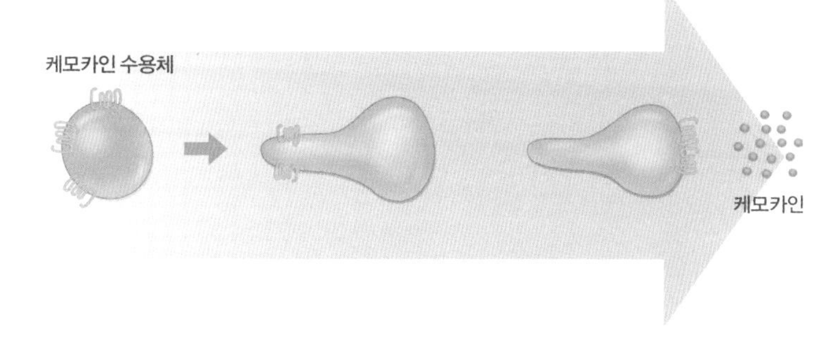

케모카인이 냄새를 풍기면 케모카인 수용체는 케모카인 쪽으로 몰린다.

마치 뱀이 또아리를 틀고 있는 모양을 하고 있습니다. 케모카인이 냄새를 풍기면 케모카인 수용체가 그쪽으로 몰립니다. 그러면 농도차에 의해 세포가 움직일 수 있습니다. 그런데 팔과 다리가 있어야만 우리가 움직일 수 있듯이, 세포도 먼 거리를 이동하려면 팔과 다리가 필요합니다.

세포의 팔을 실렉틴(selectin)이라고 부릅니다. 혈류가 굉장히 빠른데도 불구하고 어떤 세포는 굴러가고, 어떤 세포는 부착됩니다. 상처가 난 부위로 면역세포가 이동하기 위해서는 굴러갈 수 있고, 또 특정 순간에 정지할 수 있어야 합니다. 그런 역할을 하는 것이 바로 실렉틴입니다. 즉 면역세포에 있는 실렉틴이라는 팔과 혈관내피세포에 있는 또 다른 실렉틴이라는 팔이 서로 결합합니다. 그래서 면역세포가 혈류를 따라 빠르게 흘러가지 않고 천천히 굴러가다가 어느 시점에서는 더 이상 굴러가지 않고 멈춰 있다가 혈관을 빠져나가는 것을 볼 수 있습니다.

세포의 다리는 인테그린(integrin)이라고 합니다. 인테그린은 아주 기묘한 친구입니다. 혈류 속의 면역세포가 상처가 난 곳으로 이동하지 않을 때 인테그린은 무릎을 꿇고 있는 자세를 취하고 있습니다. 그래서 면역세포는 어딘가에 쉽게 부착하지 않고 그냥 지나갑니다. 그러나 상처가 난

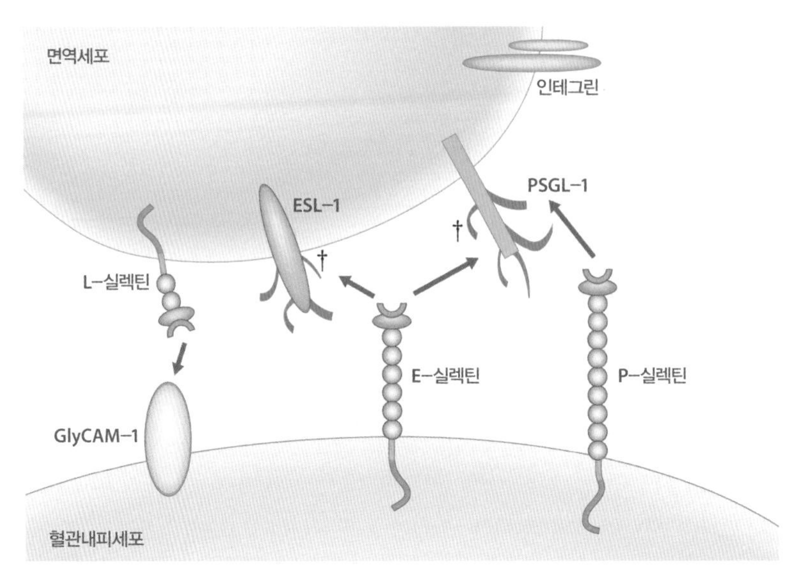

세포의 팔이라고 할 수 있는 실렉틴은 면역세포가 특정 순간에 정지할 수 있도록 해주고, 세포의 다리라고 할 수 있는 인테그린은 면역세포가 혈관에 부착할 수 있도록 해준다.

곳으로 면역세포가 이동하려고 할 때에는 서 있는 자세를 취합니다. 마치 사람이 걸어가기 전에 서 있는 것처럼 말입니다. 평상시에 면역세포의 표면에 움츠린 상태로 존재하다가 일단 신호가 수용체를 통해 인식되면 다리를 쭉 펴고 활동적으로 바뀌게 되는 것입니다. 그래서 백혈구는 이 인테그린을 이용하여 혈류가 있음에도 불구하고 거침없이 혈관벽을 타고 다닐 수 있습니다. 면역세포는 혈관 내의 지지체와 결합하는 식으로 혈관에 부착됩니다.

면역세포는 혈관을 어떻게 빠져 나갈까?

상처가 난 곳으로 면역세포가 이동할 때 팔과 다리만 있어서는 안 됩니다. 상처가 있는 부위로 갈 수 있는 지지체가 필요합니다. 과학자들은 혈관에서 면역세포가 착륙할 수 있는 세포부착분자를 찾아냈습니다.

염증이 생기면 혈관벽이 달라집니다. 혈관벽에서 많이 돌기들을 발견할 수 있습니다. 이것이 바로 세포부착분자들입니다. 세포부착분자가 만들어지면 혈류 속의 염증세포가 활성화되고 인테그린이 무릎을 꿇고 있다가 곧바로 서게 됩니다. 그러면 인테그린이 세포부착분자와 결합하고, 면역세포는 더 이상 혈류 속에서 흘러가지 않고 혈관벽 세포에 결합하게 되며, 그 다음에는 염증세포가 염증이 있는 쪽으로 움직여 나가게 됩니다.

그런데 어떤 환자 중에서는 백혈구 세포가 혈관을 빠져나갈 수 없는 환자가 있습니다. 환자에게 인테그린 단백질이 없으면 그런 경우가 나타납니다. 이 질병을 백혈구부착결핍증(Leukocyte Adhesion Deficiency syndrome, LAD증후군)이라고 합니다. 이 환자들은 한 번 상처가 나면 잘 낫지 않습니다. 상처가 나면 백혈구가 상처 난 부위로 이동해 병원균과 싸워야 하는데 LAD증후군을 앓는 이들은 백혈구가 혈관벽을 빠져나가지 못하기 때문에 다쳐도 잘 아물지 않고 상처가 계속 남아 있습

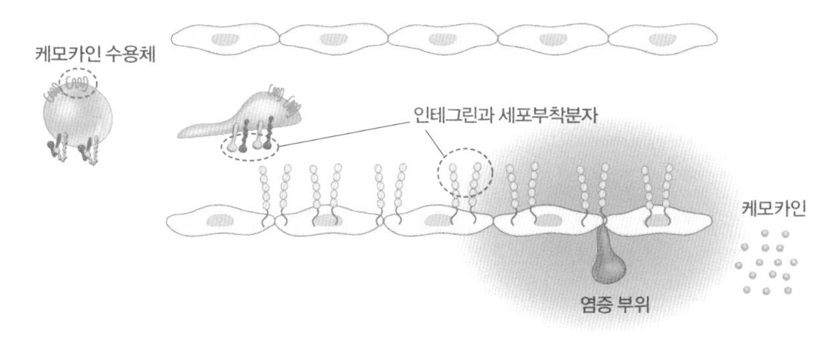

염증이나 질병이 있는 상태. 염증 부위에 케모카인 물질이 분비되면, 케모카인쪽으로 향하는 백혈구가 이동하고, 인테그린 단백질과 세포부착분자가 결합하면 이동을 멈춘다.

니다.

실렉틴, 인테그린, 세포부착분자 연구의 선두주자는 티모시 스프링거(Timothy Springer) 하버드 의과대학 교수입니다. 지난 2004년 티모시 스프링거는 노벨상에 버금가는 크라포르드 상을 받기도 했습니다. 스프링거는 단일클론항체를 처음 발견해 노벨상을 수상한 세사르 밀스테인(César Milstein)의 제자 중 한 사람이며, 가까운 시일 내에 노벨상을 받을 것으로 생각됩니다.

면역세포가 혈관을 빠져나가는 것은 비행기가 착륙하는 것과 굉장히 유사합니다. 비행기가 착륙하려면 랜딩기어를 사용해 접어 넣어두었던 바퀴를 빼내야 합니다. 세포의 팔과 다리라고 할 수 있는 실렉틴과 인테그린이 바로 비행기의 바퀴라고 할 수 있습니다. 비행기가 착륙할 때를 관찰해보면, 막바지 즈음에 비행기의 바퀴가 바닥에 닿았다 떨어졌다를 수차례 반복합니다. 면역세포도 마찬가지로 실렉틴이라는 단백질에 의해 혈관 속을 굴러가다가 나중에 인테그린 단백질과 세포부착분자가 결합되어 부착하고는 결국 멈춥니다. 그리고 이런 과정을 통해 혈관 바깥을 빠져나갑니다.

보통 혈관벽은 아주 말끔합니다. 그래서 쉽게 면역세포가 쭉 흘러갈 수 있습니다. 그러나 염증 혈관벽에는 많은 돌기가 있어서 면역세포

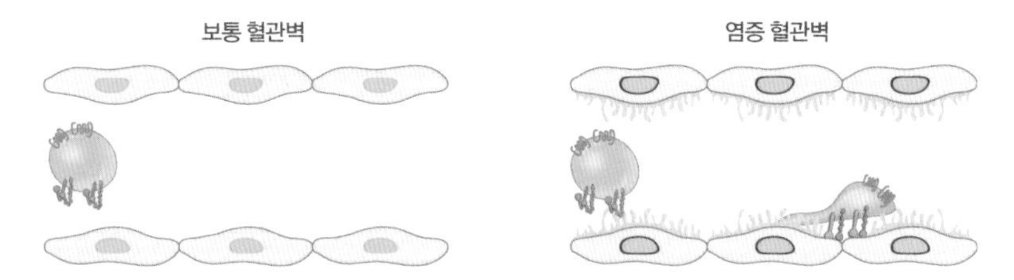

보통 혈관벽은 혈관벽에 세포부착분자가 없지만, 염증이 생기면 혈관벽에 세포부착분자가 생기고, 이것은 면역세포가 혈관 속을 흘러가지 않고 혈관벽에 부착될 수 있도록 해준다.

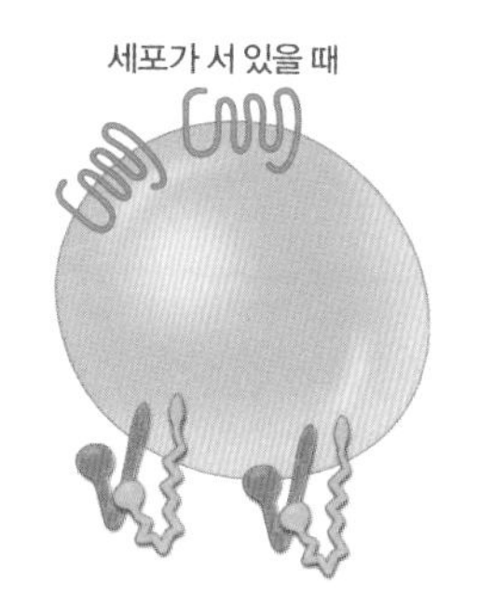

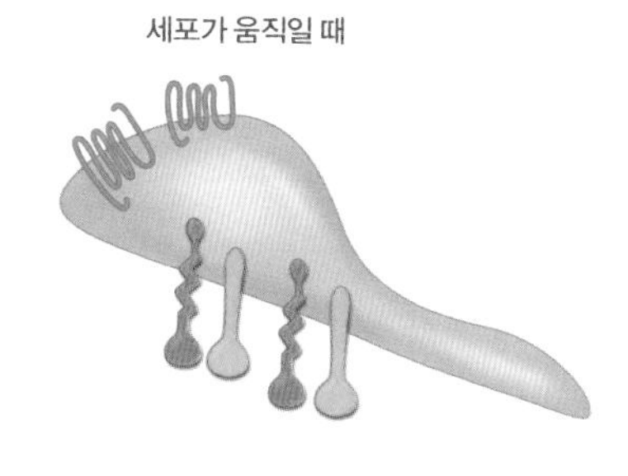

액틴 단백질이 움직이는 방향으로 중합이 일어남으로써 세포가 이동할 수 있다.

들이 흘러가지 못하고 결국엔 부착됩니다. 그러면 여기서 이런 질문을 던질 수 있습니다. 혈관벽에는 어떤 과정을 거쳐 돌기가 생기는 것일까요? 우리 연구실은 혈관벽 세포에 이렇게 돌기가 만들어지는 작용 원리를 밝혔습니다. 돌기를 만드는 데 작용하는 것은 바로 세포부착분자인 ICAM(intercellular adhesion molecule) 단백질이었습니다. 이 ICAM-1 단백질은 혈관벽의 내피세포의 표면에 미세한 돌기들을 만들어내는 작용을 했습니다. 그래서 ICAM-1 단백질이 비정상적이면 미세돌기를 만들어내지 못했습니다. 이런 미세돌기들 때문에 빠른 혈류 속에서도 면역세포가 혈관 내피세포의 표면에 달라붙을 수 있었던 것입니다.

그러면 혈관 밖을 빠져나간 세포는 어떻게 이동하는 것일까요? 세포는 세포의 뼈와 근육이라고 할 수 있는 액틴 및 골격단백질을 이용합니다. 일반적인 세포 안에는 액틴 및 골격단백질이 하나의 네트워크를 이루고 있습니다. 세포가 움직이는 경우, 이 액틴 단백질이 끊임없이 움직이는 방향으로 중합(polymerization)이 일어납니다. 다른 한쪽은 계속 중합된 것이 잘려지면서 없어집니다. 이 과정을 통해 이동할 수가 있는 것입니다.

요약하자면 이렇습니다. 상처가 난 부위에는 케모카인 물질이 많이 분비됩니다. 백혈구의 케모카인 수용체는 이를 인지하고는 케모카인 쪽으로 움직이려고 합니다. 면역세포들이 혈관을 따라 굴러갑니다. 굴러가면서 세포의 팔인 실렉틴 단백질이 혈관내피세포의 또 다른 팔과 결합합니다. 그러면서 면역세포가 천천히 굴러갑니다. 그리고 염증 신호를 감지하면, 인테그린 단백질은 무릎 꿇고 있는 자세에서 서 있는 자세로 모양을 바꿉니다. 그러면 인테그린 단백질은 세포 지지체와 결합함으로써 움직임을 멈추고는 혈관 밖으로 빠져나가게 됩니다. 세포는 중합반응을 통해 한쪽에서는 액틴을 만들어가면서 다른 쪽에서는 액틴을 자르면서 움직입니다.

우리 몸의 최전방 싸움꾼들

상처가 난 곳에 백혈구 세포가 가서 도대체 무슨 일을 할까요? 우리는 최전방에 가서 일하는 세포를 탐식세포라고 부릅니다. 탐식세포에는 대식세포, 중성구 등의 세포들이 있습니다. 이들 탐식세포들은 상처가 난 곳으로 가서 감염원을 찾아 삼켜서 죽이는 역할을 합니다. 탐식세포는 마치 도둑을 본 경찰처럼 몸속에 침입한 미생물을 잡으러 갑니다. 그러고는 잡아먹습니다.

그러면 탐식세포만 있으면 우리 몸을 지키기에 충분할까요? 그렇지 않습니다. 탐식세포가 감염원을 인식하고 죽이는 역할을 하기는 하지만, 탐식세포만으로는 약합니다. 더 중요한 것은 이 탐식세포가 사령관 T세포를 만나야 한다는 점입니다. 탐식세포는 T세포를 만나면, T세포로부터 정말 많은 무기들을 공급받습니다. 그렇게 되면 탐식세포는 10~1000배나 강한 세포가 됩니다. 원래대로라면 30초 걸려서 잡을 미생물을 1초

Bio Tip

세포의 골격단백질은 어떤 역할을 할까?

흔히 일반인들은 세포의 모양이 부정형이기 때문에 뼈가 없다고 생각하지만 세포에도 엄연히 뼈가 존재한다. 적혈구가 도넛 모양인 이유는 바로 적혈구 내에 있는 뼈, 즉 세포 골격단백질 때문이다. 세포의 골격단백질은 세포의 모양을 일정하게 유지하는 역할과 세포를 역동적으로 움직이게 하는 역할을 한다. 즉 세포 골격단백질은 백혈구가 둥근 형태를 유지하도록 도와주기도 하지만, 동시에 세포가 움직이는 방향으로 빠른 속도로 재배열하면서 움직임을 도와주는 역할을 하기도 한다.

이러한 이유 때문에 상당수의 세포 골격단백질이 백혈구의 활성에 직접 관여한다고 보고되고 있다. 예를 들면, WASP라는 단백질이 있는데 이 단백질이 결핍된 환자는 세포 골격단백질의 형성이 약화되어 있고, 선천성 면역결핍(immunodeficiency) 증상을 보인다. 세포가 움직이고 적절한 활성을 나타내기 위해서는 세포의 뼈라고 할 수 있는 골격단백질이 반드시 필요한 것이다.

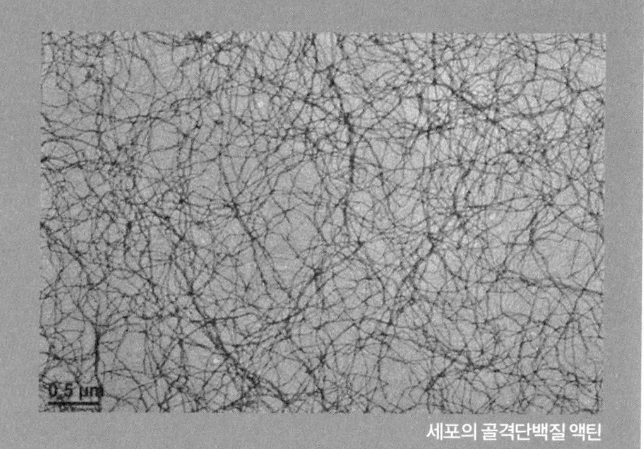

세포의 골격단백질 액틴

내로 잡아서 없애는 강력한 세포가 되는 것입니다. 만남이 중요한 것은 이 때문입니다. 결국 만남을 통해 세포가 활성화되는 것입니다.

또 탐식세포가 먹은 감염원의 정보를 항원이라고 하는데, 탐식세포는 T세포에 항원을 전달합니다. 그래서 탐식세포는 항원제시세포로 작용하고 있습니다. 수많은 T세포 중에 이 항원을 인식하는 T세포는 오직 한 종류의 T세포밖에 없습니다. 그래서 탐식세포와 T세포의 만남은 마치 사랑하는 배우자를 찾은 두 연인의 만남과 아주 비슷합니다. T세포가 자기를 원하는 배우자를 만날 확률은 $\frac{1}{10^{18}}$입니다. 엄청나게 낮은 확률로 만나는 것입니다. 그래서 면역학자들은 이 두 세포 간의 사랑이 너무나도 강하기 때문에, 면역 시냅스(immunological synapse) 혹은 면역 키스(immunological kiss)라고 부릅니다.

면역 키스를 통해 T세포는 여러 가지 항원에 대한 정보를 주고받습니다. 구체적으로, T세포에서 TCR이라는 단백질이 항원 정보를 인식하고, 탐식세포(혹은 항원제시세포)에서는 MHC라는 물질(외부 물질)에 항원을 올립니다. 여기서 중요한 것은 반드시 T세포가 내부 물질과 외부 물질을 동시에 인식해야 한다는 점입니다. T세포가 자신이 처리해야 하는 외부 감염원이 어떤 것인지 인식해야, 자신의 고유 역할을 수행하게 되는 것입니다.

이런 T세포와 탐식세포의 만남은 균형을 전제로 합니다. 이 균형이 깨지면 문제가 생깁니다. 우리 몸속의 T임파구라는 세포는 반드시 외부항원을 보유하고 있는 세포를 인식해야 합니다. 그런데 만약 자기 MHC와 내부항원을 인식한다면, 자가면역 질환이 생기게 됩니다. 아토피, 알레르기, 천식, 류머티즘과 같은 질병들이 바로 이런 자가면역 질환들입니다. 자기 것임에도 불구하고, 내부 물질이라는 것을 인식하지 못할 경우 T세

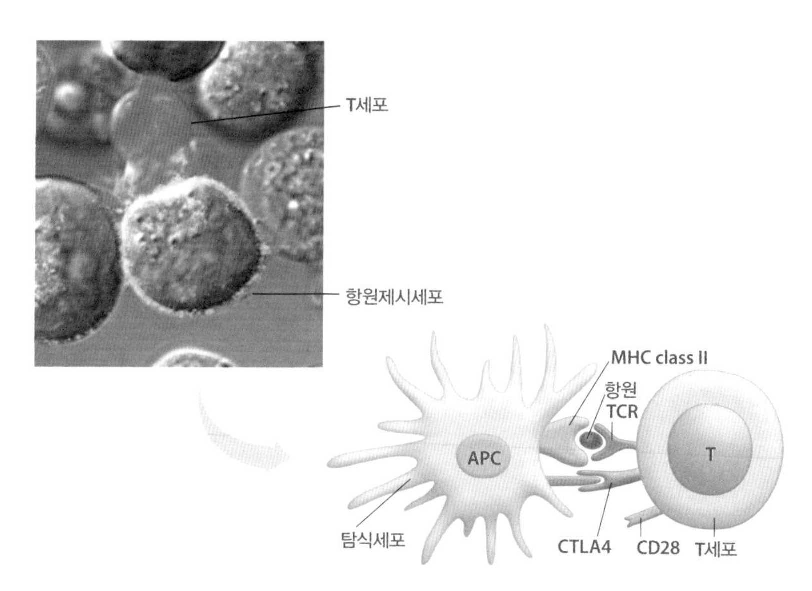

탐식세포는 T세포를 만나야 힘이 강력해진다.

포는 내부를 공격하는 역할을 할 수 있습니다. 결국 만남의 불균형은 면역 질병을 초래하고야 마는 것입니다. 반대로 인플루엔자나 에이즈와 같은 것에 감염될 수 있는 '면역 저하'가 일어날 수도 있습니다. 또 장기 이식을 하면 면역 저하가 일어날 수도 있습니다. 그래서 장기 이식을 할 때 MHC가 맞는지, 그렇지 않은지 등을 따져보는 것입니다. T세포는 자기 것이 아닌 남의 MHC라고 인식할 경우 이식된 장기를 격렬하게 공격합니다.

T세포 활성을 조절하는 물질의 개발

현재 과학자들은 T세포와 항원제시세포의 만남을 이용해 여러 가지 치료용 물질을 개발하는 데 애쓰고 있습니다. 가령, T세포에는 CTLA4

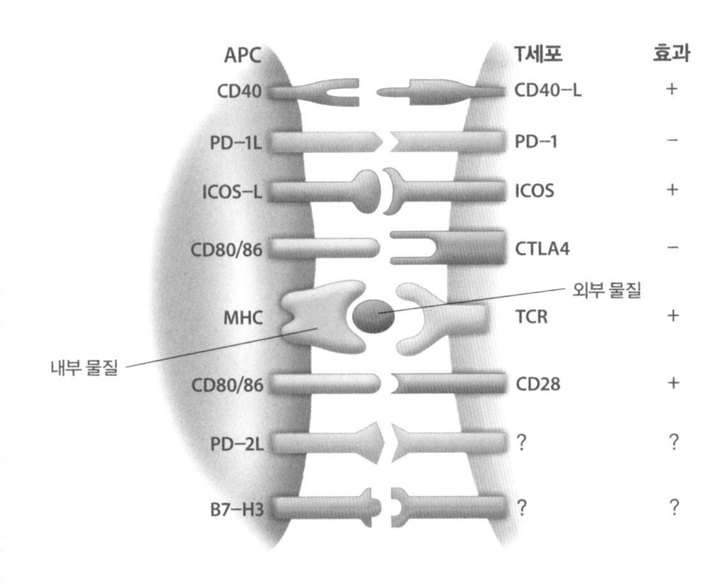

탐식세포(항원제시세포)가 T세포에 항원을 전달하는데, 수많은 T세포 가운데 이 항원을 인식하는 T세포는 오직 한 종류밖에 없다. 그래서 면역학자들은 탐식세포와 T세포의 만남을 '면역키스'라고 부르기도 한다.

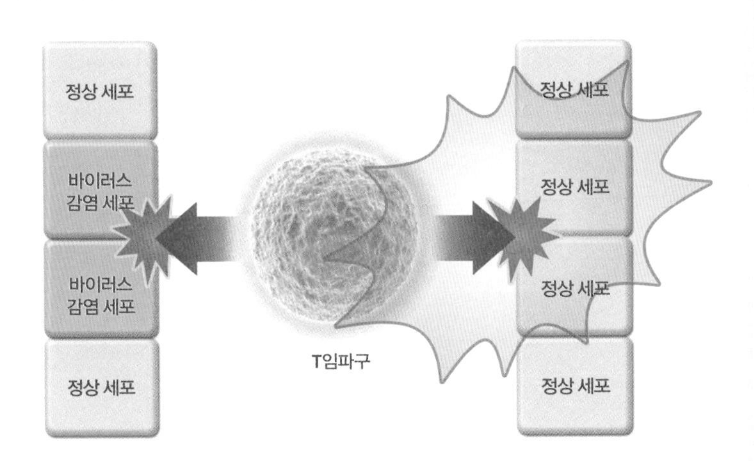

만약 T세포가 외부항원이 아니라 내부항원을 인식하게 되면 자가면역 질환이 생기게 된다.

라는 단백질이 있습니다. 이 단백질은 T세포가 지나치게 활성화되지 않도록 하는 단백질인데, 사람 중에는 T세포의 활성도가 낮은 사람이 있습니다. 아르헨티나의 면역학자 체자르 밀슈타인(César Milstein)이 고안한 단일클론항체를 이용하면, CTLA4 단백질의 활동을 억제시키는 방법을 통해 T세포에 계속해서 활성 신호만 전달할 수 있을 것입니다.

우리 연구실에서도 수년 동안 면역 신약제와 관련된 새로운 물질을 찾고 있습니다. 최근에 우리 연구실은 T세포와 항원제시세포 사이에서 가장 중요한 단백질 중의 하나인 TCR 단백질의 작용을 훨씬 더 증폭시키는 단백질을 새롭게 발견했습니다. 이 단백질의 작용을 더 활성화시킨 쥐의 경우, 훨씬 더 면역 질환에 걸리지 않는다는 사실도 밝혔습니다.

학문적으로 가장 중요한 것은 과연 생명 현상이 어떻게 일어나는지 밝히는 것입니다. 그러나 현실적으로 보면, 기본적인 원리를 밝히는 것 이외의 것, 예를 들면 경제적 부가가치를 만들어내는 것도 추구하게 됩니다. 항체 시장은 연간 30조 원 이상의 규모를 지닌 큰 시장입니다. 효과적인 제어 물질을 개발해서 인체에 활용될 수 있다면, 연구자는 엄청난

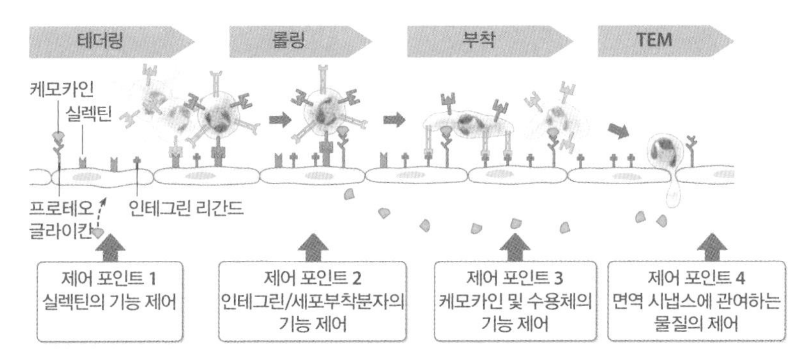

현재 많은 과학자들이 T세포와 탐식세포의 만남을 제어하는 치료용 물질 개발에 힘을 쏟고 있다.

부가가치를 창출할 수 있을 것입니다. 그러기 위해서 그 기술은 원천기술이어야 합니다. 기초학문이 바탕이 되어야만 공학은 새로운 것을 만들어 낼 수 있습니다. 중요한 것은 기초학문입니다.

미키 마우스를 만든 것으로 유명한 월트 디즈니는 이렇게 말했습니다. "꿈을 꾸는 한, 그 꿈은 반드시 현실이 될 수 있다." 살아생전에 디즈니는 디즈니랜드를 구상했습니다. 그런데 안타깝게도 디즈니랜드가 만들어졌을 때 그는 이 세상 사람이 아니었습니다. 그래서 디즈니의 후임자는 디즈니랜드 완공식 때 "만약 이 자리에 월트 디즈니가 있었다면 디즈니랜드가 만들어진 것을 보고 얼마나 기뻐했을까요?"라고 말했습니다. 이 말에 월트 디즈니의 미망인은 이렇게 얘기했습니다. "이미 월트 디즈니는 디즈니랜드를 보았습니다. 디즈니는 꿈을 꾸었고, 그러므로 그 꿈은 이미 현실화가 된 것입니다." 여러분들도 마찬가지로 장대한 꿈을 꾸길 바랍니다. 저도 마찬가지로 연구에 손을 뗄 때까지 꿈을 꿀 것입니다. 그 꿈을 현실화하기 위해 노력할 것입니다.

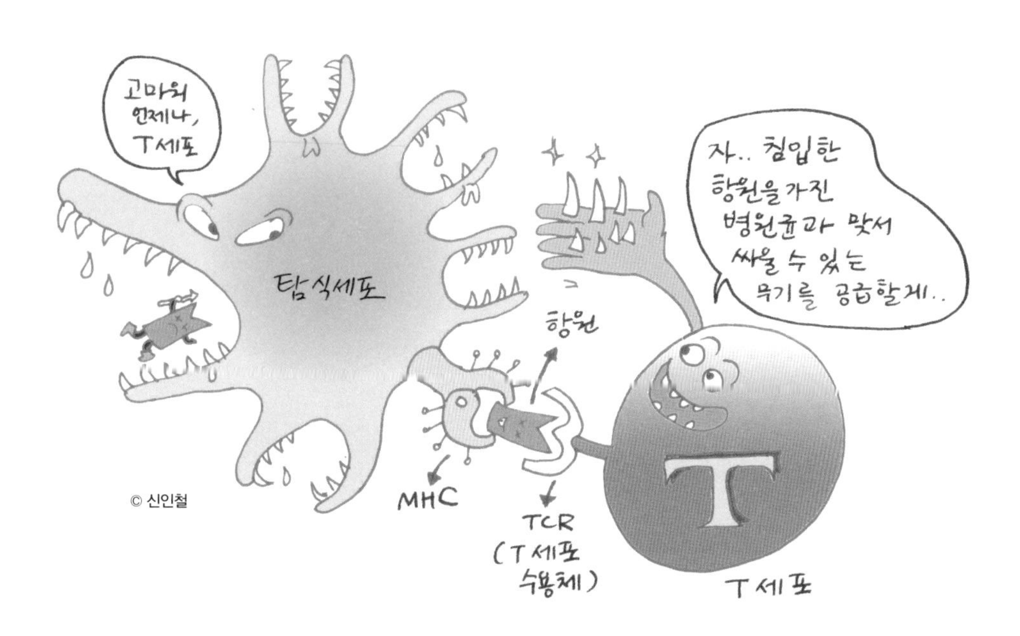

고마워
언제나,
T세포
자.. 침입한
항원을 가진
병원균과 맞서
싸울 수 있는
무기를 공급할게..
탐식세포
항원
MHC
TCR
(T세포
수용체)
T
T세포
© 신인철

DNA 분석으로 무엇을 할 수 있는가

조병관 한국과학기술원(카이스트) 생명과학과 교수

서울대학교에서 공부하고, 서울대학교 유전공학연구소 박사후 연구원, 미국 캘리포니아주립대학교 박사후 연구원 및 책임 연구원을 거쳐, 현재 한국과학기술원 생명과학과 교수로 재직 중이다. 한국과학기술원 바이오센추리(BioCentury) 연구소 겸임교수도 맡고 있다. 시스템생물학 및 합성생물학을 이용한 미생물, 동물세포 게놈엔지니어링에 관심이 크고 이를 이용해서 항암제 등의 유용물질 생산 시스템 개발에 몰두하고 있다. 세계에서 40명의 40세 미만 과학자에게 주어지는 다보스포럼 젊은과학자상(2012)을 수상했다.

미국드라마 CSI를 한번 볼까요? CSI에는 뉴욕 시즌, 라스베이거스 시즌, 마이애미 시즌 등 여러 시리즈가 있는데, 과학자의 눈으로 보면 종종 말도 안 되는 방법으로 사건을 해결합니다. 그런데 그 말도 안 되는 방법에는 우리가 알면 좋은 과학상식들이 담겨 있습니다. 오늘은 〈CSI : 뉴욕 시즌2〉 1화 '도시의 여름(Summer in the city)'을 보겠습니다.

빌딩을 전문적으로 올라가는 한 빌딩 등반가가 보호 장비 없이 고층빌딩을 오르던 와중에 추락합니다. 추락사고가 일어나자 CSI가 출동하고, 수사관들은 조사 과정에서 모기 한 마리와 총 자국을 발견합니다. 빌딩 등반가는 살인 현장을 목격했고 911에 신고하려다가 실수로 떨어져 죽은 것이었습니다. 수사관들은 사건 현장에 있는 모기를 붙잡아서 실험실로 수송해옵니다. 그들은 모기가 죽은 사람의 피는 빨아먹지 않으므로, 모기 몸속에 있는 피는 살인자의 피일 것이라 가정한 것입니다. 여러 최첨단 장비들을 이용해서 모기를 분석하고는, 피를 뽑아냅니다. 사실 CSI에 등장하는 장비들은 실제로 실험실에서 많이 사용되는 것들이고 이런 점에서 CSI 드라마는 꽤 사실적입니다. 과학수사관들은 그 피에서 범인이라 추정되는 사람의 DNA 염기서열을 분석합니다. CSI는 그 DNA 염기서열 분석 결과를 가지고 용의자를 심문하고는 범인을 찾아냅니다. 이것이 사건의 전말입니다. 놀랍지 않습니까? 그렇게 빠른 시간 안에 극소량의 혈액에서 범인의 DNA를 알아내다니요!

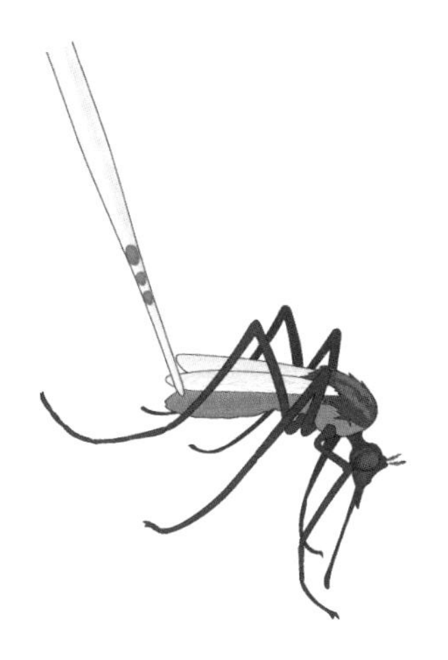

과학적으로 모기가 빨아먹은 피를 추출해 DNA 염기서열을 분석할 수 있다.

DNA 염기서열을 읽어내다

제가 여기서 던지고 싶은 질문은 이런 것입니다. 우리는 어떻게 DNA 염기서열을 빠른 시간 안에 정확하게 알 수 있을까요? 30억 쌍이나 되는 인간의 DNA 염기서열을 읽는 것은 과연 쉬울까요?

다른 예를 들어보겠습니다. 여기 두 마리의 소가 있습니다. 한 마리는 한우이고, 다른 한 마리는 미국소입니다. 소는 육안으로 구별이 됩니다만 도축을 한 후에 보면 어느 고기가 한우인지 분간하기 어려워집니다. 물론 전문가들은 이 상태에서도 알아볼 수 있습니다. 그런데 요리를 해놓고 보면 구분하기 쉽지 않습니다. 이 둘을 어떻게 구분할 수가 있을까요? 정확한 방법은 시료를 채취해서 DNA 염기서열을 분석하는 것입니다. 그러면 한우인지 미국소인지 판별할 수가 있습니다.

이 모든 것의 기초는 DNA입니다. 인간이 갖고 있는 DNA는 모두 비슷하지만 조금씩 다릅니다. 유인원과도 굉장히 비슷합니다. 돼지와도 비슷합니다. 그런데 이렇게 조금밖에 다르지 않은데도, 우리는 유인원도, 돼지도 아닙니다. 이것이 바로 DNA의 마법입니다.

그러면 과연 우리는 DNA를 어떻게 연구할 수 있을까요?

잘 아시다시피, DNA는 이중나선 구조로 되어 있습니다. 또 아데닌(A), 티민(T), 구아닌(G), 사이토신(C), 이 네 가지 염기로 구성되어 있는 것을 볼 수 있습니다. DNA는 A, T, G, C라는 네 가지의 문자 조합으로 이루어진 중합체(polymer)입니다.

A, T, G, C는 단량체(monomer)입니다. 즉 DNA는 수많은 A, T, G, C의 결합입니다. 전문적인 용어로 말하자면, DNA는 A, T, G, C라는 단량체의 중합체인 것입니다. 우리는 이런 DNA라는 중합체에 우리가 살아가기 위한 모든 정보를 담아두고 있습니다. 이렇게 보면 굉장히 간단

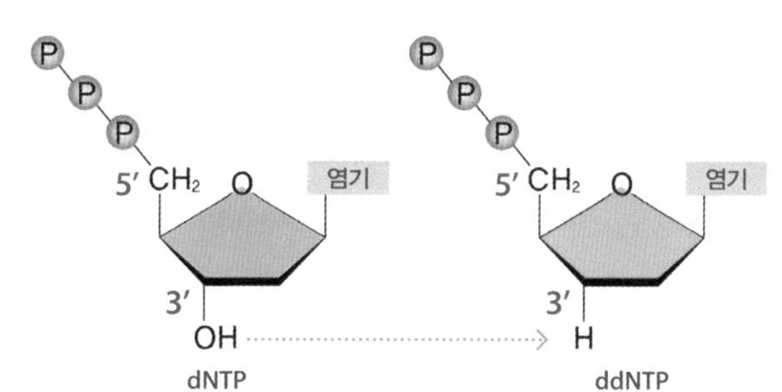

3′–탄소에 붙어 있는 –OH를 –H로 바꿔주면 DNA 중합반응이 멈춘다.

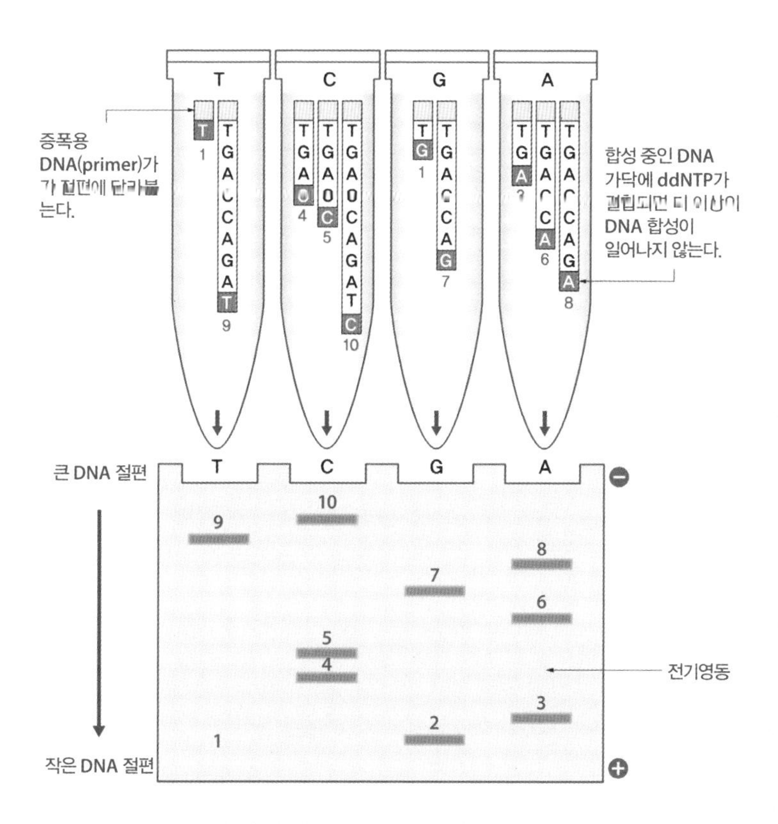

DNA 염기서열을 읽는 대표적인 방법인 생어 시퀀싱

해 보입니다. 그런데 연구하는 건 그렇게 간단하지만은 않습니다.

모든 생물은 DNA를 갖고 있습니다. 물론 길이는 모두 다릅니다. 대장균은 약 450만 개, 인간은 약 30억 개의 염기서열을 갖고 있습니다. 그러면 이 30억 개나 되는 염기서열을 어떻게 하면 효율적으로, 빠른 시간 내에 읽을 수 있을까요? 30억 개를 읽는 것은 만만한 작업이 아닙니다. 그래서 초기에는 DNA 염기서열을 분석하는 데 막대한 시간과 비용이 필요했습니다.

DNA 염기서열은 다음과 같은 방법으로 읽을 수 있습니다. 앞서 이야기한 대로 DNA는 A, T, G, C라는 네 가지 염기와 인산, 5탄당(5개의 탄소를 가진 당)으로 구성되어 있습니다. 앞의 그림에서 DNA 구조를 자세히 보면 5개의 탄소 중 3번 위치의 탄소에 OH기가 붙어 있습니다. 그리고 각 염기는 OH기를 매개로 해서 쭉 이어집니다. 그래서 3번 위치의 OH기를 H기로 바꿔주면(ddNTP라고 부름) 더 이상 DNA가 연결되지 못하고 중합반응이 멈추게 됩니다. DNA 합성의 전구물질인 dTTP(deoxythymidine triphosphate) 대신에 3번 위치에 H기가 붙은 ddTTP(2′, 3′-dideoxythymidine-5′-triphosphate)를 넣어주고, dATP 대신에 H기가 붙은 ddATP를 넣어주는 식으로 조작하면, DNA가 길어지지 않습니다. 이런 식으로 DNA를 합성하면 굉장히 다양한 길이의 DNA 조각들이 만들어지고 이들을 겔(gel)에 풀어놓으면, 길이에 따라 T, C, G, A가 어떤 식으로 배열되어 있는지 읽을 수 있습니다. 물론 예전에는 사람이 하나씩 읽었습니다. 요즘은 자동적으로 읽는 기계가 개발되었고, 최근 기계의 성능이 좋아져 굉장히 빠른 속도로 읽을 수 있습니다.

그러면 인간들은 왜 DNA 염기 서열을 읽어보자는 생각을 하게 되었을까요? 처음 시작된 곳은 미국입니다. 그것도 미국의 과학재단이 아니

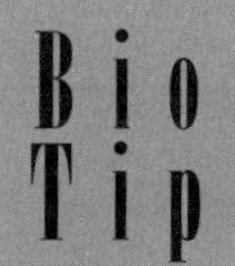

DNA 시퀀싱 기술은 어느 수준까지 발전했을까?

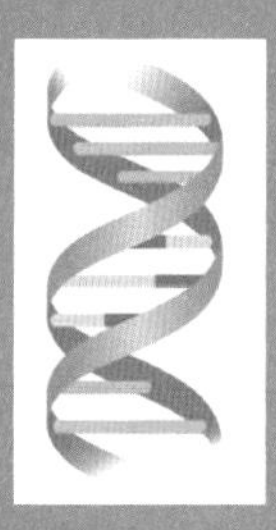

몇 년 전까지만 해도 사람의 유전체(게놈)를 해독하려면 막대한 비용과 시간이 필요했다. 2003년 처음 완료된 인간게놈프로젝트의 경우 13년 동안 약 27억 달러(환율을 달러당 1000원으로 환산하면 약 2조 7000억 원)가 투입되었고, 2007년에 해독된 인간 게놈의 경우는 4년 동안 약 1억 달러가 투입되었다. 실로 엄청난 금액과 시간이다.

현재의 사정은 어떨까? 빠른 속도로 시퀀싱을 할 수 있는 차세대 시퀀싱 기술이 속속 개발되어 4400달러에 인간 게놈이 해독되었다는 소식이 전해지더니, 얼마 지나지 않아 1000달러 이하로 비용이 더 내려갔고, 이제는 한화로 약 50만 원이면 충분히 DNA 염기 서열을 분석할 수 있는 시대가 되었다. 이완 맥그리거가 주연한 마이클 베이 감독의 〈아일랜드(The Island)〉라는 영화에서처럼, 각 개인이 자신의 DNA 염기 서열을 손쉽게 알 수 있게 되어 매일 건강상태를 체크할 수 있는 날이 기술적으로 가능해진 것이다.

DNA 시퀀싱 기술의 응용 분야는 무궁무진하다. 범인의 신원을 파악하는 것 외에도 유전 질환과 암 등을 포함한 다양한 인간의 질병을 예측하고 진단하고 치료하는 분야에 널리 이용될 것이다. 또 바이오에너지, 바이오플라스틱 등을 생산해내는 미생물의 유전체를 해독하여 더욱 효율적인 인공 미생물을 디자인할 수도 있다. 인류에게 유용한 인공 미생물을 만드는 날도 머지않았다.

라 에너지자원부(DOE)에서 시작되었습니다. 미국의 국가기관 에너지자원부는 원자력발전소 주변에 자꾸 암 환자들이 많아지는 것이 신경 쓰여서, 그 원인을 찾아내기 위해 인간게놈(유전체)프로젝트를 시작합니다. 이 프로젝트의 첫 번째 수장은 인간의 DNA 구조를 밝힌 노벨상 수상자 제임스 왓슨이었습니다. 국제컨소시엄을 구성해 진행된 인간게놈프로젝트는 1988년 시작되어, 미국의 민간 생명공학 벤처기업인 셀렐라지노믹스와 경쟁하면서 2003년에 완성되었습니다.

DNA 연구의 거의 모든 기초는 멘델의 유전법칙이라고 할 수 있습니다. 그러나 이런 유전 연구는 200여 년 동안 느린 속도로 발전하였습니다. 그러다 1953년 DNA의 구조가 밝혀진 이후 빠른 속도로 발전하기 시작했습니다. 특히 1970년대부터 DNA 재조합 기술 등을 바탕으로 한 유전공학이 발달하면서, 지난 몇 십 년 동안 모든 발전이 한꺼번에 이루어집니다.

최근에는 DNA 염기서열을 분석하는 방법이 눈부시게 발전하였습니다. 눈앞에 염기서열을 알고 싶은 DNA가 있다고 합시다. 앞서 이야기한 dNTP에 형광을 띠는 물질을 미리 붙여놓아 어떤 dNTP가 연결되는지 바로 알아낼 수 있습니다. 예를 들어, 염기들이 달라붙을 때 T는 빨간색, G는 초록색 등으로 색깔을 띠게 만들면, 짝이 되는 염기들의 색을 보고 원래 DNA 조각들의 염기를 알아낼 수 있습니다. 이런 과정이 특수 처리된 판 위에서 수천만 개가 동시에 이뤄집니다. 그러면 하늘에 떠 있는 별처럼 자그마한 판 위에서 수천만 개의 점들이 별처럼 반짝이게 되고 그 점들의 색깔의 순서를 계속해서 분석하면 DNA 염기서열이 한꺼번에 읽히는 것입니다. 이 같은 기술의 발전은 생명공학의 판도를 바꿔놓고, 현재 인간이 갖고 있는 지식의 한계를 뛰어넘고 있는 중입니다.

인간의 DNA 염기서열은 오늘날 모두 판독했지만, 아직 해야 할 일이 많이 남아 있습니다. A, T, G, C로 이루어진 염기서열 안에 어떤 정보가 들어 있는지 알아야 하기 때문입니다. 지금 과학자들의 손은 문자로 나열했을 뿐 어떤 내용이 담겨 있는지 해독하지 못한 암호를 들고 있는 셈입니다.

DNA 연구와 바이오산업

DNA 염기서열은 여러 가지 방식으로 이용될 수 있습니다. 가령 암세포의 게놈과 정상 세포의 게놈을 분석해서, DNA 염기서열 가운데 어떤 부분에 차이가 있는지를 파악할 수 있고, 암에 걸리면 어떤 부분이 달라지는 것인지를 빠르게 알아차릴 수 있습니다. 이런 방법은 비용이 많이

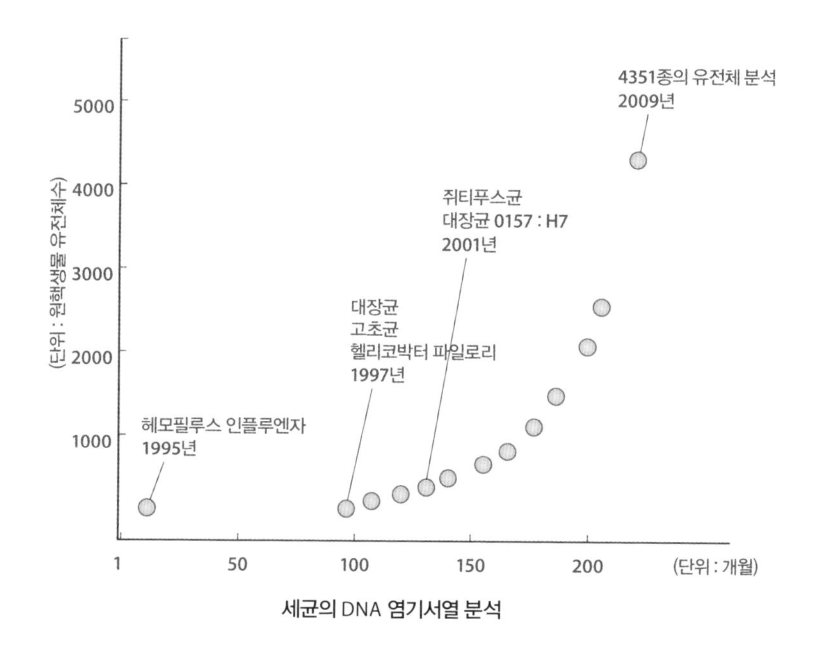

세균의 DNA 염기서열 분석

들기는 하지만, 현재 병원에서도 사용되고 있고 앞으로 더욱 발전하여 암을 예측하는 데 사용될 것입니다.

또 다르게는 생명체를 이용한 대체에너지 개발에도 유용할 수 있습니다. 지금 지구의 환경은 인간의 활동으로 많이 훼손되고 있습니다. 인류가 발전하면 발전할수록 자연을 해친다는 말이 있을 정도입니다. 지구온난화로 북극의 얼음이 녹아서 북극곰은 서식지를 잃어가고 있고, 화석연료도 빠른 속도로 고갈되고 있습니다. 대체에너지 개발이 시급한 것은, 석유자원이 고갈되면 인류 문명에 상상하기 힘들 정도의 심각한 문제를 초래하기 때문입니다. 그래서 과학자들 가운데에서는 생명체를 이용해

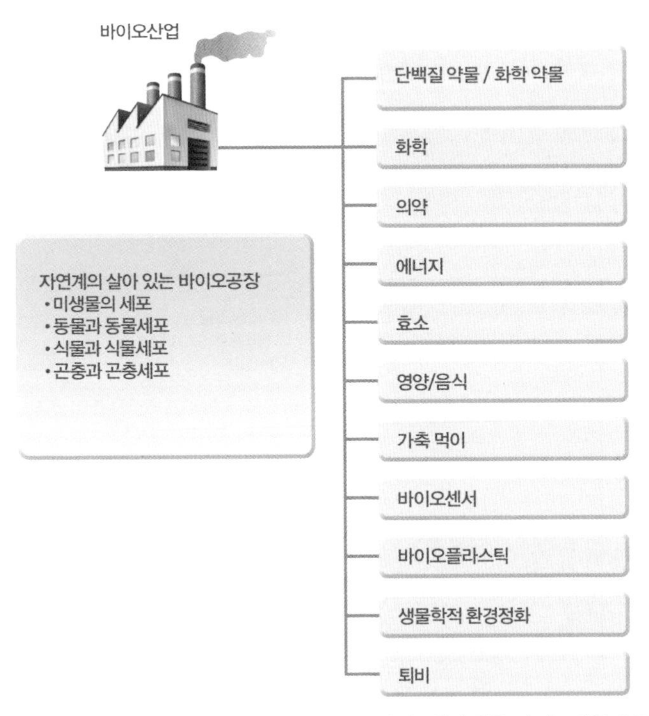

바이오산업은 생물체를 이용해 에너지, 약품, 효소, 바이오센서 등을 만드는 것을 추구한다.

에너지를 얻으려고 시도하는 이들이 많습니다. 저를 포함해서 많은 과학자들이 미생물에 있는 DNA를 조작해서 미생물이 바이오플라스틱을 만들어내게 하는 등 대체에너지를 만들어내는 그런 기술을 개발하고 있는 중입니다.

바이오산업도 이런 맥락에서 이해할 수 있습니다. 자연계의 산소, 이산화탄소, 물, 질소 등은 아직 연료가 아닙니다. 많은 식물이 이산화탄소를 받아들여서 성장하고 이것이 동물들의 영양소가 되듯이, 생명공학자들은 자연계에 존재하는 단량체들을 이용해서 우리 삶에 필요한 다양한 중합체를 만들어낼 수 있을 것이라 확신하고 있습니다. 예를 들어 옥수수를 미생물학자에게 넘겨 자동차를 움직이게 하는 바이오연료를 만들 수 있지 않을까, 하고 생각한 것입니다. 그리고 이는 실현되어 현재 브라질에서는 법으로 모두 자동차 연료의 30%를 의무적으로 바이오연료로 사용하게끔 규제하고 있습니다. 날씨가 덥고 땅이 넓은 브라질은 사탕수수를 대규모로 재배할 수 있어서, 사탕수수를 이용해 충분히 바이오연료를 공급할 수 있기 때문입니다.

대장균을 이용한 것도 있습니다. 대장균의 DNA를 조작하면 대장균 안에서 플라스틱을 만들어낼 수 있습니다. 이렇게 만들어진 플라스틱은 시간이 흐르면 썩습니다. 우리가 요즘 마켓에서 구입할 수 있는 환경친화 비닐봉지 중에는 바로 이런 바이오플라스틱으로 만든 제품도 있습니다.

블루아이라는 파란색의 미생물은 합성 DNA를 이식해서 만든 최초의 미생물입니다. 실험실에서 450여 개 정도의 DNA를 합성하고, 이 미생물이 원래 지니고 있던 유전체를 모두 빼낸 다음에, 실험실에서 합성한 DNA를 이식한 것입니다. 이 살아 있는 미생물은 과연 생명체일까요? 과학자가 생명체인지 아닌지를 판단하는 기준 가운데 하나는 '생식'입니다. 이 미생물의 경우에는 자손 번식을 할 수 있었습니다. 복제를 할 수 있었던 것입니다. 이렇게 미생물이 만들어졌다는 것은 세간을 떠들썩하게 할 만한 이슈가 되었습니다. 왜냐하면 이것은 미생물을 아무렇게나 디자인할 수 있다는 것을 의미했기 때문입니다. 이 미생물이 생명체인지 아닌지에 대해선 논란의 여지가 있지만, 현재 유전공학은 이 정도로 발전했습니다.

생명공학은 우리가 살아가는 데 유용한 것을 만들 수 있고, 동시에 윤리적으로 문제가 될 수 있는 것도 만들 수 있는 과학기술입니다. 인류가 잘 조절만 한다면 굉장히 유용한 기술이지만, 테러를 일으키는 데 사용될 수도 있는 기술입니다. 생명공학이 인류를 기술적으로 진일보시킬 것일지, 아니면 윤리적인 수많은 문제를 낳을지는 인류의 선택에 달려 있습니다.

실험실에서 합성한 DNA!
내가 가지고 있던 DNA는 다 빼내어지고 합성된 DNA가 내 몸에 들어왔다. 나는 생물일까? 무생물일까?
환영!

결핵균을 이기는 방법은

조은경 충남대학교 의과대학 미생물학교실 교수

충남대학교 의과대학을 졸업하고, 충남대학교에서 박사학위를 받았다. 현재 충남대학교 의과대학 교수로 재직 중이며, 충남대학교 MRC(기초의과학연구센터) 소장을 맡고 있다. 대한기초의학협의회 젊은기초의학자상(2006), 대한의사협회 의당학술상(2008), 생화학분자생물학회 마크로젠 여성과학자상(2012), 화이자의학상 기초의학상(2012)을 수상했다. 정부의 지원을 받은 연구과제들은 국가연구개발 우수성과 100선 선정(2010), 교육과학기술부 기초연구 우수성과 4년 연속 인증(2010~2013)을 받았다.

에드바르 뭉크의 〈병든 아이〉(1885~1886)

에드바르 뭉크(Edvard Munch)는 〈절규〉와 〈병든 아이〉라는 그림을 그린 유명한 노르웨이 화가입니다. 이 화가의 어머니와 누나는 둘 다 결핵으로 세상을 떠났습니다. 당시에는 결핵 백신이 없었기 때문에 많은 사람들이 죽을 수밖에 없었습니다. 지금은 어떨까요? 지금도 문제가 심각합니다. 결핵은 단일 감염 질환으로 전 세계에서 가장 많은 사람이 사망하는 질병입니다.

세계보건기구(WHO)에서 파악한 바에 따르면, 1년에 전 세계에서 결핵으로 사망한 사람은 200만 명에 달합니다. 굉장히 무서운 질병입니다. 그러니까 세계적으로 1분에 서너 명이, 지금 제가 이야기하고 있는 이 시간에도 결핵으로 목숨을 잃고 있습니다. 우리나라도 예외가 아닙니다.

우리나라에서는 지금도 한 해에 3만 명의 결핵 환자들이 발생하고 있으며, 1년에 3000명가량이 결핵으로 세상을 떠나고 있습니다.

매년 우리나라에서 발생하는 전염병의 60~80%가 결핵이며, OECD

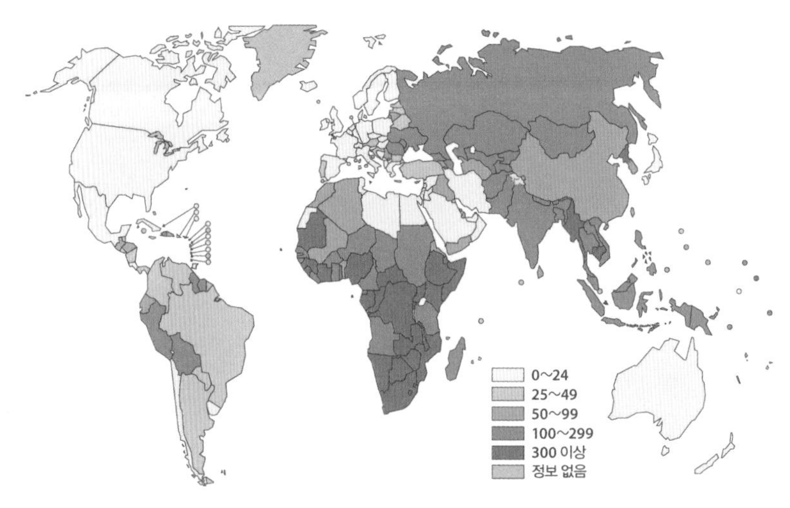

2010년 전 세계 결핵 환자 발병 건수 (단위 : 천 명)

가입국 중에서 결핵 사망률로는 우리나라가 1위입니다. 더군다나 20~30대 청장년층에 많이 발생하는, 후진국형 양상을 띠고 있습니다. 한창 일해야 하는 나이에 결핵으로 고생하는 사람이 많다는 것입니다.

여기서 문제가 되는 것은 다제내성 결핵입니다. 결핵 환자들은 6개월 동안 약을 한 줌씩 먹습니다. 정말 많은 약을 먹습니다. 6개월 동안 꾸준히 약을 복용하는 것은 쉬운 일이 아닙니다. 그런데 약을 먹다가 '아, 이제 지겨워' 하면서 그만 먹으면, 몸속의 결핵균들이 약에 저항하는 균으로 탈바꿈합니다. 그러면 나중에는 '다제내성' 즉, 모든 약제에 저항하는 결핵균이 될 수 있습니다. 지금 현존하고 있는 모든 항결핵제에 내성이 나타나면, 그때는 손을 쓸 수가 없게 됩니다. 만약 결핵 환자의 다제내성이 심해지면, 폐암과 거의 똑같습니다. 너무 안타까운 상황이 일어나게 되는 것입니다.

결핵이란 무엇인가?

결핵은 결핵균이라고 하는 병원성 미생물에 의한 호흡기 질환입니다. 사실 이 세상의 모든 곳에 미생물이 존재합니다. 공기 중에도, 음식에도, 먹는 물에도 미생물이 많습니다. 대장균처럼 길쭉한 균도 있고, 동글동글한 포도알균도 있습니다. 미생물은 인류가 등장하기 훨씬 전부터 지구상에 살았던 생명체입니다. 그런데 이렇게 온갖 곳에 미생물이 존재해도 사람들이 멀쩡하게 살아갈 수 있는 것은 면역 때문입니다.

그런데 많은 미생물 중에서도 결핵균은 강한 병원성을 나타내는 아주 무서운 병균입니다. 호흡기를 통해 감염되는 결핵은, 수천 년 전부터 인류를 많이 괴롭힌 질병입니다. 기원전 1000년에 발견된 미라에서도 결핵을 앓은 흔적이 발견되었습니다. 그러면 어떻게 눈에도 보이지 않는 조그마한 미생물이 사람을 괴롭힐 수 있는 것일까요? 20여 년 전, 결핵균에 관심을 갖고 있던 저도 이 부분이 참으로 궁금했습니다. 어떻게 미생물

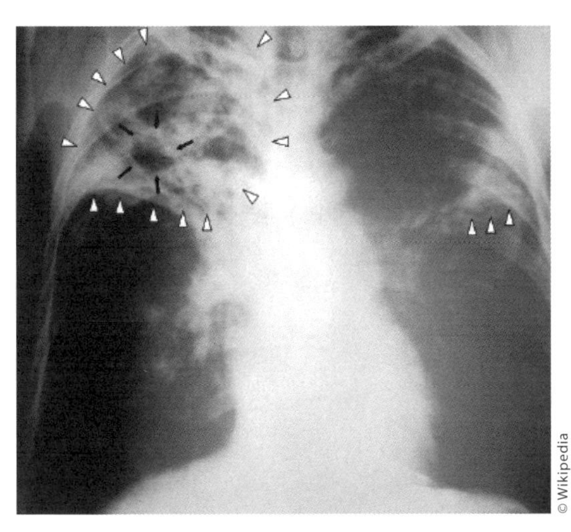

결핵 환자의 X-선 사진

Bio Tip

결핵에 걸리면?

결핵에 걸리면 몸이 아프면서 미열이 계속된다. 독감처럼 고열이 나는 것이 아니라, 몸이 비쩍 마르고, 힘든 일을 하기 어려워진다. 흔히들 감기로 생각하다가, 기침을 계속 하고 기침에 피가 묻어나면 결핵을 의심하게 된다. 지금은 치료제가 많이 개발되어 있기 때문에, 이른 시기에 진단받고 잘 치료하면 결핵은 거의 100% 완치할 수 있는 질환이다. 하지만 환자가 의사 지시대로 하지 않거나 치료 원칙을 제대로 지키지 못하면 고치기가 매우 어렵다.

더욱이 결핵은 진단하는 데 오래 걸리기 때문에, 확진하기 전에 의사들은 1차적으로 객담 도말 검사(가래 검사)를 통해 결핵 진단을 내리고 일단 항결핵제를 처방한다.

결핵의 치료 원칙은 '다약제'이다. 그래서 한꺼번에 여러 약들이 처방된다. 이는 결핵균이 내성 유전자를 빨리 만들어내기 때문에 한꺼번에 폭격하듯이 약을 투여하는 방식으로 결핵균을 치료하는 것이다.

항결핵제 1차약	항결핵제 2차약
아이소니아지드	파스(PAS)
리팜핀	프로치온아마이드
피라진아마이드	싸이클로세린
에탐브톨	카나마이신
스트렙토마이신	레보플록사신

이 인류를 이토록 괴롭힐 수 있는 것일까, 하고 말입니다.

결핵균은 면역세포 안에서 살아남는다

결핵균은 세대 기간이 굉장히 깁니다. 대장균이나 포도알균의 세대 기간은 20분 정도입니다. 20분이면 개체수가 두 배로 늘어납니다. 인간의 경우는 20~30년이 세대 기간입니다. 그런데 결핵균은 균 치고는 굉장히 오래 걸립니다. 세대 기간이 12~16시간입니다.

세균을 염색하여 현미경으로 살펴보면 막대기 모양의 빨간색 균을 볼 수 있습니다. 현미경을 1000배 정도 확대하면 보입니다. 배양액에서 결핵균을 키우면 황금색 모양의 균체가 나타나는데, 이렇게 결핵균 균체가 형성되면 항균제 검사를 진행할 수가 있습니다. 환자가 항균제에 감수성이 있는지 없는지 살펴보는 것입니다. 그런데 결핵균의 세대 기간이 길기 때문에, 배양액에서 균체가 형성될 때까지 기다리고, 항균제에 대한 감수성을 진단하는 데에는 두 달 가까이 걸립니다. 환자의 입장에서 보면 너무 오래 걸리는 겁니다. 그래서 의사들은 객담 도말 검사(가래 검사)를 통해 결핵을 진단합니다. 이 진단은 100% 정확한 것은 아닙니다. 그리고 결핵 진단이 나오면, 환자가 다제내성균을 갖고 있는지 알 수 없는 상태에서 의사들은 일단 항결핵제를 처방합니다.

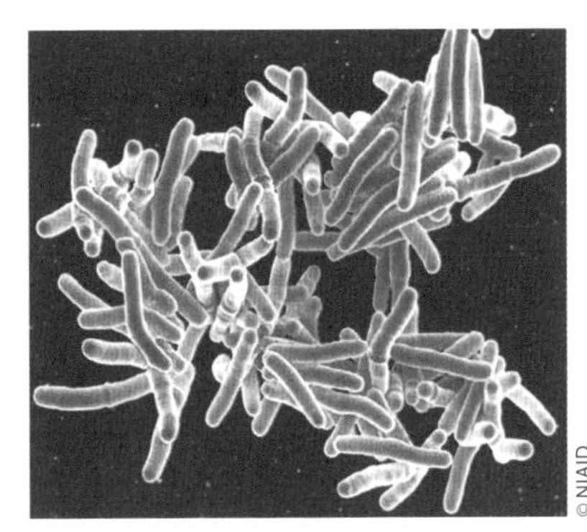
© NIAID

결핵균

결핵균의 가장 큰 특징은 숙주의 면역을 이기고 살아남는다는

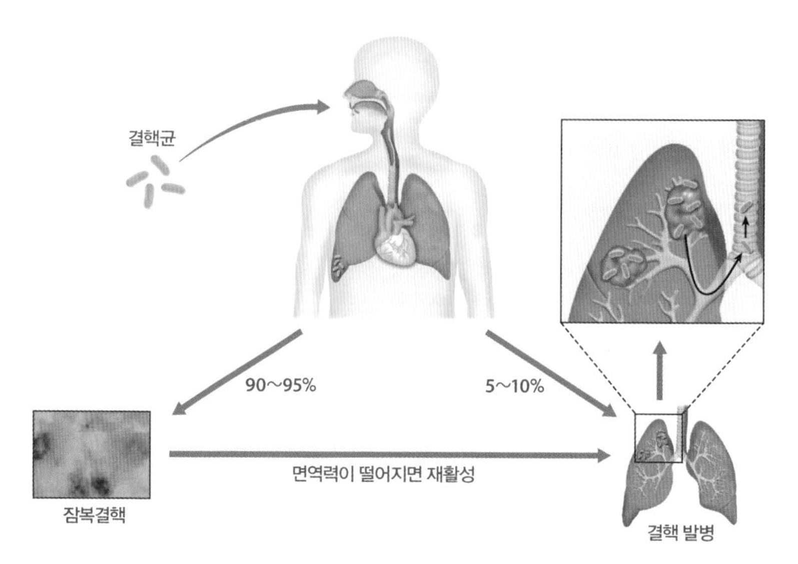

결핵균은 면역세포 안에서 살아남는 무서운 병균이다. 평생 결핵균을 갖고 있으면서도 결핵에 걸리지 않는 잠복결핵이 90~95% 정도이며, 이들 잠복결핵은 면역력이 떨어지면 재활성화될 수 있다. 나머지 5~10%은 결핵으로 발병한다.

겁니다. 보통 균에게서 세포라고 하는 환경은 생존하는 데 그리 녹록한 환경이 아닙니다. 활성산소 등 여러 가지 공격을 계속 받습니다. 그러나 결핵균은 세포 안에서 오랫동안, 어떤 때에는 평생 살아남습니다.

결핵균에 감염되었다고 해서, 전부 결핵이라는 질병으로 나타나는 것은 아닙니다. 아마도 여러분 중 3분의 1이 결핵균을 갖고 있을 겁니다. 그런데 이렇게 결핵균을 갖고 있더라도 전부 결핵을 앓는 것이 아니며, 건강하게 지낼 수 있습니다. 평생 결핵균을 갖고 있으면서도 결핵에 걸리지 않는 경우를 잠복결핵이라고 합니다. 약 90% 정도의 사람들이 결핵균을 이깁니다. 그러니까 결핵균에 노출된 일부 사람들에게만 발병하는 것입니다. 저는 이 부분을 참으로 이상하게 여깁니다. 왜 특정 사람에게만 결핵이 발병하는 것일까, 하는 것입니다. 잠복결핵 상태의 사람들 가운데에서는 평생 결핵균이 숨어 있다가, 면역력이 떨어지면 결핵균이 결핵을 일으키는 경우도 있습니다.

우리 몸의 파수꾼, 면역세포

결핵을 예방하는 BCG는 생후 4주에 맞습니다. 이 BCG는 우형 결핵균입니다. 아직 인형 결핵균 백신을 만들지 못했습니다. BCG는 소에게서 결핵을 일으키는 결핵균을 200번 이상 계속 계대배양해서 독성을 없애고 항원성만 남겨둔 생백신입니다. 이 항원성은 면역을 자극합니다.

그러면 면역은 어떻게 이루어지는 것일까요? 질병을 일으키는 인자도 중요하지만, 인간의 상태에 따라 질병에 걸리기도 하고 걸리지 않기 때문에 '면역'의 메커니즘을 이해하는 것이 아주 중요합니다.

우리 몸에는 아주 많은 종류의 세포가 있습니다. 여기서는 대식세포를 주로 얘기해보겠습니다. 대식세포는 병균을 잘 잡아먹는 세포입니다. 외부에 침입한 병균이나 외부 물질을 인식하고 다른 면역세포에게 알려주는 세포입니다. 대식세포는 수족을 뻗어서 균을 잡아먹습니다. 그러면 대식세포는 병균이나 외부 물질이 들어왔는지 어떻게 알아차릴까요? 우리 몸에서 선천 면역을 담당하는 세포 가운데 하나인 대식세포에게는 일종의 눈이 있습니다. 세포질 안에 무엇인가 자신이 아닌 것이 외부로부터 들어왔다는 것을 인지할 수 있는 눈이 있는 겁니다. 그중에서 대표적인 대식세포의 눈을 톨-유사수용체(Toll-like receptors)라고 합니다.

그러면 이 톨-유사수용체가 없다면 어떻게 될까요? 초파리에게서 톨-유사수용체가 결핍되면 선천 면역계가 작동하지 않아 곰팡이 감염으로 죽는다는 연구 결과가 보고된 적 있습니다. 율레스 호프만(Jules

톨-유사수용체는 대식세포의 눈 역할을 한다. 대식세포는 이 톨-유사수용체를 통해 세포 안으로 외부 물질이 침입했다는 것을 알아챈다.

Hoffmann) 박사 연구팀은 초파리의 톨 유전자가 곰팡이에 대한 면역반응에 굉장히 중요한 역할을 한다는 것을 밝혔습니다. 그리고 파충류와 포유류에도 초파리의 톨 유전자와 비슷한 수용체가 있기 때문에 이를 톨-유사수용체라고 부릅니다.

2011년 율레스 호프만과 브루스 보이틀러(Bruce Beutler)는 선천 면역계에서의 톨-유사수용체의 역할을 밝혔다는 공로로, 그리고 랠프 스타인먼(Ralph Steinman)은 후천 면역계에서의 수지상세포의 역할을 발견한 공로로 노벨 생리의학상을 수상했습니다.

그러면 톨-유사수용체가 어떤 역할을 하며, 선천 면역계는 어떻게 작동할까요? 한번 구체적으로 살펴보겠습니다. 만약 결핵균 항원 LpqH가

2011년 율레스 호프만, 브루스 보이틀러, 랠프 스타인먼은 면역계의 중요한 메커니즘을 발견한 공로로 노벨 생리의학상을 수상했다.

바깥에서 들어왔다고 하면, 눈 역할을 하는 톨-유사수용체가 외부 물질의 침입을 인식합니다. 그러면 세포 신호전달이 진행됩니다. 마치 어린아이들이 줄을 서서 귓속말로 단어를 전달하는 놀이처럼, 세포 안에서 신호전달이 일어납니다. 그러면 우리 몸 안의 항생제인 자연항균 단백질이 만들어집니다. 이런 자연항균 단백질은 식물, 곤충, 포유류 등을 다 포함해서 대략 800여 종이 있습니다. 이 자연항균 단백질은 세균에 직접적으로 독성을 나타내거나 세포가 세균을 잡아먹는 데 도움을 줍니다. 그런데 결핵균은 우리 몸 안으로 들어오면 탐식소체라고 하는 캡슐 속에 들어가 숨어버립니다. 우리 몸 안에서는 탐식소체와 리소좀(lysosome)이 융합하는 것을 통해 리소좀 안에 있는 효소가 탐식소체 안에 있는 미생물을 공격하도록 하는데, 유독 결핵균은 탐식소체와 리소좀의 융합에 저항하면서 계속 탐식소체 안에 숨어 있습니다.

결핵균의 병독력 특성 중의 하나가 바로 이렇게 탐식소체 속에서 오랫동안 생존하고 동면할 수 있다는 점입니다. 결핵균은 리소좀의 산성화 과정을 억제하거나, 탐식소체와 리소좀의 결합을 억제하거나 하는 등 숙주

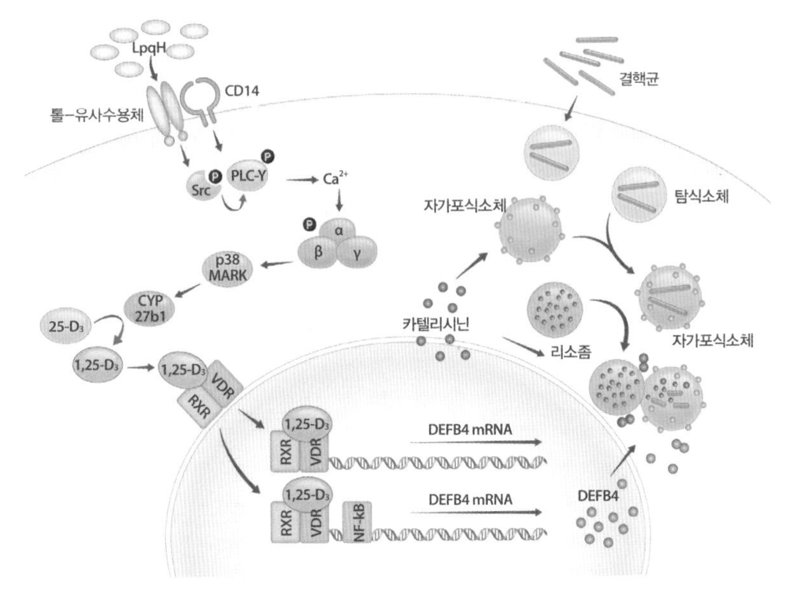

병원균이 외부에서 침입하면 톨-유사수용체가 외부 물질의 침입을 인식하고, 세포 신호전달이 진행된다.

의 면역반응을 피하기 위한 다양한 수단을 지니고 있습니다.

대식세포의 자가포식

면역세포가 강해지면 이런 탐식소체 속의 결핵균을 무찌를 수 있는 힘이 길러집니다. 특히 비타민 D 등을 이용함으로써 대식세포의 '자가포식' 능력이 활성화되면 결핵균을 죽일 수 있습니다. '자가포식'이란 자기 살을 먹는 현상을 뜻하며, 우리 몸 안에서 일어나는 자연스런 과정 가운데 하나입니다. 우리 몸에서는 영양 결핍과 같은 상황에서 세포 내부의 단백질을 재활용하거나 세포 소기관들을 부숴 에너지원으로 다시 사용하기 위해 '자가포식'이 나타날 수 있습니다. 이러한 자가포식 과정은 세포 내에 살고 있는 결핵균을 사멸시킬 수 있는 힘을 가지고 있어서 감염된 세포에서 '자가포식'을 더 강하게 나타날 수 있게 한다면 결핵균 또한 힘없이 죽어갈 수 있습니다.

그러면 어떻게 하면 대식세포의 힘이 강해지도록 할 수 있을까요? 여러 방법이 있는데, 인터페론감마와 같은 물질을 통해 대식세포의 힘이 세지기도 하고, 비타민 D에 의해 대식세포의 자가포식 능력이 활성화되는 방식을 통해 힘이 세지기도 합니다.

다시 말해, 톨-유사수용체의 신호전달에 의해 자연항균 단백질이 생성되고, 외부에서 침입한 미생물은 자연항균 단백질에 의해 죽습니다. 결핵균은 탐식소체 안에 숨어서 살아 있는데, 자연항균 단백질은 탐식소체와 리소좀의 융합을 증가시켜 자가포식의 힘을 키워주는 역할을 하기 때문에 결핵균을 사멸시킬 수 있습니다. 톨-유사수용체의 활성화가 중요한 것은 이 때문입니다. 이렇게 자가포식의 힘이 충분히 커지면 결핵균과의 전쟁에서 승리할 수 있습니다.

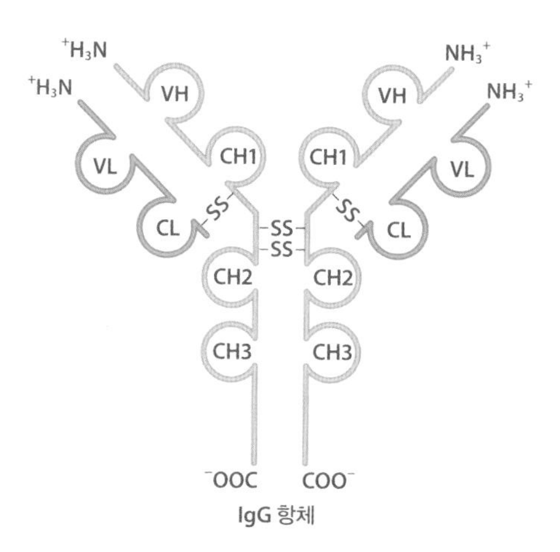

IgG 항체

항체란 항원과 특이적 결합을 함으로써 항원-항체 반응을 일으키는 물질이다. 면역계에서 세균이나 바이러스 등 외부항원과 특이적 결합을 함으로써 항원을 무력화하는 작용을 한다.

면역세포에는 대식세포 외에도 B림프구와 호중구가 있습니다. B림프구는 대식세포에게서 받은 정보를 인식해 형질세포로 분화해 항체를 만들어내는 세포입니다. 아시다시피, 항체란 항원과 특이적으로 결합하여 항원–항체 반응을 일으키는 물질입니다. 즉 면역계에서 세균이나 바이러스와 같은 외부 항원과 특이적으로 결합해서 이들 세균이나 바이러스를 무력화시키는 작용을 합니다. 항체의 모양은 영문 철자 Y형입니다. 호중구는 군인과 같은 역할을 하는 면역세포입니다. 병균이나 외부 물질과 직접 싸우는 세포이며, 혼자서도 싸울 수 있습니다. 항체가 병균이나 외부 물질에 붙으면 면역세포들의 인식 능력이 4000배 이상 향상됩니다.

결핵과 햇빛

결핵은 수천 년간 인류를 괴롭힌 질병입니다. 결핵 약이 개발되기 전에는 결핵을 치료하기가 굉장히 어려웠습니다. 지금은 많은 양의 약을 먹으면 결핵을 치료할 수 있지만, 과거에는 결핵에서 벗어나기가 참으로 힘들었습니다.

그러면 결핵 약이 없었던 때에는 결핵 환자를 어떤 방법으로 치료했을까요? 20세기 초에는 많은 사람들이 공기가 좋은 곳에 가서 음식을 잘 먹으면서 요양하면, 그리고 햇빛을 잘 쬐면 낫는다고 믿었습니다. 실제로 덴마크의 닐스 핀센(Niels Finsen) 박사는 의학에 광 치료를 처음으로 도입했습니다. 핀센 박사는 피부 결핵에 광 치료를 도입해 노벨상을 받았습니다. 지금도 광 치료는 피부병의 일종인 건선을 치료하는 데 활용되는 방법입니다.

앞서 잠깐 언급했듯이, 비타민 D와 면역에는 상관관계가 있습니다. 비타민 D가 결핍되면 구루병뿐 아니라 호흡기 질환을 앓게 됩니다. 그래서 많은 사람들이 비타민 D가 결핍되면 면역이 약화되기 때문에 호흡기 질환에 취약하다는 사실을 알고 있었습니다.

결핵 약이 등장하기 전, 1849년 영국의 내과의사 C. J. B. 윌리엄스 박사는 결핵 치료에 대구 간유를 사용했습니다. 그는 결핵 환자 234명 중 206명이 대구 간유를 먹고 난 후에 상당히 건강이 좋아졌다는 것을 학술잡지 〈런던 저널 오브 메디신〉에 발표했습니다.

우리 몸에는 비타민 D 전구체가 있습니다. 그래서 햇빛을 쬐면 피부에 있는 비타민 D 전구체인 디하이드로콜레스테롤(7-dehydrocholesterol)이 햇빛 속에 있는 UV에 의해 콜레칼시페롤(cholecalciferol, 비타민 D_3)로 변환되고, 간과 콩팥을 지나 결국 1, 25-디하이드록시 비타민 D_3(1, 25-dihydroxyvitamin D_3)가 됩니다. 1, 25-디하이드록시 비타민 D_3는

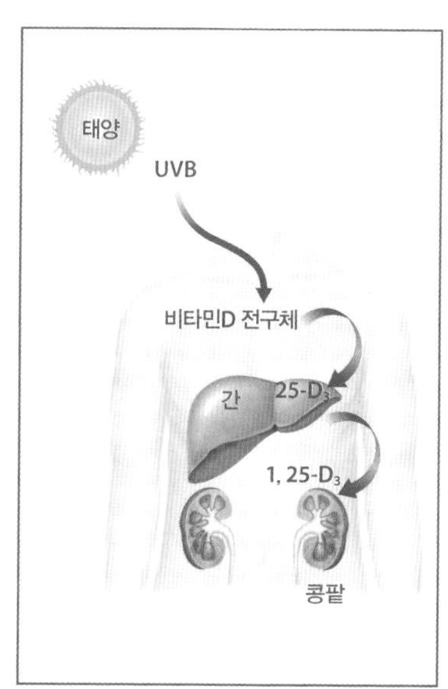

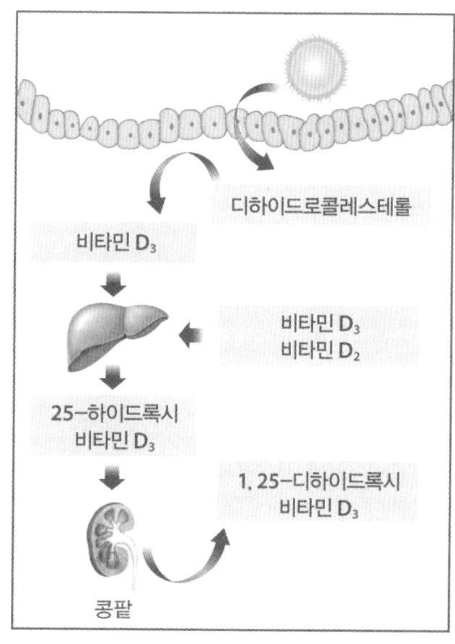

햇빛과 음식물로부터 얻을 수 있는 비타민 D는 자가포식의 힘이 되는 영양소다.

하이드록시기가 두 개 붙어 있는 비타민 D_3로, 아주 활성화된 대사체입니다. 이렇게 대사체로 변환되어야 지용성 호르몬 역할을 하게 됩니다. 즉 햇빛을 쬐면 비타민 D가 비로소 활성화되는 겁니다.

우리 연구실은 다년간의 연구 끝에 이 비타민 D가 '자가포식'의 힘이 되는 것을 알아냈습니다. 비타민 D의 활성형인 1, 25-디하이드록시 비타민 D_3가 자가포식이라는 내인성 방어 메커니즘을 더 활성화시켰던 것입니다. 이는 고전적인 치료법이라고 할 수 있는 광 치료의 과학적 근거를 제시한 것이라 할 수 있습니다.

또 우리 실험실은 자연항균 단백질인 카텔리시딘(cathelicidin)이 비타민 D에 의해 유도되고, 이 카텔리시딘이 자가포식과 관련된 유전자를 더 많이 발현시키며, 이것이 탐식소체와 리소좀의 융합을 더 잘할 수 있게 만들어 결핵균을 사멸시킨다는 사실을 밝혔습니다. 이 같은 연구 결과는 새로운 결핵 치료제를 개발하는 데 중요한 실마리를 제공할 것이라고 기대하고 있습니다.

세포 속 분리수거, 자가포식

우리가 배고플 때 밥을 먹어야 힘이 나는 것처럼, 세포도 먹어야 힘을 냅니다. 그런데 세포도 굶을 때가 있습니다. 대사적으로 굶거나, 아니면 세포가 스트레스를 받아서 힘들 때가 있습니다. 그럴 때 세포는 세포 안의 자기 기관을 잡아먹거나, 아니면 생명이 없는 쓰레기 같은 것을 분리수거해서 영양소를 취합니다. 이렇게 자기 스스로를 먹음으로써 자기 안에서 에너지를 취하는 시스템이 세포 안에 있습니다.

이 '자가포식'의 발견은 앞으로 노벨상을 탈 수도 있는 중요한 발견 가운데 하나입니다. 이 '자가포식'이 연구 대상이 된 지는 채 10년밖에 되지 않았습니다. 이제는 많은 이들이 '자가포식'이 굉장히 많은 질환과 연관되어 있다는 것을 알게 되었습니다.

잠시, 계란 흰자와 노른자로 이루어진 세포의 바다를 한번 상상해보세요. 그런 세포 안에 갑자기 초승달 같은 모양이 나타납니다. 원래는 없었는데 말입니다. 이 자가포식은 1960년대에 한 병리학자가 발견했습니다. 현미경으로 세포를 들여다보다가 새로운 구조가 나타났던 겁니다. 원래 세포질 안에는 이중막 구조가 없는데, 어느새 나타나서 마치 바느질 하듯이 움직이고, 자기가 처리할 물질을 공처럼 감쌉니다. 그러고는 깨끗이 처리합니다. 이처럼 세포에는 에너지를 다시 회복할 수 있는 자가포식 시스템을 갖추고 있는 것입니다. 이런 자가포식 시스템이 망가지면, 몸 안에 쓸데없는 물질들이 쌓여 심장병, 퇴행성신경질환, 암 등 여러 다양한 질병을 일으킬 수 있습니다. 결핵과 같은 감염 질환과 자가포식과의 관련성에 대해서도 현재 여러 연구가 진행되고 있습니다.

요즘에는 다이어트를 하는 청소년이 많습니다. 그러나 심하게 다이어트를 하다가 영양 결핍이 생기면, 결핵균에 취약해질 수 있습니다. 알맞

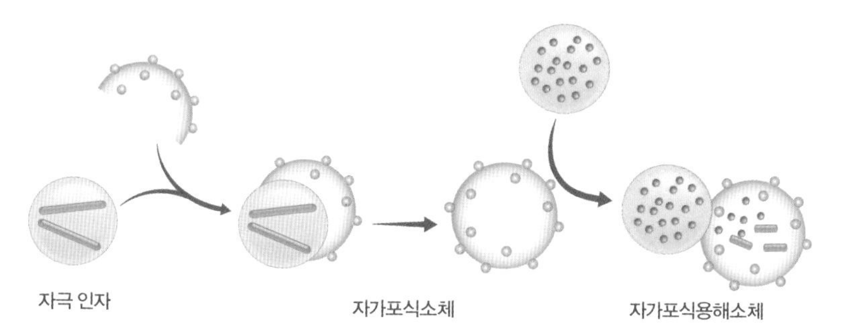

세포는 세포 안의 자기 기관을 먹음으로써 자기 안에서 에너지를 취하는 자가포식 시스템을 갖추고 있으며, 이러한 자가포식 시스템을 통해 결핵균을 사멸시킬 수도 있다.

은 영양, 적절한 운동, 충분한 휴식, 규칙적인 생활은 건강을 유지하는 데 매우 중요합니다. 결핵균과 맞서 싸울 수 있는 면역 능력을 키우고 우리 몸 안의 자가포식 시스템이 활성화될 수 있도록, 햇빛을 쬐는 야외 활동과 비타민 D를 섭취하는 데에 신경 쓸 필요가 있습니다.

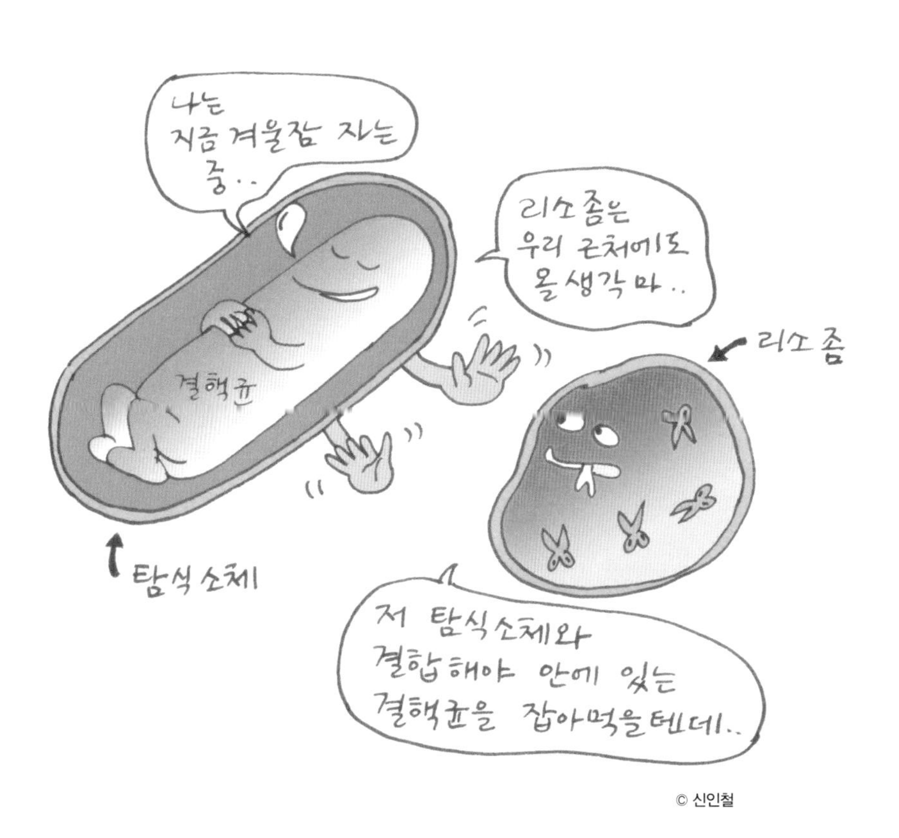
나는
지금 겨울잠 자는
중..
리소좀은
우리 근처에도
올 생각 마..
리소좀
결핵균
탐식소체
저 탐식소체와
결합해야 안에 있는
결핵균을 잡아먹을텐데..

면역 시스템은 어떻게 작동하는가

하상준 연세대학교 생명시스템대학 생화학과 교수

연세대학교를 졸업하고, 포항공과대학교에서 박사학위를 받았다. 포항공과대학교 생명과학과 박사후 연구원, 미국 에모리대학교 박사후 연구원 및 선임연구원을 거쳐, 현재 연세대학교 생화학과 교수로 재직 중이다. 결핵의 세포매개 면역반응 지표 발굴, 수지상세포와 조절T세포를 통한 면역 억제 기작 규명 등의 연구를 진행하고 있다. 생화학분자세포생물학회 젊은과학자상(2003), 포스코청암재단 신진교수상(2009), 연세대학교 우수강의교수상(2010), 한국과학기술한림원 한림선도과학자상(2013)을 수상했다.

면역 시스템(immune system)은 우리 몸을 지키는 군대입니다. 병원균이 몸에 침입하면 우리 몸은 어떻게 반응할까요? 우리 몸의 면역 시스템은 어떻게 작동해서 우리 몸을 보호하는 것일까요?

면역학(immunology)이란 외부 병원균에 대한 우리 몸의 방어 기작 체계에 대한 학문을 통틀어 지칭하는 말입니다. 우리 몸의 방어 시스템을 면역 시스템이라고 합니다. 아시다시피, 이 면역 시스템은 자신(self)과 남(non-self)을 구분할 수 있는 능력을 가지고 있으며, 자신에 대해서는 면역반응(immune response)을 일으키지 않지만 남에 대해서는 면역반응을 일으킵니다. 세균이나 바이러스 등의 외부 병원균이 우리 몸 안에 침투하면 면역 시스템은 이를 감지하여 세균을 직접 죽이거나 세균에 감염된 세포를 죽입니다.

수지상세포와 랠프 스타인먼

면역을 얘기하기 위해서는 수지상세포를 이야기할 수밖에 없습니다. 수지상세포는 면역세포 가운데 하나입니다. 이 수지상세포(dendritic cell)를 발견한 과학자는 미국의 과학자 랠프 스타인먼(Ralph Steinman)으로, 이 업적으로 2011년에 노벨 생리의학상을 수상했습니다. 이례적으로, 췌장암을 앓던 랠프 스타인먼은 노벨상을 받기 사흘 전부터 자가호흡을 할 수 없는 상태였지만 가족들이 산소호흡기로 노벨 생리의학상을 발표하는 시점까지 그의 생명을 연장시켜서 노벨상을 수상했습니다.

랠프 스타인먼은 1년밖에 살 수 없는 종류의 췌장암에 걸렸었는데, 놀랍게도 4년 이상을 살았습니다. 이것은 어떻게 가능했을까요? 이는 그가 수지상세포를 발견했을 뿐 아니라 우리 몸의 면역 시스템을 강화시킬 수

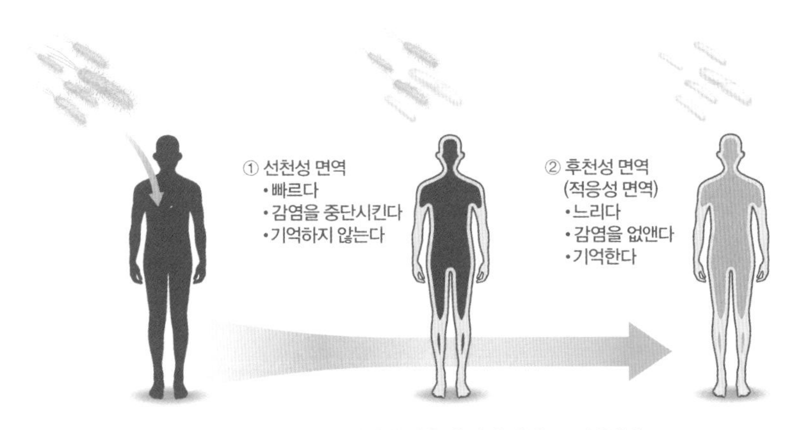

면역 체계는 선천성 면역 체계와 적응성 면역 체계로 구분된다.

있는 방법을 개발하여 자신에게 적용했기 때문입니다. 그는 자기 몸에서 분리한 수지상세포를 이용해 면역치료제를 제작했고, 이를 기존의 항암제와 함께 투여하기도 했습니다. 그가 예상수명보다 더 오래 산 것은 이러한 면역 치료를 기존 항암 치료와 병행했기 때문일 것으로 생각됩니다.

2011년에 노벨 생리의학상은 받은 3명의 과학자는 브루스 보이틀러(Bruce Beutler), 율레스 호프만(Jules Hoffmann), 랠프 스타인먼이었습니다. 이들이 노벨상을 받은 까닭은 선천성 면역 시스템을 발견했기 때문이었습니다.

박테리아와 바이러스 등 병원균이 우리 몸에 침입했을 때 일어나는 반응을 선천성 면역반응이라고 합니다. 이 면역반응은 굉장히 빠릅니다. 그리고 이후에 T세포, B세포, 항체를 만들어내는 후천성 면역반응(적응성 면역반응)이 일어납니다. 우리 몸은 이 후천성 면역반응을 통해 침입한 병원균을 기억하기 때문에 나중에 동일한 병원균이 침입할 때 신속하게 그 병원균을 제어할 수 있습니다.

선천성 면역반응은 다음과 같이 이루어집니다. 먼저 우리 몸에 외부의 병원균이 침입하면, 병원균을 인식하는 톨-유사수용체(TLR, Toll-like Receptor)가 반응하게 됩니다. 이 톨-유사수용체로 인한 신호는 선천성 면역세포를 활성화시킴으로써 최종적으로 T세포와 B세포를 중심으로 한 후천성 면역반응을 일어나게 합니다. 이때 가장 중요한 선천성 면역 세포(innate immune cell)가 바로 수지상세포입니다.

면역학은 건강하거나 질병에 걸린 사람들 모두를 포함해 면역 시스템의 생리학적인 기능을 다루는 학문입니다. 면역 시스템이 고장 나면 어떻게 될까요? 우리 몸속의 면역세포가 자신의 몸을 공격하는 자가면역 질환(autoimmune disease)에 걸리게 됩니다. 류머티스관절염이 바로 그런 자가면역 질환 가운데 하나입니다. 다른 면역 질환으로는 알레르기, 면역 결핍증, 이식조직 거부반응 등이 있습니다.

알레르기는 외부의 다양한 먼지나 병원균에 많이 노출된 채 자란 사람보다 지나치게 깨끗한 환경에서 자란 사람에게서 더 잘 나타날 수 있습니다. 알레르기는 일종의 과잉 면역반응이라고 할 수 있습니다. 온실 속 화초처럼 깨끗하게 자라면, 외부의 미세먼지나 세균에 더 취약해질 수 있고, 조그마한 자극에도 과민반응을 일으킬 수 있습니다.

인간면역결핍증(Human Immunodeficiency Virus, HIV)은 후천성 면역세포인 T세포에 침입하여 자신을 증식시키고 결과적으로 T세포를 파괴함으로써 후천성면역결핍증(Acquired Immuno-Deficiency Syndrome)을 유발하는 바이러스입니다.

이식조직 거부반응은 장기를 이식했을 때, 다른 사람의 장기를 외부 침입자로 인식하는 면역 시스템에 의해 일어납니다. 이는 면역 시스템이 지닌 질병이라기보다는 면역 시스템이 갖고 있는 특성 때문에 나타나는 현상이라고 볼 수 있습니다.

음과 양, 그리고 면역 시스템

면역 시스템에 대한 이해를 돕기 위해, 동양적인 음(陰)과 양(陽)을 이용해서 설명해보도록 하겠습니다. 보통 남자를 양, 여자를 음으로 비유하면서 남녀의 조화를 얘기하곤 합니다. 면역 시스템을 포함해 모든 생명과학의 시스템들은 음양 시스템을 가지고 있습니다. 남녀의 조화가 중요한 것처럼, 면역 시스템에서도 균형이 중요합니다.

가령, 면역 시스템에서 중요한 것 두 가지는 면역원성(immunogenicity, 免疫原性)과 면역관용(immunotolerance, 免疫寬容)입니다. 외부항원에 대해 면역 시스템을 가동시키는 면역원성과 자가항원에 대해 면역 시스템이 반응하지 않도록 하는 면역관용이 조화를 이루면서 면역 시스템이 적절하게 가동됩니다.

선천성 면역반응과 후천성 면역반응에도 조화가 필요합니다. 선천성 면역 체계가 없으면 후천성 면역 체계가 생길 수 없습니다. 선천성 면역 체계가 있다고 해서 후천성 면역 체계가 생기는 것도 아닙니다.

사실 면역 시스템은 아주 복잡합니다. 면역(immunity), 면역 시스템, 면역반응(immune response), 면역학(immunology) 등 용어도 낯설 것입니다. 우선 중요한 것만 기억해둡시다.

면역 시스템의 생리적인 기능 가운데 두 가지 중요한 것을 꼽자면, 첫째 감염을 방어하고, 둘째 만약 이미 감염되었을 경우라면 감염된 세포를 제거하는 것입니다. 하나는 예방이고, 다른 하나는 치료라고 할 수 있습니다.

그러면 항원(antigen)이란 무엇일까요? 또 자기와 남을 구별할 수 있는 분자는 무엇일까요?

항원이란 우리 몸속의 림프구를 포함한 다양한 면역세포들이 가지는

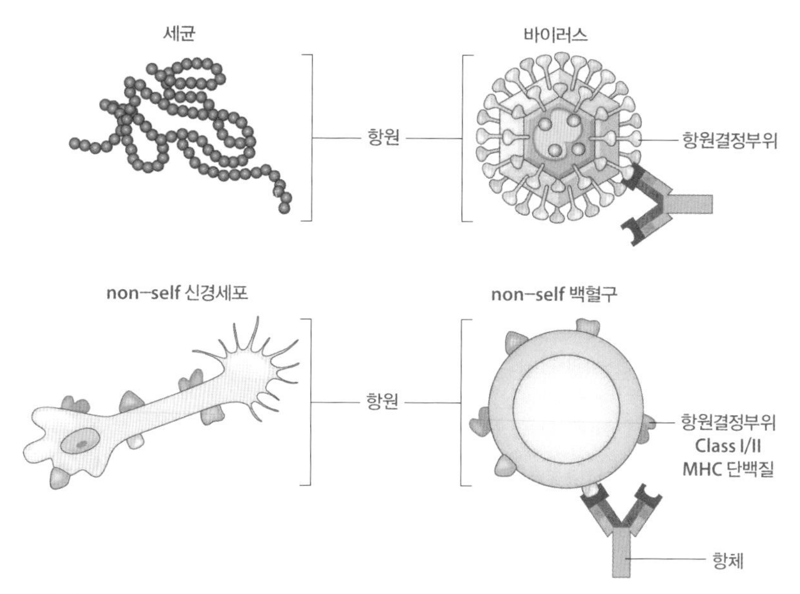

박테리아와 바이러스는 우리 몸속에 존재하지 않는 외부 항원이다. 우리 몸속 거의 모든 세포(적혈구 제외)에 있는 우리 자신만의 고유한 항원은 자가 항원이지만 다른 사람의 체세포에 존재하는 고유한 항원은 내 몸에서 외부 항원으로 작용하게 된다.

수용체를 통해 인식될 수 있는 물질입니다. 우리의 면역 시스템은 우리 몸 안의 여러 가지 세포들이 내부의 것인지 아니면 외부의 것인지를 인지할 수 있습니다. 우리 몸의 경우, 적혈구 이외의 거의 모든 체세포에 그 사람만의 고유한 자가 항원(self antigen)이 있습니다. 반면, 박테리아, 바이러스, 곰팡이 등은 몸 밖에 있는 물질로 외부항원(foreign antigen 혹은 non-self antigen)입니다. 이런 것들은 몸 안으로 들어오면 선천성 면역반응과 후천성 면역반응을 일으킵니다. 또한 동종인 사람의 경우라도 개인마다 서로 다른 조직적합성(histocompatibility) 항원을 가지고 있는데 이 단백질이 일치하지 않을 경우 장기 이식을 받은 사람의 면역 시스템은 이식될 다른 사람의 장기를 외부항원으로 인식하여 결국 이식조직 거부반응을 유발하게 됩니다. 모든 인간은 유전자가 거의 같지만, 아주 미세한

우리 몸속의 세포는 세포의 종류와는 상관없이 동일한 세트의 주조직적합성복합체(MHC)라고 하는 분자들을 지니고 있다. 이 분자들은 우리 몸속 세포가 자신의 세포라는 것을 알려주는 표지 역할을 한다.

차이가 개인별 차이를 만들어내는데, 면역 시스템은 이 유전적 차이로부터 생성되는 다른 단백질을 외부항원으로 인지함으로써 자기와 남을 구별합니다. 이러한 개인별 차이를 보여주는 가장 중요한 항원이 바로 주조직적합성복합체(Major Histocompatibility Complex, MHC) 혹은 인간백혈구항원(Human Leukocyte Antigen, HLA)입니다. 이 단백질은 면역세포뿐 아니라 다양한 조직을 구성하는 서로 다른 세포들에게서 모두 생성되기 때문에 우리 몸과 다른 사람의 몸에 있는 세포나 조직을 구별시켜주는 항원으로 작용할 수 있습니다. 예컨대, HLA-A형 항원은 수십 종류의 형이 있는데, 장기 이식을 할 때 환자와 장기 제공자의 HLA-A형이 일치하면 거부반응을 줄일 수 있습니다.

좀더 구체적으로 살펴보겠습니다. 몸속의 세포가 자신의 세포라는 것을 알려주는 표지(marker)는 주조직적합성복합체라고 불리는 분자입니다. 신기하게도, 위의 그림에서처럼 상피세포(epithelial cell), 근육세포(muscle cell), 신경세포(nerve cell), 백혈구(leukocyte) 등 한 사람의 거의 모든 세포에는 비슷한 분자들이 바깥으로 나와 있습니다. 한 사람의 몸에서 상피세포이건 근육세포이건 신경세포이건 백혈구이건, 이런 분자들이 모두 똑같이 발견됩니다. 그래서 주조직적합성복합체 분자의 모양이 다른 타인의 장기를 이식하게 되면 외부항원으로 인식해서 마구 공격합니다.

이들 항원 분자에서는 고유한 입체 분자 구조가 있는데, 이런 구조 부위를 항원결정부위(epitope)라고 합니다. 이런 고유한 입체 분자 구조는 항원의 특이성을 결정하며, 항원결정부위는 그것과 딱 맞는 항체와 반응하게 됩니다. 바이러스, 박테리아, 곰팡이뿐 아니라, 주조직적합성복합체 분자 자체도 이런 항원결정부위로 작용할 수 있습니다. 굉장히 중요한 사실입니다.

만약 여러분 가운데 누군가가 다른 이에게 장기 이식을 하게 되면, 먼저 혈액에서 세포를 분리하여 주조직적합성복합체 유전자 부위의 염기서열을 조사하는 방식을 통해 주조직적합성복합체 분자 타입이 환자와 일치하는지 그렇지 않은지를 살펴봅니다. 사람마다 12~16개 정도의 주조직적합성복합체 분자들을 가지고 있어서 이것이 정확히 맞아떨어지는 사람은 드뭅니다. 그래서 이것들을 맞추는 작업을 먼저 하게 됩니다. 이처럼 주조직적합성복합체 분자는 실제로 자기와 남을 구별하는 표지(標識)가 될 수 있습니다.

이외에도 주조직적합성복합체 분자는 자가항원 및 외부항원의 항원결정부위 펩타이드를 선적(船積, loading)하여 T세포를 자극할 수 있는 선적판(loading deck) 역할을 합니다. 주조직적합성복합체-펩타이드 복합체(MHC-peptide complex)는 특이적 T세포 수용체(T cell receptor, TCR)에 의해 인식되는 경우 해당 T세포 수용체를 가지고 있는 T세포의 증식 및 분화를 유도하는 중요한 역할을 수행하게 됩니다.

면역세포의 생성

그러면 우리 몸의 어느 부위에 면역세포들이 존재할까요? 복잡하긴 하지만, 자세히 훑어보면 그렇게 어렵지 않습니다. 면역세포를 만들어내거나 보관하고 있는 장기를 면역 장기(lymphoid organ)라고 하는데, 주요 면역 장기는 골수(bone marrow)와 흉선(thymus, 가슴샘)이며, 하위 면역 장기는 비장(spleen)과 림프절(lymph nodes)입니다. 주요 면역 장기인 골수에서는 대부분의 면역세포를 만들어내고 이 중 T세포의 경우에는 추가적으로 흉선으로 이동하여 외부 항원에 잘 반응할 수 있도록 교육을 받게 됩니다. 이렇게 생성된 면역세포들, 특히 림프구(lymphocyte)라고 불리는 B세포와 T세포는 몸에 흩어져 있는 림프절과 비장에 주로 존재하게 됩니다. 림프절은 대개 우리 몸에 구멍이 뚫린 곳, 가령 코, 입, 생식기 근처에 위치해 있습니다. 병원균이 직접 들어올 수 있는 곳 근처에 면역세포들이 미리 대기해 있는 것입니다. 비장은 핏속의 혈구세포를 만들거나 없애는 데 관여하는 기관인데, 비장 속의 면역세포들은 주로 혈액을 통해 들어오는 병원균에 맞서 싸우게 됩니다.

림프계

우리 몸에는 다양한 계(系, system), 즉 우리 몸의 구석구석까지 하나로 연결되어 있는 특별한 체계가 있습니다. 혈관계(vascular system), 림프계(lymphatic system), 신경계(nervous system)가 대표적입니다.

이 자리에서는 면역반응과 관계가 깊은 림프계에 집중해보겠습니다. 어느 날 여러분이 놀다가 운동장에서 넘어져 상처를 입었습니다. 상처를 통해 흙속의 미생물이 몸속으로 들어왔다고 가정해봅시다. 그러면 병원균이 들어온 곳의 근처에 있던 포식세포(phagocyte)라는 면역세포가 미생물을 포식한 상태로 가까운 림프절로 이동합니다. 만약 콧속으로 인플루엔자 바이러스가 들어왔다면 그 바이러스를 포식한 세포는 호흡기 부근의 림프절로 가게 됩니다. 이 세포는 왜 림프절로 이동할까요? 그것은 그곳에 면역세포들이 모여 있기 때문입니다. 즉 면역세포들을 자극해서, 그 병원균에 특이적인 면역세포를 증식시키기 위해 림프절로 이동하는 것입니다.

이제 면역세포들의 생성 과정과 그 종류를 한번 볼까요? 면역세포는 골수에서 만들어집니다. 뼛속에는 굉장히 폭신폭신한 부분들이 있고, 그 속에는 여러 세포들이 존재합니다. 우리는 분화가 채 되지 않은 그런 세포를 조혈줄기세포(hematopoietic stem cell, HSC)라고 부릅니다. 골수 속에 있는 조혈줄기세포는 분화하기 시작하면 크게 백혈구와 적혈구(erythrocyte)로 명명되는 다양한 종류의 세포들로 성숙하게 됩니다. 백혈구는 면역세포이지만, 적혈구는 면역세포가 아닙니다. 백혈구는 림프구뿐만 아니라 다양한 종류의 비림프구를 모두 포함하기 때문에 면역세포를 통칭하는 용어라고 할 수 있습니다.

림프절에 있는 면역세포들은 병원균을 만나게 되면 분화해서 세포를 죽일 수 있는 세포가 되거나, 아니면 죽이는 세포를 도와주는 세포 혹은 항체를 분비하는 세포가 됩니다. 그런데 이런 분화가 저절로 일어나는 것은 아닙니다. 선천성 면역세포가 있어야 분화가 일어납니다.

감염된 조직 주변에 실제로 무슨 일이 일어나는지 한번 보겠습니다. 상피세포가 병원균에 감염되면, 상피세포에 존재하는 수지상세포(또는 항원을 제시해줄 수 있는 세포)를 포함하는 다양한 포식세포가 항원을 포식하여 가장 가까운 림프절로 이동합니다. 이 림프절에는 다양한 면역세포가 존재합니다. 이 중 T세포와 B세포가 가장 많이 존재합니다. 수지상세포는 펩타이드 형태의 항원을 주조직적합성복합체에 선적한 상태로 T세

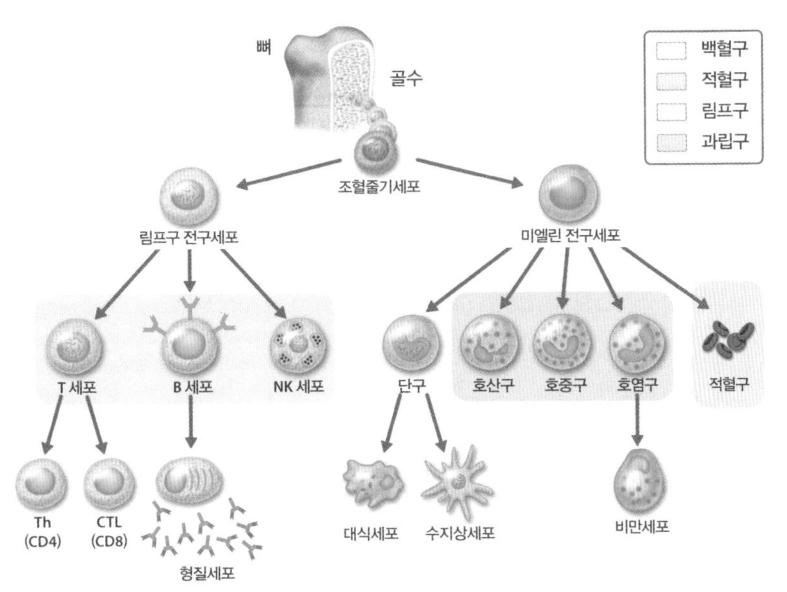

조혈줄기세포가 분화하기 시작하면 여러 종류의 백혈구와 적혈구가 만들어진다. 면역세포인 백혈구에는 T세포, B세포, NK세포 등이 있다.

포에게 제시해줍니다. 만약 어느 T세포가 이러한 펩타이드-주조직적합성복합체를 특이적으로 인식할 수 있는 T세포 수용체를 가지고 있다면 신호전달 과정을 통해 증식 및 분화가 일어나게 됩니다. 이렇게 증식된 T세포는 다시 상처가 난 곳으로 가서 감염된 세포들을 죽입니다. B세포는 항원 자체를 직접 인식하여 자극을 받음과 동시에 항원을 포식하여 펩타이드 형태로 자신의 주조직적합성복합체에 선적함으로써 특이적 T세포의 자극을 받게 됩니다. 이후 해당 B세포는 증식 및 분화를 통해 형질세포(Plasma cell)로 분화하게 됩니다. 형질세포는 항원에 특이적 결합을 할 수 있는 항체를 생산하는 세포입니다. 생성된 항체는 병원균이 다른 숙주세포에 감염되는 것을 차단하는 역할을 수행하게 됩니다.

림프절은 굉장히 복잡한 구조로 되어 있습니다. 옆 그림에서 보면, T세포는 분홍색 부분에 존재하고, B세포는 주황색 부분에 모여 있습니다. 수지상세포가 T세포가 존재하는 곳으로 이동하여 T세포에 항원을 제시하고 자극된 T세포는 B세포를 자극합니다. 그러면 T세포와 B세포들이 활성화되는 반응이 일어납니다.

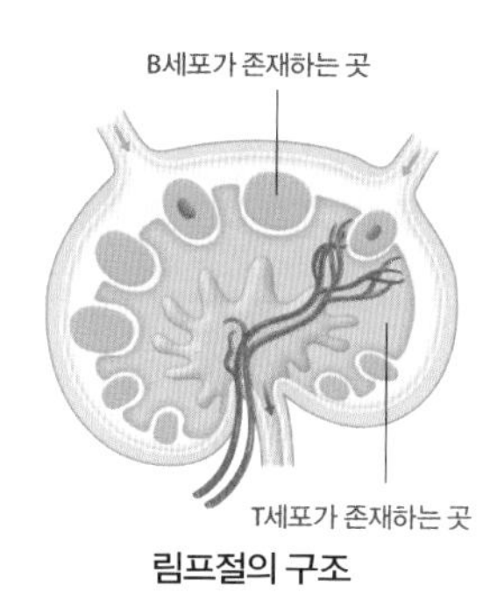

림프절의 구조

여기서 면역반응을 일으키는 주동자는 무엇일까요? 바로 수지상세포와 대식세포입니다. 이 둘은 선천성 면역세포들입니다. 그 다음의 면역반응을 주도적으로 이끄는 세포들은 T세포와 B세포인데, 이것들은 후천성 면역세포들입니다. CD8 T세포는 감염된 세포들을 제거하며, CD4 T세포는 CD8 T세포와 B세포의 작용을 돕는 세포입니다. B세포는 항체를 생산하는 형질세포로 분화하게 됩니다.

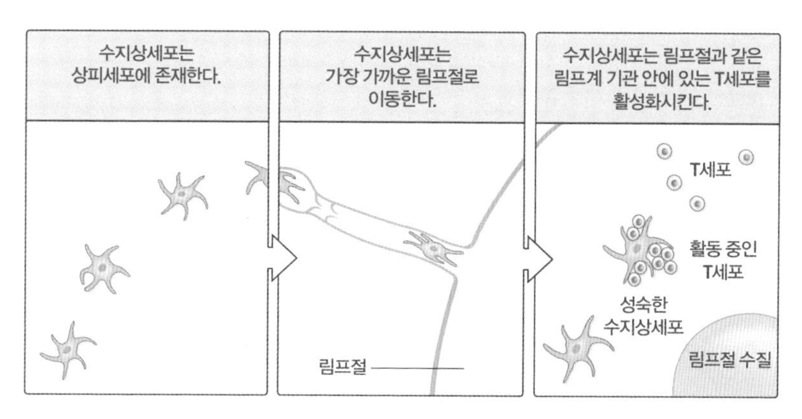

상피세포에 존재하는 수지상세포가 항원을 집어먹은 다음 가장 가까운 림프절로 이동한다. 이 림프절에는 T세포와 B세포와 같은 면역세포들이 많이 존재하고, 그 항원에 특이적인 수용체를 갖고 있는 면역세포들이 증식한다. *Janeway's Immunobiology*(8ed) 참조.

선천성 면역세포

대식세포나 수지상세포에서 발현되는 수용체, 즉 외부항원을 인식하는 수용체는 초파리 연구를 통해 밝혀졌습니다. 즉, 정상 톨-유사수용체 대신 변이를 가진 톨-유사수용체를 지니도록 조작된 돌연변이 초파리는 정상 초파리보다 곰팡이 감염에 훨씬 취약하다는 사실이 밝혀졌습니다. 신기하게도 초파리의 톨-유사수용체처럼, 인간의 톨-유사수용체도 면역 시스템에 중요한 역할을 한다는 것도 밝혀졌습니다. 외부에 박테리아나 바이러스가 몸속으로 들어오면 톨-유사수용체는 박테리아나 바이러스의 패턴을 인식해서 세포 내에 신호전달을 일으킴으로써 선천성 면역세포가 다양한 염증 유발 물질들을 분비하도록 합니다. 이를 통해 후천성 면역반응이 개시됩니다. 이런 톨-유사수용체를 특이적으로 많이 발현하는 세포가 바로 수지상세포입니다. 다른 세포도 톨-유사수용체를 발현하기는 하지만, 수지상세포는 특히 바이러스에 대한 톨-유사수용체를 많이 지니고 있습니다.

수지상세포의 존재는 처음에 발표되었을 때에는 과학계에 잘 받아들여지지 않았습니다. 1973년 랠프 스타인먼이 수지상세포의 존재를 처음 알렸을 때, 많은 이들이 "그런 세포가 어디 있어?" 하면서 믿지 않았습니다. 실제로 수지상세포는 우리 몸의 전체 혈액세포의 비율에서 0.1%밖에 안 됩니다. 그렇지만 얼마 지나지 않아 수지상세포들이 지닌 엄청난 영향력이 증명됐습니다.

형광 물질로 수지상세포를 염색해보면, 세포 중심을 빙 두른 가느다란 가지들을 볼 수 있습니다. 이렇게 가지가 많은 것은 세포의 표면적을 넓히기 위해서일 것입니다. 이 세포의 표면에는 굉장히 많은 주조직적합성복합체가 존재합니다. 그래서 주조직적합성복합체에 외부항원의 펩타이드 형태의 항원결정부위를 선적하게 됩니다. 하나의 수지상세포는 최소 10~50개의 T세포와 상호작용을 할 수 있습니다. 그래서 수지상세포 1개는 어떤 항원에 대해 특이적인 T세포 50개와 맞먹습니다. 아주 강력한 세포라고 볼 수 있습니다.

수지상세포를 발견한 랠프 스타인먼이 노벨상을 받은 이유는 수지상세포가 굉장히 중요한 역할을 하는 세포였기 때문입니다. 수지상세포는 선천성 면역반응과 후천성 면역반응을 연결시켜주는 다리 역할을 하는 세포였습니다. 그리고 지금은 수지상세포를 가공해서 암과 같은 특정 외부항원에 반응하면서 암세포를 죽이는 T세포를 만들 수 있다는 것도 알게 되었습니다.

면역학과 백신

백신을 예로 들어, 면역 시스템의 작동 과정을 들여다보도록 하겠습니다. 아마도 여러분은 적게는 5~6번, 많게는 10번 이상의 백신을 맞았을 겁니다. 0~12개월 사이에 맞는 백신에서부터, 초등학교에 입학하기 전에 맞는 백신까지 백신의 종류는 아주 다양합니다. 태어난 이후 12개월 사이에 많이 맞는 이유는 아이가 엄마의 젖을 통해 전달받은 항체 이외에는 면역 시스템이 제대로 발달되어 있지 않기 때문입니다. 그러면 과연 백신은 어떤 효과가 있기에 우리는 백신 주사를 맞는 것일까요?

선천성 면역반응은 기억을 하지 못하는 반면, 후천성 면역반응은 기억을 잘 합니다. 특히 B세포나 T세포가 기억력이 뛰어납니다. 만약 여러분이 X라는 바이러스(외부항원)에 대한 면역력을 높이기 위해 백신 X를 맞았다고 합시다. 그러면 보통 1~2주 정도 면역반응이 일어나고, 이 과정

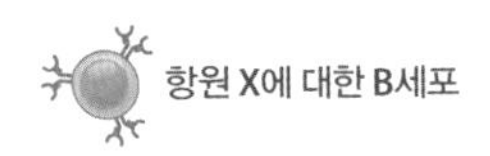

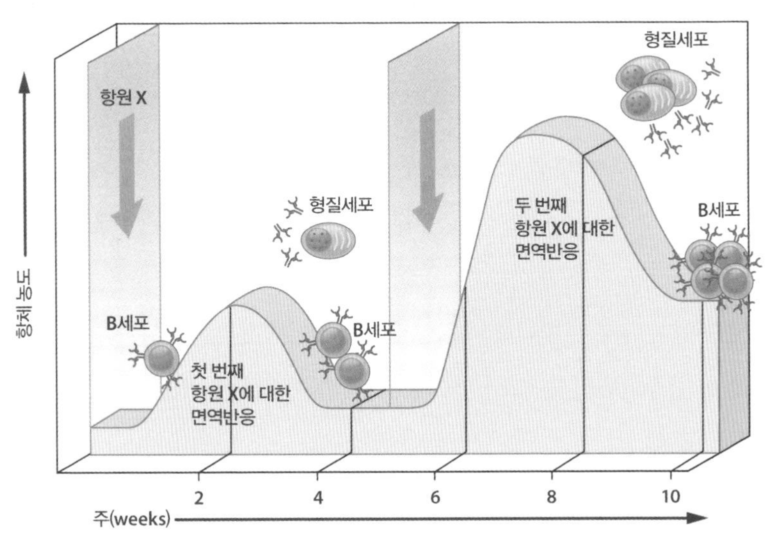

후천성 면역반응의 특징으로는 특이성, 다양성, 지속성을 꼽을 수 있다.

을 통해 항체가 만들어집니다. 그래서 바이러스 X가 몸속으로 침입하면, 처음에는 항체가 만들어지는 데 2주나 걸렸지만, 두 번째부터는 신속하게 만들어져 1주일 만에 항체 양이 최고치에 도달하게 됩니다. 이렇게 빨리 병원균에 대처하기 때문에 백신을 맞는 것입니다.

오른쪽의 표는 현대 면역학의 발전으로 얼마나 많은 생명을 구할 수 있었는지를 보여주는 표입니다.

디프테리아는 1921년에 20만 6939명이나 걸렸지만, DPT 백신의 보급으로 디프테리아에 걸린 사람이 없어졌습니다. 말라리아도 1949년에 89만 4134명이 걸렸지만 2009년에 61명이 걸릴 정도로 질병 발생건수가 급격하게 줄었습니다.

소아마비(폴리오)도 마찬가지입니다. 1952년에 2만 1269명이 걸렸지만,

질병	연간 최대 발생 건수	2009년 발생 건수	변화율(%)
디프테리아	206,939명 (1921)	0명	−99.99
홍역	894,134명 (1941)	61명	−99.99
볼거리	152,209명 (1968)	982명	−99.35
백일해	265,269명 (1934)	13,506명	−94.72
소아마비	21,269명 (1952)	0명	−100
풍진	57,686명 (1969)	4명	−99.99
파상풍	1,560명 (1923)	14명	−99.1
B형 인플루엔자	~20,000명 (1984)	25명	−99.88
B형 간염	26,611명 (1985)	3,020명	−87.66

백신의 효과

2009년에는 단 한 명도 걸리지 않았습니다. 이런 통계수치는 놀라울 정도의 결과를 보여줍니다. 면역학의 꽃이라고 불리는 백신이 수많은 사람들을 구했다는 사실을 단적으로 확인할 수 있는 통계수치입니다.

그러면 우리에게는 지금 어떤 백신들이 만들어져야 할까요? 아직 많은 질병들이 백신 개발을 기다리고 있습니다. 최근 들어 가장 성공적인 백신은 인간유두종바이러스(Human papillomavirus, HPV)에 대한 백신일 겁니다. 이 백신은 인간유두종바이러스가 유도하는 자궁경부암 예방 백신입니다. C형 간염바이러스(Hepatitis C virus)와 인간면역결핍바이러스(HIV) 등 만성 간염을 유도하는 바이러스들에 대해서는 백신이 전무합니다. 여러 가지 난관에 부닥쳐 아직 만들어지지 못한 백신들이 아주 많습니다.

랠프 스타인먼과 수지상세포 치료

마무리짓기 전에, 랠프 스타인먼의 이야기를 조금 더 해볼까 합니다. 랠프 스타인먼은 췌장암을 극복하기 위해 수지상세포 치료를 시도했습니다. 특히 그는 너무 고통스럽지 않게 생명을 연장했습니다. 어떻게 그것이 가능했을까요?

수지상세포는 다음과 같은 식으로 작용합니다. 암세포는 외부에서 무엇인가가 침입해서 만들어지는 것이 아니라, 우리 몸속의 정상세포가 비정상세포로 바뀌면서 만들어지는 세포입니다. 암세포는 발현하지 않은 항원들을 발현하거나 변형된 항원들을 발현합니다. 이는 우리 몸이 암을 인식할 수 있다는 얘기입니다. 그 부분을 찾을 수 있다면 암 치료에 큰 진전이 일어날 것입니다. 현재로는 일부를 찾아서 수지상세포의 주조직적합성복합체에 선적하는 기술들이 이미 개발되었습니다. 그러니까 수지상세포의 주조직적합성복합체 분자에 암 항원들이 선적되는 겁니다. 이 부분을 인식하는 특이적인 T세포는 우리 몸 안에 이미 존재하고 있습니다. 이런 수지상세포를 활성화시켜서 증식시키는 것이 바로 수지상세포 치료입니다. 수지상세포들이 증식하면 암세포에 다가가서 암세포를 죽일 수 있다는 것이 수지상세포 치료법의 전략입니다. 우리 몸속에 있는 T세포는 레퍼토리가 매우 다양하기 때문에 어떤 암세포가 생겨도 그것을 실제로 인식할 수 있는 T세포들이 모두 존재합니다. 중요한 것은 이러한 T세포를 특이적으로 활성화시키고 증식시키는 인자가 더 필요하다는 것입니다. 많은 과학자들이 수지상세포가 바로 그런 역할을 할 수 있는 세포라고 생각하고 있습니다.

실제로 미국 덴드리온 사의 수지상세포 치료제는 말기 전립선암 환자를 치료하는 데 사용할 수 있는 첫 번째 수지상세포 치료제로서 미국의

Bio Tip

면역학의 시초는?

면역이라는 개념은 비교적 오래전에 생긴 개념이다. 1796년 에드워드 제너(Edward Jenner)가 천연두 백신을 처음으로 소개하면서, 우리 몸 안의 면역 시스템에 대한 개념이 확립되었다. 면역 개념이 소개된 이후 다양한 외부 병원균에 대한 면역반응 연구가 활발히 진행되었다.

1901년 에밀 폰 베링(Emil von Behring)이 디프테리아에 대한 혈청요법으로 노벨 생리의학상을 수상한 이후, 면역학 관련 분야의 연구에서 무려 30명 이상의 연구자들이 노벨 생리의학상을 수상했다. 예컨대, 2008년 노벨 생리의학상을 받은 수상자는 하랄드 주어 하우젠(Harald zur Hausen), 룩 몽타니에(Luc Montagnier), 프랑수아 바레시누시(Francoise Barre-Sinoussi)로, 이들 모두 면역학 분야의 과학자들이다. 하랄드 주어 하우젠은 자궁경부암을 일으키는 인간유두종바이러스(HPV)를 발견했으며, 룩 몽타니에와 프랑수아 바레시누시는 인간면역결핍바이러스(HIV)를 발견하고 이에 대한 치료법을 제시했다. 노벨 생리의학상 수상자들의 연구가 특정 병원균에 대한 면역반응에 초점이 맞추어진 것은 외부 병원균과 우리 몸의 면역 시스템 간의 긴밀한 관계가 매우 중요함을 시사한다.

2011년 노벨 생리의학상 수상자인 브루스 보이틀러, 율레스 호프만, 랠프 스타인먼도 면역학자들이다. 이들은 선천성 면역 시스템을 발견했다는 공로를 인정받아서 노벨상을 수상했다.

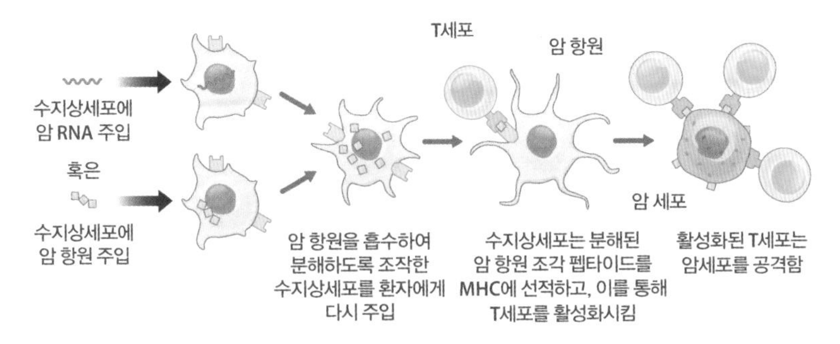

암 백신이 작동하는 방법

식품의약국(FDA)의 승인을 받았습니다. 문제는 이 치료제의 값이 너무 비싸다는 데 있습니다. 5~6번 치료를 받는 데에 1억 원가량이 듭니다. 이렇게 비싼 이유는 환자의 혈액으로부터 백혈구를 분리한 후 수지상세포가 암 항원을 선적하도록 조작한 후 다시 환자의 몸 안에 주입하는 치료제이기 때문입니다. 개인맞춤형 수지상세포 치료제라고 할 수 있습니다. 그러나 수지상세포 치료법이 보편화된다면 치료를 받는 데 드는 비용이 점점 낮아질 것입니다.

최근 각광받고 있는 또 다른 수지상세포 치료 방법은 조혈줄기세포를 이용하는 방법입니다. 피를 뽑았을 때 그 속에서 0.1%의 수지상세포를 분리시키는 것은 힘든 일입니다. 그래서 조혈줄기세포를 확보한 다음 시험관에서 증식시키고, 이 과정을 통해 증식된 수지상세포에 암 항원을 선적시킨 후 환자에게 다시 주입하는 치료제입니다. 이것도 물론 개인맞춤형 수지상세포 치료제입니다. 수지상세포뿐 아니라 T세포, NK세포 등 다양한 면역세포들을 이용한 세포치료제도 개발되고 있습니다. 그러나 많은 이들이 수지상세포 치료제가 가장 효과적일 것으로 생각하고 있습니다.

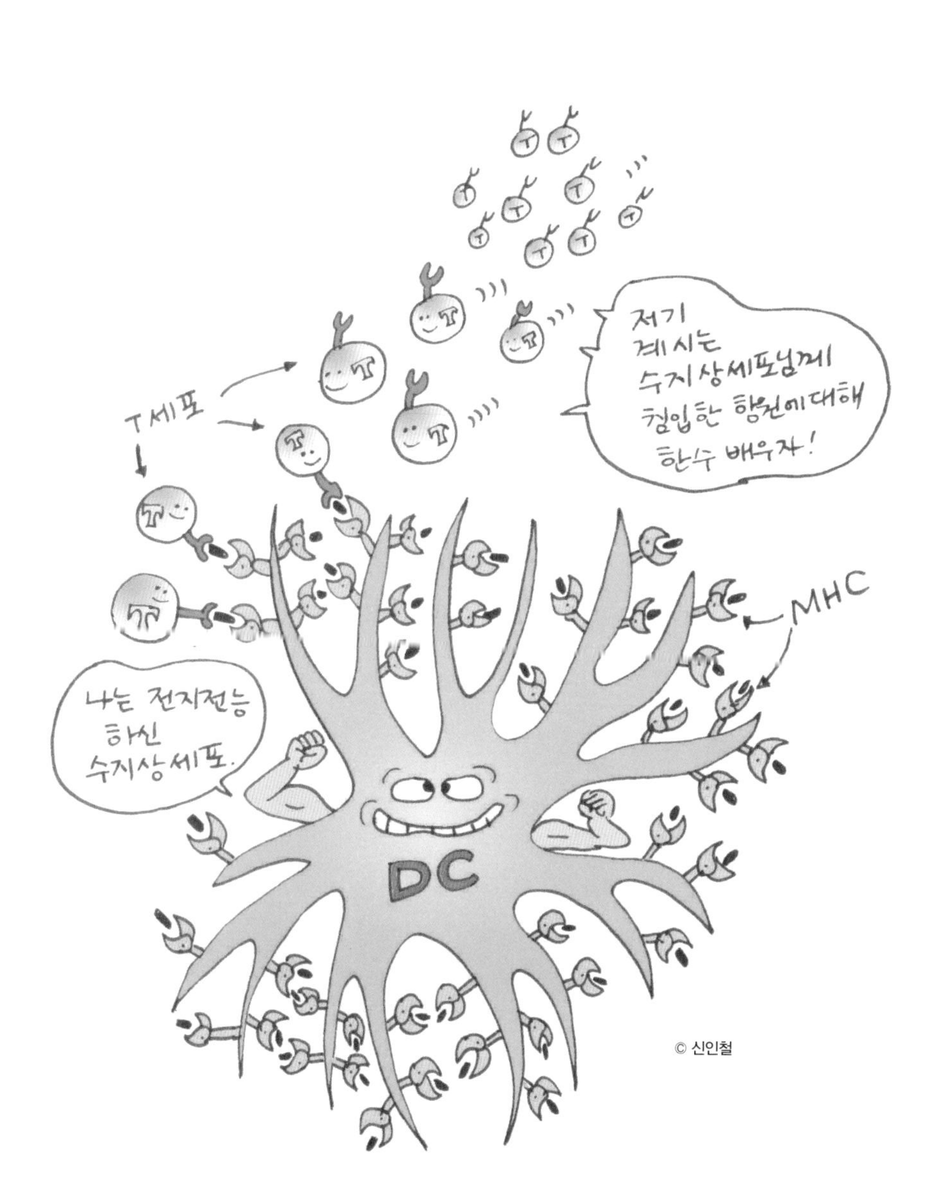
저기 계시는 수지상세포님께 침입한 항원에 대해 한수 배우자!
T세포
MHC
나는 전지전능 하신 수지상세포.
DC
© 신인철

경암바이오 시리즈
생물학 명강 2

1판 1쇄 2014년 1월 27일
1판 8쇄 2024년 4월 12일

기획 한국분자 · 세포생물학회
지은이 강봉균, 고규영, 김빛내리, 김영준, 배윤수, 손영숙, 이영숙,
이원재, 이지오, 이한웅, 전창덕, 조병관, 조은경, 하상준
카툰 신인철
후원 경암교육문화재단
펴낸이 김정순
편집 허영수 김소희 임선영 정소연 호미선 황은주
일러스트 전수교
디자인 김진영
마케팅 이보민 양혜림 손아영

펴낸곳 (주)북하우스 퍼블리셔스
출판등록 1997년 9월 23일 제406-2003-055호
주소 04043 서울시 마포구 양화로 12길 16-9(서교동 북앤빌딩)
전자우편 henamu@hotmail.com
홈페이지 www.bookhouse.co.kr
전화번호 02-3144-3123
팩스 02-3144-3121

ISBN 978-89-5605-710-1 04470
978-89-5605-678-4 (세트)

해나무는 (주)북하우스 퍼블리셔스의 과학 브랜드입니다.